普通高等教育土建类系列教材

中国矿业大学（北京）"地下工程"系列教材

岩石力学基础教程

主编 侯公羽

参编 李 涛 刘 波 牛晓松

机 械 工 业 出 版 社

本书分4部分共计10章。第1部分重点介绍了岩石与岩体的基本概念、岩石的基本物理、力学性能(第1、2、3章);第2部分重点介绍了结构面、岩体的基本力学性能及地应力(第4、5、6章);第3部分重点介绍了岩石力学基本理论在岩石地下工程、岩石边坡工程、岩石地基工程中的应用(第7、8、9章),突出介绍了岩石地下工程的稳定性分析与力学计算问题;第4部分重点介绍了智能岩石力学、细观岩石力学、卸荷岩石力学等新理论、新方法与新进展(第10章)。

本书可作为涉及岩石地下工程的各专业本科生的通用教材,也可作为土木工程、水利工程、石油工程、地质工程、交通运输工程等专业的本科生教材,以及相关专业教师、科研人员和工程技术人员的技术参考书。

图书在版编目(CIP)数据

岩石力学基础教程/侯公羽主编.—北京:机械工业出版社,2010.12
(2022.1重印)
普通高等教育土建类系列教材
ISBN 978-7-111-31954-2

Ⅰ.①岩…　Ⅱ.①侯…　Ⅲ.①岩石力学—高等学校—教材　Ⅳ.①TU45

中国版本图书馆CIP数据核字(2010)第183763号

机械工业出版社(北京市百万庄大街22号　邮政编码100037)
策划编辑:马军平　责任编辑:马军平
版式设计:张世琴　责任校对:樊钟英
封面设计:张　静　责任印制:郜　敏
北京富资园科技发展有限公司印刷
2022年1月第1版·第5次印刷
184mm×260mm·14.5印张·359千字
标准书号:ISBN 978-7-111-31954-2
定价:39.80元

电话服务　　　　　　　　网络服务
客服电话:010-88361066　机　工　官　网:www.cmpbook.com
　　　　　010-88379833　机　工　官　博:weibo.com/cmp1952
　　　　　010-68326294　金　书　网:www.golden-book.com
封底无防伪标均为盗版　机工教育服务网:www.cmpedu.com

序

　　地下工程是随着国民经济建设及城市化发展需要应运而生的土木工程类专业的一个重要领域，是高等学校土木工程学科中极其重要而又人才短缺的本科专业方向。

　　中国矿业大学(北京)的土木工程学科是在原矿山建设工程专业基础上发展起来的，矿山建设工程专业一直是我校的传统优势学科，在1999年专业调整中，矿山建设工程更名为"岩土工程"。2007年以中国矿业大学和中国矿业大学(北京)的岩土工程学科为主建成了"深部岩土力学与地下工程"国家重点实验室。地下工程方向是中国矿业大学(北京)土木工程类专业的传统优势学科，在矿山建设工程、深部地下工程、城市地下工程等领域拥有良好的人才培养软、硬件环境和教学条件、在相关研究领域拥有坚实的研究基础和多项国家级科技奖励、国家级教学研究成果。

　　鉴于此，在总结多年矿山建设工程和城市地下工程的教学经验和科学研究的基础上，中国矿业大学(北京)力学与建筑工程学院组织了学校长期从事地下工程教学和科学研究的专家，编写了具有矿山建设与地下工程特色的"地下工程"系列教材，以促进培养工程实践能力强和创新能力强的应用复合型人才及研究发展型人才，努力探索基于研究的教学和以探索为本的学习机制，引导学生在研究和开发中学习。根据地下工程课程培养体系的要求、课程培养规律和学科知识层次，本系列教材分为岩石力学基础教程、土力学、基础工程、矿山建设工程、城市地下工程等几个方面，全面覆盖了地下工程专业培养体系的范畴，满足学生学习和教师教学的需求。

　　地下工程是一个复杂的系统工程，因此本系列教材注重强调创新的理念——系统性、集成性、过程性、信息性，始终贯穿地下工程的设计、施工与管理的思想；同时，注重理论与工程实际结合，强调解决地下工程的实际问题，努力培养学生的实际动手能力。

　　本系列教材内容精炼、合理，可供土木工程、市政工程、水利水电工程，采矿工程、冶金工程、地质勘探工程等专业本科生、研究生和教师以及相关工程技术人员参考使用。

　　本系列教材由中国矿业大学(北京)单仁亮教授负责总体规划、统筹协调和部分具体的编写工作。

　　在本系列教材编写过程中，得到了中国矿业大学(北京)力学与建筑工程学院、教务处等部门的大力支持与帮助，在此表示最诚挚的谢意！

编　者

前 言

岩石力学是与地质学科和力学学科相结合的一门边缘学科。岩石力学的应用对象是基础工程建设和自然资源的开发，因此与相关工程科学的结合是必然的。随着国内外岩石工程建设的不断发展，工程规模和复杂程度的不断加大，促进了岩石力学的飞速发展——理论研究获得重大突破、工程实践经验得以系统地总结和提升。同时，大量的岩石工程建设，对岩石力学人才的培养、岩石力学课程建设等亦提出了更高的要求。

本书是在中国矿业大学(北京)十余年的岩石力学课程讲义的基础上、参考兄弟院校的最新教材成果编写而成，定位于普通高等院校岩石力学课程的基础教材。本书力求反映岩石力学的基本概念、基本原理、基本内容以及最新研究思想与进展，力求基础性、系统性、完整性与前沿性、实践性的统一，引导学生融会贯通、学以致用，提高学生运用所学内容简单地分析乃至解决岩石工程中简单的工程实际问题的能力。

本书内容分4部分共计10章。第1部分重点介绍了岩石与岩体的基本概念、岩石的基本物理、力学性能(第1、2、3章)；第2部分重点介绍了结构面、岩体的基本力学性能及地应力(第4、5、6章)；第3部分重点介绍了岩石力学基本理论在岩石地下工程、岩石边坡工程、岩石地基工程中的应用(第7、8、9章)，突出介绍了岩石地下工程的稳定性分析与力学计算问题；第4部分重点介绍了智能岩石力学、细观岩石力学、卸荷岩石力学等新理论、新方法与新进展(第10章)。

本书可作为涉及岩石地下工程的各专业本科生的岩石力学课程的通用教材，也可作为土木工程、水利工程、石油工程、地质工程、交通运输工程等专业的本科生教材，以及高等院校相关专业教师、相关部门的科研人员和工程技术人员的技术参考书。

本书由中国矿业大学(北京)侯公羽教授主编。各章节分工为：侯公羽(第1、3、5、7、10章，及第4章的4.3~4.6节)；李涛(第2、8、9章，及配套的电子课件制作)；刘波(第6章)；牛晓松(第4章的4.1、4.2、4.7节)。研究生张华栋、裴彬、刘宏伟等为本书的顺利编写查阅、整理了大量的文献资料，并参与了书稿的校对清样工作。

本书所用资料，不限于书后所列的文献资料，限于教材编写之特点，未能一一详尽提及。在此谨向提及与未提及的所有单位和作者表示感谢。

限于水平，书中难免有欠妥之处，敬请读者、同仁批评指正。

编　者

目　录

序

前言

第1章　绪论 ……………………………… 1

1.1　岩石与岩体 ……………………… 1

1.2　岩石力学的研究范畴与内容 …… 2

1.3　岩石力学的研究方法 …………… 4

1.4　岩石力学涉及的两大学科——地质学
和力学 ………………………………… 5

1.5　岩石力学的发展与未来 ………… 5

复习思考题 …………………………… 8

第2章　岩石的基本物理性质 …………… 9

2.1　岩石的重度和密度 ……………… 9

2.2　岩石的空隙性 …………………… 10

2.3　岩石的水理性质 ………………… 11

2.4　岩石的热学性质 ………………… 15

复习思考题 …………………………… 17

第3章　岩石的基本力学性质 …………… 18

3.1　岩石的强度性质 ………………… 18

3.2　岩石的变形性质 ………………… 28

3.3　岩石的弹性本构关系 …………… 34

3.4　岩石的强度准则 ………………… 35

3.5　岩石的流变性质 ………………… 45

复习思考题 …………………………… 59

第4章　岩体的基本力学性能 …………… 61

4.1　岩体结构面的几何特征与分类 … 61

4.2　岩体结构面的自然特征与描述 … 62

4.3　岩体结构面的变形特性 ………… 66

4.4　结构面的强度特性 ……………… 69

4.5　岩体的强度及其影响因素分析 … 71

4.6　岩体的变形性质 ………………… 78

4.7　岩体的水力学性质 ……………… 82

复习思考题 …………………………… 85

第5章　工程岩体的分类 ………………… 86

5.1　工程岩体分类的目的与原则 …… 86

5.2　工程岩体代表性分类简介 ……… 88

5.3　我国工程岩体分级标准（GB 50218—
1994） ………………………………… 94

5.4　国内外不同行业工程岩体分级标准 … 98

5.5　岩石分类（级）标准的有效应用 … 103

复习思考题 …………………………… 103

第6章　地应力 …………………………… 104

6.1　地应力的概念与意义 …………… 104

6.2　地应力的主要分布规律 ………… 107

6.3　高地应力区域的主要岩石力学问题 … 110

6.4　地应力测量方法 ………………… 116

复习思考题 …………………………… 123

第7章　岩石力学在地下工程中的
应用 ………………………………… 125

7.1　围岩二次应力状态的基本概念 … 125

7.2　深埋圆形洞室围岩二次应力状态的
弹性分析 …………………………… 126

7.3　深埋圆形洞室围岩二次应力状态的
弹塑性分析 ………………………… 136

7.4　节理岩体中深埋圆形洞室的剪裂区及
应力分析 …………………………… 142

7.5　围岩压力成因及影响因素 ……… 144

7.6　地下洞室围岩压力及稳定性验算 … 148

7.7　松散岩体的围岩压力计算 ……… 151

7.8　新奥法简介 ……………………… 157

7.9　立井围岩压力计算 ……………… 161

7.10　斜巷围岩压力计算 …………… 164

7.11　围岩–支护相互作用流变变形机制的
概念模型建立与分析 ……………… 165

复习思考题 …………………………… 168

第8章 岩石力学在边坡工程中的
  应用 …………………………… 169
8.1 岩质边坡的应力分布特征 ……… 169
8.2 岩质边坡变形与破坏类型 ……… 171
8.3 岩质边坡稳定性分析 …………… 177
8.4 岩质边坡加固简介 ……………… 189
复习思考题 …………………………… 191

第9章 岩石力学在基础工程中的
  应用 …………………………… 193
9.1 岩基的类型及其应力分布特征 …… 193

9.2 岩基变形与沉降计算 …………… 196
9.3 岩石地基的承载力 ……………… 201
9.4 岩基的抗滑稳定分析 …………… 208
9.5 岩基的加固 ……………………… 210
复习思考题 …………………………… 211

第10章 岩石力学新理论与新方法 …… 212
10.1 智能岩石力学 ………………… 212
10.2 细观岩石力学 ………………… 215
10.3 卸荷岩石力学 ………………… 219
复习思考题 …………………………… 225

参考文献 ………………………… 226

第1章 绪 论

岩石力学(Rock Mechanics)是近代发展起来的一门新兴学科和边缘学科，是一门应用性和实践性很强的应用基础学科。它的应用范围涉及采矿、土木建筑、水利水电、铁路、公路、地质、地震、石油、地下工程、海洋工程等众多与岩石工程相关的工程领域。一方面，岩石力学是上述工程领域的理论基础；另一方面，正是上述工程领域的实践促进了岩石力学的诞生和发展。

1966年，美国科学院岩石力学委员会对岩石力学给予以下定义："岩石力学是力学的一个分支，是研究岩石力学性状，探讨岩石对其周围物理环境中力场反应的一门理论和应用学科"。

由于科学技术的发展，岩块与岩体已有严格的区分。但是，作为一门学科发展至今天，岩石力学既包含岩块的力学问题又包含岩体的力学问题，因此，本书作以下约定：**①岩石为不分"岩体"和"岩块"时的统称；②岩体＝岩块＋结构面；③岩体中由结构面分割包围的即是岩块。**

1.1 岩石与岩体

地球体的表层称为地壳，其上部最基本的物质是由岩石所构成，人类的一切生活和生产实践活动，都局限在地壳的最表层范围内，因而岩石和由岩石风化形成的土构成了人类生存的物质基础以及生活和生产实践活动的环境。

岩石是由矿物或岩屑在地质作用下按一定的规律聚集而成的自然物体。岩石有其自身的矿物成分、结构与构造。所谓矿物，是指存在于地壳中的具有一定化学成分和物理性质的自然元素和化合物，其中构成岩石的矿物称为造岩矿物。如常见的石英(SiO_2)、正长石($KAlSi_3O_8$)、方解石($CaCO_3$)等。它们绝大部分是结晶质的。所谓岩石的结构，是指组成岩石最主要的物质成分、颗粒大小和形状以及其相互结合的情况。例如，沉积岩内存在有碎屑结构、泥质结构和生物结构等结构特征。所谓岩石的构造，是指组成成分的空间分布及其相互间的排列关系。代表性结构如沉积岩中的层理构造和变质岩中的片理构造等。岩石中的矿物成分和性质、结构、构造等的存在和变化，都会对岩石的物理力学性质产生影响。

岩石按其成因可分为三大类：岩浆岩、沉积岩和变质岩。

岩浆岩是岩浆冷凝而形成的岩石。绝大多数的岩浆岩是由结晶矿物所组成的，由非结晶矿物组成的岩石很少。由于组成岩浆岩的各种矿物的化学成分和物理性质较为稳定，它们之间的联结是牢固的，因此岩浆岩通常具有较高的力学强度和均质性。

沉积岩是由母岩(岩浆岩、变质岩和早已形成的沉积岩)在地表经风化剥蚀而产生的物质，通过搬运、沉积和硬结成岩作用而形成的岩石。组成沉积岩的主要物质成分为颗粒和胶结物。颗粒包括各种不同形状及大小的岩屑及某些矿物。胶结物常见的成分为钙质、硅质、铁质以及泥质等。沉积岩的物理力学特性不仅与矿物和岩屑的成分有关，而且与胶结物的性质有很大的关系。例如，硅质、钙质胶结的沉积岩其胶结强度较大，而泥质胶结的沉积岩和一些黏土岩其强度就较小。另外，由于沉积环境的影响，沉积岩具有层理构造，这就使得沉积岩沿不同方向表现出不同的力学性能。

变质岩是由岩浆岩、沉积岩和早已形成的变质岩在地壳中受到高温、高压及化学活动性流体的影响下发生变质而形成的岩石。它在矿物成分、结构构造上具有变质过程中所产生的特征，也常常残留有原岩的某些特点。因此，其物理力学性能不仅与原岩的性质有关，而且与变质作用的性质及变质程度有关。

岩石的物理力学性能指标是在试验室里按一定的条件和标准对岩石试件进行试验而测定的。这种岩石试件是在钻孔中获取的岩芯或是在工程中用爆破以及其他方法所获得的岩块经加工而制成的。用这种方法所采集的标本仅仅是自然地质体中的岩石小块，称为岩块。岩块就成了相应岩石的代表。平时所称的岩石，大部分都是指的岩块。因为岩块是不包含有显著弱面的岩块体，所以通常都把它作为连续介质及均质体来看待。

在地壳的自然地质体中，除了岩块为主要组成部分外，还含有各种节理、裂隙、孔隙、孔洞等，这些自然地质体经历了漫长的地质历史过程，经受过各种地质作用。在地应力的长期作用下，在地质体内部保留了各种各样的永久变形和地质构造形迹，使地质体内部存在着各种各样的地质界面，如不整合、褶皱、断层、层理、片理、劈理和节理等。因而，自然地质体中所包含的内容比岩块要广泛得多。在岩石力学中，通常将在一定工程范围内的自然地质体称为岩体。这就是说，岩体的概念是与工程联系起来的。岩体内存在各种各样的节理裂隙称之为结构面。所谓结构面，是指具有极低的或没有抗拉强度的不连续面，包括一切地质分离面。被结构面切割成的岩块称之为结构体，结构面与结构体组成岩体的结构单元。结构面的存在使岩体具有不连续性，因而，这类岩体被称为不连续岩体，也被称为节理岩体。一般来说，结构面是岩体中的软弱面，由于它的存在，增加了岩体中应力分布及受力变形的复杂性。同时，还降低了岩体的力学强度和稳定性能。

由此可见，岩体是由岩块和各种各样的结构面共同组成的综合体。对岩体的强度和稳定性能起作用的是岩块与结构面的综合体。在大多数情况下，结构面所起的作用更大。许多工程实践表明，在某些岩石强度很高的洞室工程、岩基或岩坡工程中，发生大规模的变形破坏，甚至崩塌、滑坡，分析其原因，不是岩石强度不够，而是岩体的整体强度不够，岩体中结构面的存在将大大地削弱岩体整体强度，导致稳定性的降低。

结构面是岩体内的主要组成单元，岩体的好坏，与结构面的分布、性质和力学特性有密切关系。特别是结构面的产状、切割密度、粗糙度、起伏度、延展性和黏结力以及充填物的性质等都是评定岩体强度和稳定性能的重要依据。

1.2 岩石力学的研究范畴与内容

1.2.1 岩石力学的研究范畴

岩石力学的研究范畴主要有以下四个方面：

（1）基本原理研究 包括岩石的地质力学模型和本构规律，岩石的连续介质和不连续介质力学原理，岩石的破坏、断裂、蠕变、损伤的机理及其力学原理，岩石力学参数辨识与力学机制建模，岩石计算力学。

（2）试验研究 包括室内和现场的岩石和岩体的力学试验原理、内容和方法，模拟试验，动静荷载作用下的岩石和岩体力学性能的反应，各项岩石和岩体物理力学性质指标的统计和分析，试验设备与技术的改进，现场监测技术。

（3）应用研究　包括地下工程、采矿工程、地基工程、斜坡工程、岩石破碎和爆破工程、地震工程、岩体加固等方面的应用。

（4）监测研究　通常量测岩石应力和变形变化、蠕变、断裂、损伤以及承载能力和稳定性等项目及其各自随着时间的延长而变化的特性，预测各项岩石力学数据。

综上所述，岩石力学的研究范畴是非常广泛的，而且具有相当大的难度。要完成这些研究，必须从实践中总结岩石工程方面的经验，不断地提高理论分析水平和技术，再应用到工程实践中去，解决实践中提出的有关岩石工程的问题，这就是解决岩石力学问题的最基本的原则和方法。

1.2.2　岩石力学的研究内容

（1）岩石与岩体的地质性质研究　这是表征岩石的力学性能的基础，岩石的物理力学性质指标是评价岩石工程稳定性的最重要的依据。通过室内和现场试验获取各项物理力学性质数据，研究各种试验的方法和技术，静、动荷载下岩石力学性能的变化规律，这方面的基本内容在第 2～4 章讨论。

（2）岩石的地质力学模型及其特征研究　这是岩石力学分析的基础和依据。研究岩石和岩体的成分、结构、构造、地质特征和分类，岩体的自重应力、天然应力、工程应力以及赋存于岩体中的各类地质因子，如水、气、温度和各种地质形迹等，以及它们对岩体的静、动力学特性的影响。这方面的基本内容在第 5、6 章中讨论。

（3）岩石力学在各类工程中的应用研究　岩石力学在工程中的应用是非常重要的，在许多重大工程中更显出其重要性。洞室围岩、岩基和岩坡等的稳定与安全都与岩石力学的恰当应用密切相关。

过去由于岩体不稳定而发生事故的例子不少，如岩坡失稳事故、坝基失稳事故等。此外，洞室围岩崩塌、岩爆、矿山地表沉陷和开裂以及房屋岩基的失稳等，在我国的工程建设中也时有发生。

为了防止重大岩石工程事故发生，保证工程顺利施工，必须对岩石工程进行系统的岩石力学试验及理论研究和分析，预测岩石与岩体的强度、变形和稳定性，为工程设计提供可靠的数据和材料。

岩石力学在岩石工程中的应用有以下几个方面：

（1）地下工程的稳定性研究　包括地下工程开挖引起的围岩应力重分布、围岩变形、围岩压力以及围岩加固等的理论与技术，在第 7 章讨论。

（2）岩坡的稳定性研究　包括天然边坡与人工边坡的稳定性，岩坡的应力分布、变形和破坏，岩坡的失稳等的理论与技术，在第 8 章讨论。

（3）岩基的稳定性研究　包括在自然力和工程力作用下，岩基中的应力、变形、承载力和稳定性等的理论与技术，在第 9 章讨论。

（4）岩石力学的新理论、新方法的研究　当今各门学科发展很快，岩石力学理论的发展要充分利用其他学科的成果。岩体本身已很复杂，再加上天然和工程环境的影响，直接进行力学计算有时难以获取可靠结果，而且有些数据又一时难以从试验中得到，因而，岩石力学在 20 世纪 70 年代后期，兴起了反演分析技术。20 世纪 80 年代末，伴随思维方法的变革而提出的不确定性系统分析方法、智能岩石力学等，为大型岩石工程分析和设计提供了有效的方法与手段。为使基础数据的采集更全面和深入，发展和采用了新的探测和实验技术，如遥感技术、切层扫描技术、三维地震 CT 成像技术、高精度地应力测量技术、高温高压刚性伺服岩石试验系统和多功能高效率原位岩体测试系统等。现场检测除采用常规手段外，正大力发展和完善 GPS 检测技术、声发射和微振检测技术、岩体能量聚集和破裂损伤探测技术等。

此外，流变学、断裂力学、损伤力学及一些软科学近年来发展很快。无疑，岩石力学将利用这些新兴的理论、方法和试验技术来发展自己。第 10 章对智能岩石力学、细观岩石力学、卸荷岩石力学等将作简要的介绍。

1.3　岩石力学的研究方法

岩石力学的研究方法是采用科学实验、理论分析与工程紧密结合的方法。

科学实验是岩石力学研究工作的基础，这是岩石力学研究中的第一手资料。岩石力学工作的第一步就是对现场的地质条件和工程环境进行调查分析，建立地质力学模型，进而开展室内外的物理力学性质试验、模型试验或原型试验，作为建立岩石力学的概念、模型和分析理论的基础。

岩石力学的理论是建立在科学实验的基础上的。由于岩体具有结构面和结构体的特点，所以要建立岩体的力学模型，以便分别采用如下的力学理论：连续介质或非连续介质理论；松散介质或紧密固体理论；在此基础上，按地质和工程环境的特点分别采用弹性理论、塑性理论、流变理论以及断裂、损伤等力学理论进行计算分析。采用哪种理论作为岩石力学的研究的依据是非常重要的，否则，将会导致理论与实际相脱离。当然，理论的假设条件与岩体实况之间存在着一定的差距，但应尽量缩小其距离。目前，尚有许多岩石力学问题，应用现有的理论、知识，仍然不能得到完善的解答。因此，紧密地结合工程实际，重视实践中得来的经验，发展上升为理论或充实理论，这是发展岩石力学理论和技术的基本方法。

现代计算技术的迅速发展，计算机已广泛地应用于岩石力学的计算中，这不仅为岩石力学的分析解决了复杂的计算问题，而且为岩石力学的数值法提供了有效的计算工具。目前，力学范畴的数值法(如有限元、离散元、边界元等)已在岩石力学中得到普遍的应用。

研究岩石力学的步骤可用图 1-1 所示的框图表示。其中，框图的内容和步骤视岩石工程的特点和需要可作调整。

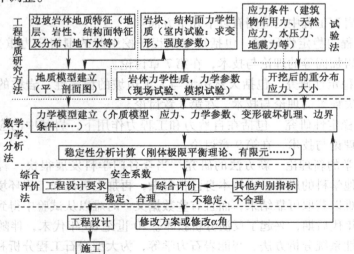

图 1-1　岩石力学研究步骤的框图(以边坡为例)

1.4 岩石力学涉及的两大学科——地质学和力学

1.4.1 地质学在岩石力学中的作用

岩石本身是一种地质材料，这种材料的属性是由于地质历史和地质环境影响形成的，所以在研究岩石的力学问题时，首先要进行地质调查，利用地质学所提供的基本理论和研究方法来帮助解决岩石力学问题。岩石力学与工程地质学紧密相关。

此外，岩体中含有节理裂隙，并赋存地应力、水、气及其他地质作用的因子，它们对岩体的力学性质和稳定性影响很大。这就需要运用构造地质学和岩石学以及地球物理学等地质学科的理论技术和研究方法来综合处理岩体的力学问题。

1.4.2 力学在岩石力学中的作用

岩石力学是力学学科中的一个分支，属固体力学范畴。但岩石有别于一般的致密固体。在力学学科的历史发展过程中，最初建立的是刚性体的力学规律，这就是理论力学。在自然界中，是没有不变形的固体的，因此，理论力学在岩石力学中的应用受到限制，但理论力学知识能提供物体运动规律和平衡条件，这为岩石力学奠定了一个非常重要的力学理论基础。

研究变形物体的固体力学有弹性力学、塑性力学和流变学等。岩石力学的变形研究是基于上述力学发展起来的。但工程岩体是一个多相体，且含有结构面和结构体等结构构造，许多岩体的力学性质具有非连续和非均质的特性，因而在利用一般变形物体的力学理论和方法时会受到限制。但是，对于岩块，采用上述力学作为基础理论来解决问题，一般认为是可行的，与实测结果的数据颇为接近。

天然的地质固体材料有岩石与土。土力学在 20 世纪初已成为一门学科，土力学的研究对象是土体。土是一种疏松的物质，具有孔隙和弱连接的骨架、受荷载后容易发生孔隙的减小而变形。而岩石则是致密固体，岩体则含有岩块和节理裂隙。岩石与土的结构、构造有很大的不同。岩石与岩体在受荷载后其变形是岩块本身及节理裂隙的变形以及岩块的变位。可见岩石力学与土力学各自的研究对象是不同的。但是，土与岩石有时是难以区分的，如某些风化严重的岩石、某些岩性特别软弱或胶结很差的沉积岩，它们既可称岩石，也可称土。因而，在此类岩石中，使用土力学的理论和方法往往会得到较为接近实际的结果。

1.5 岩石力学的发展与未来

1.5.1 岩石力学的发展简介

一门学科的诞生和发展都与当时的社会状况、经济发展和工业建设等有关。人类早就与岩石有密切关系。但直到 20 世纪中期，岩石力学才作为一门技术学科发展起来。

岩石力学研究的早期多为零星的研究，且多数借助土力学理论，发展缓慢。第一部出版的以《岩石力学》命名的专著，是 1934 年前苏联秦巴列维奇（п. м. цимбаревич）写的《Механика горных пород》。随后，由于岩石工程的增多，特别是在第二次世界大战后世界各国在大量兴建各类岩石工程的背景下，促进了岩石力学的研究，并使其逐渐发展成一门独立学科——岩石力学。这门学科从 20 世纪 50 年代以来的发展过程中，出现了以地质力学为观点的地质力学岩石力学学派和以工程为观点的工程岩石力学学派。

地质力学岩石力学派称奥地利学派又称萨尔茨堡学派，是由缪勒（L. Muller）和斯体尼（J. Stini）开创的。此学派偏重于地质力学方面，主张岩块与岩体要严格区分；岩体的变形不是岩块本身的变形，而是岩块移动导致岩体的变形；否认小岩块试件的力学试验，主张通过现场（原位）力学测定，才能有效地获取岩石力学的真实性。这个学派创立了新奥地利隧道掘进法（新奥法），为地下工程技术做了一项重大的技术革新，促进了岩石力学的发展。

工程岩石力学学派以法国塔洛布尔（J. Talober）为代表，该学派以工程观点来研究岩石力学，偏重于岩石的工程特性方面，注重于弹塑性理论方面的研究，将岩体的不均匀性概化为均质的连续介质，小岩块试件的力学试验与原位力学测试并举。塔洛布尔 1951 年著有《岩石力学》一书，是该学派最早的代表作。尔后，英国的耶格（J. C. Jaeger）于 1969 年按此观点又著有《岩石力学基础》一书，这是一本在国际上较为著名的著作。

在岩石力学的发展历史上，有几个阶段是有标志性成果的：

（1）初始阶段（19 世纪末至 20 世纪初）——对地应力进行了估算

1）海姆的静水压力理论 $\sigma_v = \sigma_h = \gamma H$

2）朗金的侧压理论 $\sigma_v = \gamma H$，$\sigma_h = \lambda \gamma H$，$\lambda = \tan^2 \left(\dfrac{\pi}{4} - \dfrac{\phi}{2} \right)$

3）金尼克的侧压理论 $\sigma_v = \gamma H$，$\sigma_h = \lambda \gamma H$，$\lambda = \dfrac{\nu}{1 - \nu}$

（2）经验理论阶段（20 世纪初至 20 世纪 30 年代）——对围岩压力进行了估算

1）普罗托吉雅克诺夫—普氏理论：顶板围岩冒落的自然平衡拱理论。

2）太沙基理论：塌落拱理论。

（3）经典理论阶段（20 世纪 30~60 年代）——这是岩石力学形成的重要阶段

1）弹性力学、塑性力学和流变理论被引入岩石力学，导出经典计算公式。

2）形成围岩与支护体共同作用理论，结构面影响受到重视。

3）实验方法完善。

4）连续介质理论特点与不足。

5）后来的有限单元方法被引入。

6）地应力测量受到重视。

7）形成地质力学理论与学派。

8）形成工程岩石力学学派。

（4）现代发展阶段（20 世纪 60 年代至今）——以非线性问题为主

1）现代力学、数学、计算机数值分析方法的广泛应用。

2）流变学、断裂力学、非连续介质、数值方法、人工智能，神经网络，专家系统。

3）损伤力学、离散元法、DDA 法、数值流形分析。

4）非线性理论、分叉混沌理论等。

1959 年法国乌尔帕塞拱坝坝基失事和 1963 年意大利瓦依昂水库岩坡滑动，震动了世界各国从事岩石工程的工作者，因此，成立了"国际岩石力学学会"，并于 1966 年在里斯本召开了第一次国际岩石力学大会。从此，每四年召开一次会议，并出版了相应的刊物，对促进岩石力学的发展起到了很大的作用。

国际上有关岩石力学的期刊，主要有以下 3 种：

1）在英国伦敦出版的《国际岩石力学与采矿科学杂志及岩土力学文摘》（International Journal of Rock Mechanics and Mining Sciences & Geomechanics Abstracts），1963 年创刊。

2）在美国出版的《岩石力学与岩石工程》（Rock Mechanics and Rock Engineering），1969 年创刊。

3）在英国出版的《国际岩土力学数值及解析方法杂志》（International Journal for Analytical Methods in Geomechanics），1976 年创刊。

1.5.2　我国岩石力学的发展概况

在我国，岩石力学作为一门专门学科起步较晚，尽管我们的祖先曾创建过震动全世界的工程建设，如都江堰、自贡深达数百米的盐井、万里长城等。回顾我国岩石力学的发展，大体上可划分为三个阶段：

第一阶段，20 世纪 50 年代至 60 年代中期，这一时期，我国也建设了一些中、小型的岩石工程，也进行了与其相适应的岩石力学试验研究工作，但这时期的理论和实验研究与国外相似，是运用材料力学、土力学、弹塑性理论等作为基础来开展的。1958 年三峡岩基组的成立，开始了岩石力学研究的系统规划和实施。这一时期是我国岩石力学发展处于萌芽阶段。

第二阶段，20 世纪 60 年代中期至 70 年代中期，由于大部分工程停建和缓建，岩石力学发展非常缓慢。

第三阶段，20 世纪 70 年代后期至今，在改革开放的大潮中，各项大规模工程的不断涌现，也提出了许多岩石力学的新课题，使岩石力学进入了一个全面的蓬勃发展的新阶段。我国岩石工程工作者结合我国的重大工程，为提高岩石力学的理论水平和测试技术，开展了大规模的研究工作，总结了一系列成功的经验与失败的教训，不仅成功地解决了像葛洲坝工程和三峡工程、湖北的大冶和江西德兴的露天矿场、秦山核电站岩基与高边坡以及铁道交通的长大隧洞工程等的一系列岩石工程问题，而且在岩石力学理论研究方面（如岩体结构、岩石流变以及岩坡和围岩稳定性研究等）皆有重大成就，这些成就在国际上已产生重大的影响，并占有了重要的学术地位。

自 1978 年以来，我国陆续成立了分属各有关学会的岩石力学专业机构，如中国土木工程学会的隧道及地下工程分会和土力学及岩土工程分会、中国水利学会岩土力学专业委员会、中国力学学会土力学专业委员会、中国煤炭学会岩石力学专业委员会等。1985 年，我国正式成立了中国岩石力学与工程学会。

我国主要的岩石力学期刊有《岩土工程学报》、《岩土力学》、《岩石力学与工程学报》、《地下空间与工程学报》等。

自 20 世纪 70 年代末期，国内许多高校相继出版了《岩石力学》或《岩体力学》教材。

上述工作和成就，对推动我国岩石力学学科的发展和学术水平的提高起到了积极的作用。

1.5.3 岩石力学与工程的发展前景

1. 工程发展

1）水利枢纽工程、水电站大坝。
2）地下厂房、储油库。
3）露天矿边坡。
4）深井开采。
5）跨海隧道。

2. 前沿课题

1）计算机数值模型、有限元位移反分析方法、有限元强度折减法。
2）流变模型、流变实验、大变形理论、巷道流变大变形控制技术。
3）非线性模型的唯一性、非线性方法、人工智能。
4）裂隙化岩体的强度、破坏机理及破坏判据问题。
5）岩体结构与结构面的仿真模拟、力学表述及其力学机理问题。
6）岩体结构整体综合仿真反馈系统与优化技术。
7）岩体与工程结构的相互作用与稳定性评价问题。
8）软岩的力学特性及其岩体力学问题。
9）高地应力岩石力学问题。
10）水 – 岩 – 应力耦合作用及岩体工程稳定性问题。
11）岩体动力学、水力学与热力学问题。

复习思考题

1-1 解释岩石与岩体的概念，指出两者的主要区别与联系。
1-2 岩石的结构与岩石的构造有何不同？
1-3 岩体的力学特征是什么？
1-4 自然界中的岩石按地质成因分类可分为几大类？各有什么特点？
1-5 简述岩石力学的研究范畴与内容。
1-6 岩石力学的研究方法有哪些？

第 2 章　岩石的基本物理性质

岩石的物理性质是岩石力学研究的最基本的内容，其性质指标也是岩石力学研究和岩石工程设计的基本参数与依据。

岩石由固体、液体和气体三相介质组成，其物理性质是指因岩石三相组成部分的相对比例关系不同所表现出来的物理状态。与工程密切相关的物理性质参数有密度、重度、相对密度、孔隙比、水理性、抗冻性、抗风化性及热学性质等。

2.1　岩石的重度和密度

岩石单位体积(包括岩石空隙体积)的重量，称为岩石的重度。根据岩石试样的含水情况不同，岩石重度可以分为天然重度、干重度和饱和重度，分别用 γ、γ_d、γ_{sat} 表示。

$$\left.\begin{aligned}
\gamma &= \frac{W}{V} = \frac{W_r + W_w}{V_a + V_r} \\
\gamma_d &= \frac{W_r}{V} = \frac{W_r}{V_a + V_r} \\
\gamma_{sat} &= \frac{W}{V} = \frac{W_r + V_a \gamma_w}{V}
\end{aligned}\right\} \tag{2-1}$$

式中，W 为岩石试样的总重量；W_r 为岩石的重量；W_w 为岩石试样空隙中水的重量；V 为岩石试样的总体积；V_r 为岩石的体积(不包含岩石中空隙)；V_a 为岩石试样中空隙的体积；γ_w 为水的重度。

岩石单位体积(包括岩石空隙体积)的质量称为岩石的密度。根据岩石试样的含水情况不同，岩石密度可分为天然密度、干密度和饱和密度，分别用 ρ、ρ_d、ρ_{sat} 表示。如果设岩石试样的总质量(包括空隙中的水)为 m，岩石的质量为 m_r，岩石试样空隙中水的质量为 m_w，ρ_w 为水的密度，则岩石的天然密度、干密度和饱和密度可分别用下式表示

$$\left.\begin{aligned}
\rho &= \frac{m}{V} = \frac{m_r + m_w}{V_a + V_r} \\
\rho_d &= \frac{m_r}{V} = \frac{m_r}{V_a + V_r} \\
\rho_{sat} &= \frac{m}{V} = \frac{m_r + V_a \rho_w}{V}
\end{aligned}\right\} \tag{2-2}$$

岩石密度与重度之间存在如下关系

$$\left.\begin{aligned}
\gamma &= \rho g \\
\gamma_d &= \rho_d g \\
\gamma_{sat} &= \rho_{sat} g
\end{aligned}\right\} \tag{2-3}$$

式中，g 为重力加速度。

描述岩石的密度还有相对密度的概念。所谓岩石的相对密度(d)是指岩石的干重量(或干质量)除以岩石的实体体积(不包括空隙)所得值与4℃时纯水的重度γ_w(或密度ρ_w)之比值,即

$$d = \frac{W_r}{V_r \gamma_w} = \frac{m_r}{V_r \rho_w} \tag{2-4}$$

岩石的重度、密度与相对密度主要取决于组成岩石的矿物成分、空隙情况及其含水量。表2-1列出了某些岩石的重度、密度与相对密度值。从表中可以看出岩石的重度一般为26.5～28.0kN/m³,相对密度为2.50～3.00,密度为2 300～3 300kg/m³。

表2-1　常见岩石的物理性质指标

岩石类型	重度/(kN/m³)	密度/(kg/m³)	相对密度	孔隙率(%)	吸水率(%)	软化系数
花岗岩	26.0～27.0	2 300～2 800	2.50～2.84	0.5～1.5	0.1～4.0	0.72～0.97
闪长岩	26.0～30.0	2 520～2 960	2.85～3.00	0.2～0.5	0.3～5.0	0.60～0.80
辉绿岩	25.0～29.0	2 530～2 970	2.60～2.10	0.3～5.0	0.8～5.0	0.33～0.90
辉长岩	25.2～29.7	2 550～2 980	2.70～3.00	0.3～4.0	0.5～4.0	0.10～0.20
安山岩	22.0～26.8	2 300～2 700	2.65～2.85	1.1～4.5	0.3～4.5	0.81～0.91
玢岩	23.0～27.6	2 400～2 800	2.64～2.90	2.1～5.0	0.4～1.7	0.78～0.81
玄武岩	24.0～30.8	2 500～3 100	2.50～2.15	0.5～7.2	0.3～2.8	0.30～0.95
凝灰岩	22.0～24.7	2 290～2 500	2.20～2.50	1.5～7.5	0.5～7.5	0.52～0.86
砾岩	23.0～26.2	2 400～2 660	2.30～2.60	0.8～10.0	0.3～2.4	0.50～0.96
砂岩	21.5～27.0	2 200～2 710	2.20～2.70	1.6～28.0	0.9～9.0	0.65～0.97
页岩	22.0～26.0	2 300～2 620	2.30～2.60	0.4～10.0	0.5～2.2	0.24～0.74
石灰岩	22.5～27.0	2 300～2 770	2.30～2.70	0.5～27.0	0.1～4.5	0.70～0.94
泥灰岩	20.5～26.8	2 100～2 780	2.10～2.68	1.0～10.0	0.5～3.0	0.44～0.54
白云岩	20.0～26.5	2 100～2 700	2.00～2.62	0.3～25.0	0.1～3.0	0.80～0.96
片麻岩	22.4～29.5	2 300～3 000	2.30～3.00	7.0～2.2	0.1～0.7	0.75～0.97
石英片岩	20.4～26.7	2 100～2 700	2.20～2.69	0.3～3.0	0.1～0.3	0.44～0.84
绿泥石片岩	21.0～28.2	2 100～2 850	2.10～2.77	0.8～2.1	0.1～0.6	0.53～0.69
千枚岩	26.7～28.3	2 710～2 860	2.60～2.80	0.4～3.6	0.5～1.8	0.67～0.96
泥质板岩	22.8～27.8	2 300～2 800	2.29～2.78	0.1～0.5	0.1～0.3	0.39～0.52
大理岩	25.8～26.5	2 600～2 700	2.58～2.70	0.1～6.0	0.1～1.0	0.75～0.95
石英岩	23.6～27.6	2 400～2 800	2.40～2.76	0.1～8.7	0.1～1.5	0.94～0.96

2.2　岩石的空隙性

岩石中空隙包括孔隙与裂隙,岩石中空隙性一般用孔隙率n与孔隙比e来描述。岩石的孔隙比是指岩石试样中孔隙(包括裂隙)的体积V_a与岩石体积(不包括岩石中空隙)V_r之比,即

$$e = \frac{V_a}{V_r} \tag{2-5}$$

岩石的孔隙率是指岩石试样中孔隙(包括裂隙)的体积V_a与试样总体积V(包括岩石中空

隙）之比，一般用百分数表示，即

$$n = \frac{V_a}{V} \times 100\% = \frac{V - V_r}{V} \times 100\% \qquad (2-6)$$

根据岩石中三相介质的关系，孔隙比与孔隙率存在如下关系

$$e = \frac{n}{1 - n} \qquad (2-7)$$

孔隙性参数可利用特定的仪器使空隙中充满水银测定。但是，在一般情况下，也可通过相关的参数推算得到

$$e = 1 - \frac{\rho_d}{d\rho_w} \qquad (2-8)$$

2.3 岩石的水理性质

岩石遇到水作用后，某些物理、化学和力学等性质会发生变化。水对岩石的这种作用特性，称为岩石的水理性质。岩石的水理性质主要有吸水性、软化性、膨胀性、抗冻性及透水性等。

2.3.1 岩石的吸水性

岩石在一定的试验条件下吸收水分的能力，称为岩石的吸水性。常用吸水率、饱和吸水率、含水量与饱水系数等指标表示。

（1）吸水率　岩石的吸水率 w_a 是指岩石试样在大气压力和室温条件下自由吸入水的质量 m_{w1}，与岩样干质量 m_r 之比，一般用百分数表示，即

$$w_a = \frac{m_{w1}}{m_r} \times 100\% \qquad (2-9)$$

实测时先将岩样烘干并测定干质量，然后浸水饱和。岩石吸水率的大小取决于岩石所含孔隙数量和细微裂隙的连通情况，孔隙越大、越多，孔隙和细微裂缝连通情况越好，则岩石的吸水率越大，因而岩石质量越差。

（2）饱和吸水率　岩石的饱和吸水率 w_{sat} 又称饱水率，是指岩石试件在高压（一般压力为 15MPa）或真空条件下吸入水的质量 m_{w2} 与岩样干质量 m_r 之比，一般也用百分数表示，即

$$w_{sat} = \frac{m_{w2}}{m_r} \times 100\% \qquad (2-10)$$

在高压条件下，通常认为水能进入岩样中所有敞开的裂隙和孔隙中。国外采用高压设备，压力已达 15MPa，但由于高压设备较为复杂，因此实验室常用真空抽气法或煮沸法使岩样饱和。饱水率对于岩石的抗冻性具有较大的影响。饱水率越大，表明岩石中含水越多，因此在冻结过程中就会对岩石中的孔隙、裂隙等结构产生较大的附加压力，从而引起岩石的破坏。

（3）岩石的含水量　岩石的含水量 w 是指岩石空隙中含水的质量 m_w 与岩石质量 m_r（不包括孔隙中水）之比，一般用百分数表示，即

$$w = \frac{m_{\mathrm{w}}}{m_{\mathrm{r}}} \times 100\% \tag{2-11}$$

（4）饱水系数　岩石的吸水率 w_{a} 与饱和吸水率 w_{sat} 之比，称为饱水系数 K_{w}，即

$$K_{\mathrm{w}} = \frac{w_{\mathrm{a}}}{w_{\mathrm{sat}}} \tag{2-12}$$

一般岩石的饱水系数介于 0.5～0.8 之间。饱水系数对于判别岩石的抗冻性具有重要意义。几种常见岩石的吸水性指标见表 2-2。

表 2-2　几种常见岩石的吸水性指标值

岩石名称	吸水率（%）	饱和吸水率（%）	饱水系数
花岗岩	0.46	0.84	0.55
石英闪长岩	0.32	0.54	0.59
玄武岩	0.27	0.39	0.69
基性斑岩	0.35	0.42	0.83
云母片岩	0.13	1.31	0.10
砂岩	7.01	11.99	0.60
石灰岩	0.09	0.25	0.36
白云质岩	0.74	0.92	0.80

2.3.2　岩石的抗冻性

岩石的抗冻性是指岩石抵抗冻融破坏的性能，通常用作评价岩石抗风化稳定性的重要指标。岩石抗冻性的高低取决于造岩矿物的热物理性质、粒间联结强度及岩石的含水特征等因素，常用抗冻系数和质量损失率来表示。

（1）抗冻系数　岩石的抗冻系数 R_{d} 是指岩石试件反复冻融后的干抗压强度 σ_{c2} 与冻融前干抗压强度 σ_{c1} 之比，用百分数表示，即

$$R_{\mathrm{d}} = \frac{\sigma_{\mathrm{c2}}}{\sigma_{\mathrm{c1}}} \times 100\% \tag{2-13}$$

（2）质量损失率　岩石的质量损失率 K_{m} 是指冻融试验前后干质量之差 $m_{\mathrm{s1}} - m_{\mathrm{s2}}$ 与试验前干质量 m_{s1} 之比，以百分数表示，即

$$K_{\mathrm{m}} = \frac{m_{\mathrm{s1}} - m_{\mathrm{s2}}}{m_{\mathrm{s1}}} \times 100\% \tag{2-14}$$

岩石的冻融试验是在实验室内进行的，一般要求按规定制备试样 6～10 块，分两组，一组进行规定次数的冻融试验，另一组做干燥状态下的抗压强度试验。将做冻融试验的试样进行饱和处理后，放入 -20℃ ±2℃ 温度下冷冻 4h，然后取出放置在水温为 20℃ ±5℃ 水槽中融 4h，如此反复循环达到规定次数（日平均气温低于 -15℃ 时为 25 次，高于 -15℃ 时为 15 次）后取出测定岩石在冻融前后的强度变化和质量损失。

岩石在冻融作用下强度降低的主要原因：①由于岩石中各组成矿物的体膨胀系数不同，以及在岩石变冷时不同层中温度的强烈不均匀性，从而产生内部应力；②由于岩石空隙中冻结水的冻胀作用所致。

2.3.3 岩石的软化性

岩石浸水饱和后强度降低的性质，称为岩石的软化性，用软化系数 K_R 表示

$$K_R = \frac{\sigma_{cw}}{\sigma_c} \qquad (2\text{-}15)$$

式中，σ_{cw} 试样饱和抗压强度；σ_c 为试样干抗压强度。

显然，K_R 越小，岩石软化性越强。研究表明，岩石的软化性取决于岩石的矿物组成与空隙性。当岩石中含有较多的亲水性和可溶性矿物，且含大、开空隙较多时，岩石的软化性较强，软化系数较小，如黏土岩、泥质胶结的砂岩、砾岩和泥灰岩等岩石，岩石的软化系数一般为 0.4 ~ 0.6，甚至更低。常见岩石的软化系数见表 2-1。由表 2-1 可知，岩石的软化系数都小于 1.0，说明岩石具有不同程度的软化性。

2.3.4 岩石的崩解性

岩石在水中崩散解体的性质，称为岩石的崩解性，用耐崩解性指数表示。它直接反映了岩石在浸水和温度变化的环境下抵抗风化作用的能力。耐崩解性指数的试验是将经过烘干的试块（质量约为 500g，且分成 10 块左右），放入一个带有筛子的圆筒内，使该圆筒在水槽中以 20r/min 的速度，连续旋转 10min，然后将留在圆筒内的岩块取出，再次烘干称量，如此反复进行两次后，按下式求得耐崩解性指数 I_{d2}

$$I_{d2} = \frac{m_r}{m_s} \times 100\% \qquad (2\text{-}16)$$

式中，I_{d2} 为两次循环试验而求得的耐崩解性指数；m_s 为试验前试块的烘干质量；m_r 为残留在圆筒内试块的烘干质量。

甘布尔（Gamble）认为：耐崩解性指数与岩石成岩的地质年代无明显的关系，而与岩石的密度成正比，与岩石的含水量成反比。利用耐崩解性指数，可对岩石的耐崩解性进行评价，见表 2-3。

表 2-3 甘布尔的崩解耐久性分类

分 类	一次 10min 旋转或留下的 百分数（按干质量计）（%）	两次 10min 旋转或留下的 百分数（按干质量计）（%）
极高的耐久性	>99	>98
高耐久性	98 ~ 99	95 ~ 98
中等高的耐久性	95 ~ 98	85 ~ 95
中等的耐久性	85 ~ 95	60 ~ 85
低耐久性	60 ~ 85	30 ~ 60
极低的耐久性	<60	<30

2.3.5 岩石的膨胀性

含有黏土矿物尤其是含伊利石、蒙脱石等矿物的岩石，遇水后会发生膨胀现象，这是由于黏土矿物遇水促使其颗粒间的水膜增厚所致，因此对于含有黏土矿物的岩石，掌握经开挖后遇水膨胀的特性是十分必要的。岩石的膨胀性通常以岩石的自由膨胀率、岩石的侧向约束

膨胀率、膨胀压力等来表述。

（1）岩石的自由膨胀率　岩石的自由膨胀率是指岩石试件在无任何约束的条件下浸水后所产生膨胀变形与试件原尺寸的比值。常用的有岩石径向自由膨胀率 V_D 和轴向自由膨胀率 V_H

$$V_H = \frac{\Delta H}{H} \times 100\% \qquad (2\text{-}17)$$

$$V_D = \frac{\Delta D}{D} \times 100\% \qquad (2\text{-}18)$$

式中，ΔH、ΔD 为浸水后岩石试件轴向、径向膨胀变形量；H、D 为岩石试件试验前的高度和直径。

自由膨胀率的试验通常是将加工完成的试件浸入水中，按一定时间间隔测量其变形量，最终按式（2-17）和（2-18）计算求得。

（2）岩石的侧向约束膨胀率　与岩石自由膨胀率不同，岩石侧向约束膨胀率 V_{HP} 是将具有侧向约束的试件浸入水中，使岩石试件仅产生轴向膨胀变形而求得的膨胀率，其计算公式如下

$$V_{HP} = \frac{\Delta H_1}{H} \times 100\% \qquad (2\text{-}19)$$

式中，ΔH_1 为有侧向约束条件下所测得的轴向膨胀变形量。

（3）膨胀压力　膨胀压力是指岩石试件浸水后，使试件保持原有体积所施加的最大压力。其试验方法类似于膨胀率试验，只是要求限制试件不出现变形而测量其相应的最大压力。

上述三个参数从不同的角度反映了岩石遇水膨胀的特性，进而可利用这些参数，评价建造于含有黏土矿物岩体中硐室的稳定性，并为这些工程设计提供必要的参数。

2.3.6　岩石的透水性

地下水存于岩石孔隙、裂隙之中，因大多数岩石的孔隙、裂隙是连通的，因而在一定的水力梯度或压力差作用下，岩石具有能被水透过的性质，称为透水性。衡量岩石透水性的指标为渗透率或渗透系数。一般认为，水在岩石中的流动服从达西（Darcy）定律

$$q_x = k\frac{\mathrm{d}h}{\mathrm{d}x}A \quad \text{或} \quad v_x = ki_x \qquad (2\text{-}20)$$

式中，q_x 为沿 x 方向水的流量（m^3/s）；h 为水头高度（m）；A 为垂直于 x 方向的截面面积（m^2）；k 为岩石的渗透系数（m/s）；v_x 为沿 x 方向水的渗流速度（m/s）；i_x 为 x 方向水流的水力坡降（或水头梯度），可表示为 $i_x = \mathrm{d}h/\mathrm{d}x$。

渗透系数的定义为水力坡降为 1 时的渗流速度。应当指出，渗流速度是假想水流的速度，它一般远小于水流质点的实际速度。

渗透系数是表征岩石透水性的重要指标，其大小取决于岩石中空隙的数量、规模及连通情况等，并可在室内根据达西定律测定。某些岩石的渗透系数见表 2-4。由表可知，岩石的渗透性一般都很小，远低于相应岩体的透水性，新鲜致密岩石的渗透系数一般均小于 10^{-7} cm/s 量级。同一种岩石，有裂隙发育时，渗透系数急剧增大，一般比新鲜岩石大 4 ~ 6

个数量级，甚至更大，说明空隙性对岩石透水性的影响是很大的。

表 2-4　几种岩石的渗透系数值

岩石名称	空隙情况	渗透系数 k/(cm/s)
花岗岩	较致密、微裂隙	$1.1 \times 10^{-12} \sim 9.5 \times 10^{-11}$
	含微裂隙	$1.1 \times 10^{-11} \sim 2.5 \times 10^{-11}$
	微裂隙及部分粗裂隙	$2.8 \times 10^{-9} \sim 7 \times 10^{-8}$
石灰岩	致密	$3 \times 10^{-12} \sim 6 \times 10^{-10}$
	微裂隙、孔隙	$2 \times 10^{-9} \sim 3 \times 10^{-6}$
	空隙较发育	$9 \times 10^{-5} \sim 3 \times 10^{-4}$
片麻岩	致密	$< 10^{-13}$
	微裂隙	$9 \times 10^{-8} \sim 4 \times 10^{-7}$
	微裂隙发育	$2 \times 10^{-6} \sim 3 \times 10^{-5}$
辉绿岩、玄武岩	致密	$< 10^{-13}$
砂岩	较致密	$10^{-13} \sim 2.5 \times 10^{-10}$
	空隙发育	5.5×10^{-6}
页岩	微裂隙发育	$2 \times 10^{-10} \sim 8 \times 10^{-9}$
片岩	微裂隙发育	$10^{-9} \sim 5 \times 10^{-5}$
石英岩	微裂隙	$1.2 \times 10^{-10} \sim 1.8 \times 10^{-10}$

应当指出，对裂隙岩体来讲，不仅其透水性远比岩块大，而且在岩体中的渗流规律也比达西定律所表达的线性渗流规律复杂得多。因此，达西定律在多数情况下不适用于裂隙岩体，必须用裂隙岩体渗流理论来解决其水力学问题。

2.4　岩石的热学性质

岩石具有热胀冷缩性质，并且有时表现得相当明显。当温度升高时，岩石不仅发生体积及线膨胀，而且其强度要降低，变形特性也随之改变。例如，灰岩在常温条件下由脆性向塑性转化需要增加的围压为 500MPa，而在 500℃ 温度条件下，由脆性向塑性转化只需要增加 0.1MPa 围压。值得注意的是，在受到约束条件下，当温度升高时，岩石由于膨胀受限制而产生较大的膨胀压力，致使岩石的应力状态发生变化。这种由于温度变化致使岩石表现出来的物理力学性质称为岩石的热学性质。

目前，随着岩石地下工程不断向深部发展，尤其是在高地热异常区，岩石力学性质的温度效应往往显得很重要。研究岩石的热理性经常应用的指标有体胀系数、线胀系数、热导率、地温梯度及热流密度等。

2.4.1　体胀系数及线胀系数

岩石受热后体积或长度发生膨胀的性质称之为热胀性，常用体胀系数或线胀系数来度量。岩石的体胀系数 α 是指温度上升 1℃ 所引起体积的增量与其 0℃ 时的体积之比，线胀系数 β 是指温度上升 1℃ 所引起长度的增量与其 0℃ 时的长度之比，即

$$\alpha = \frac{V_t - V_0}{V_0} \tag{2-21}$$

$$\beta = \frac{L_t - L_0}{L_0} \tag{2-22}$$

式中，V_0、L_0 为岩石在 0℃时的体积及线长度；V_t、L_t 为岩石在温度 t 时的体积及线长度。

一般认为，岩石的体胀系数 α 为线胀系数 β 的 3 倍，即 $\alpha = 3\beta$。某些岩石的线胀系数 β 参考值见表 2-5。

表 2-5　某些岩石线胀系数 β 参考值

岩石名称	线胀系数 $\beta/ \times 10^{-5}℃^{-1}$	岩石名称	线胀系数 $\beta/ \times 10^{-5}℃^{-1}$
粗粒花岗岩	0.6~6.0	石英岩	1.0~2.0
细粒花岗岩	1.0	白云岩	1.0~2.0
辉长岩	0.5~1.0	灰岩	0.6~3.0
辉绿岩	1.0~2.0	页岩	0.9~1.5
片麻岩	0.8~3.0	大理岩	1.2~3.3

2.4.2　热导率

岩石的热传导性能常用热导率来度量。岩石的热导率 D 是指当温度上升 1℃时，热量在单位时间内传递单位距离时的损耗值。其计算式为

$$D = \frac{Q}{LtT} \tag{2-23}$$

其中，L 为热量传递的距离；t 为热量传递 L 距离所用的时间；T 为上升的温度。

岩石的热导率 D 不仅取决于它的矿物组成及结构构造等，尚与赋存的环境关系密切。也就是说，同一种岩石，在不同地区的 D 值是不同的。某地几种岩石的 D 值见表 2-6。

表 2-6　某地矿区地温实测值

岩石名称	凝灰角砾岩	粗安岩	石英岩	铁矿体
热导率 $D/10^{-3} \times (4.19J \cdot cm^{-1} \cdot s^{-1} \cdot ℃^{-1})$	4.33	4.48	9.88	10.0
地温梯度 $B/(℃ \cdot km^{-1})$	40.0~50.0	35.0~40.0	17.0~20.0	17.0~20.0
热流密度 $R/10^{-6} \times (4.19J \cdot cm^{-2} \cdot s^{-1})$	1.8~1.88			

2.4.3　地温梯度

地温梯度 B 也称为地热增温率，是指深度每增加 100m 时，地温上升的度数。此外，也可采用地温梯级 J。地温梯级 J 是指地温每上升 1℃时所需增加的深度，在数值上与地温梯度成反比，即 $J = 1/B$。不同地区岩石中的地温梯度是不同的，主要取决于深部上升热流量的大小及距离热源远近等，当然也与岩石自身特性有关。某地几种岩石地温梯度见表 2-6。

2.4.4　热流密度

岩石的热流密度 R 是指地温梯度 B 与岩石热导率 D 的乘积，即 $R = BD$。一般情况下，同一地区岩石的热流密度 R 为一常数。而不同地区岩石的热流密度 R 的差异往往较大，主要取决于各地所处的大地构造位置。在构造活动区的热流密度高达 $R = (1.0 \sim 2.5) \times 10^{-6} \times 4.19J/(cm^2 \cdot s)$，而在稳定地区的热流密度 $R = (1.1 \sim 1.3) \times 10^{-6} \times 4.19J/(cm^2 \cdot s)$。

复习思考题

2-1 名词解释：孔隙比、孔隙率、吸水率、渗透性、软化性、抗冻性、地温梯度。

2-2 岩石的结构和构造有何区别？岩石颗粒间的联结有哪几种？

2-3 岩石物理性质的主要指标及其表示方式是什么？

2-4 已知岩样的重度 $\gamma = 22.5 \text{kN/m}^3$，相对密度 $d = 2.8$，天然含水量 $\omega_0 = 8\%$，试计算该岩样的孔隙率 n、干重度 γ_d 及饱和重度 γ_{sat}。

第3章 岩石的基本力学性质

岩石力学是固体力学的一个分支。在固体力学的基本方程中，平衡方程和几何方程都与材料性质无关，而本构方程（物理方程/物性方程）和强度准则因材料而异。

岩石的基本力学性质主要包括两大类，即岩石的变形性质和岩石的强度性质。

研究岩石变形性质的目的，是建立岩石自身特有的本构关系或本构方程（Constitutive Law or Equation），并确定相关参数。研究岩石强度性质的目的，是建立适应岩石特点的强度准则，并确定相关参数。此外，岩石力学性质是岩石分类的重要依据之一，而岩石分类对于生产技术管理、支护设计和施工设备选型有密切关系。由此可见，岩石力学性质的研究，是整个岩石力学研究的最重要的基础。

3.1 岩石的强度性质

岩石介质破坏时所能承受的极限应力称为岩石强度。岩石的破坏形式如图3-1所示。

1）拉伸破坏：图3-1a所示为直接拉坏的情况；图3-1b所示为劈裂破坏。

2）剪切破坏：截面切应力达到某一极限值时，岩石在此截面被剪断，如图3-1c所示。

3）塑性流动：岩石在切应力作用下产生塑性变形，其线应变达到10%时就算塑性破坏，如图3-1d所示。

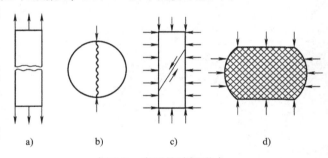

受力状态不同，岩块的强度也不同。常用的强度指标有单轴抗压强度、单轴抗拉强度、抗剪强度、三轴压缩强度等。

图3-1 岩石的破坏形式

a）拉伸破坏 b）劈裂破坏 c）剪切破坏 d）塑性流动

3.1.1 岩石的单轴抗压强度

岩石的单轴抗压强度指岩石试件在无侧限和单轴压力作用下抵抗破坏的极限能力。其值由室内试验确定，如图3-2所示。

$$\sigma_c = \frac{P}{A} \tag{3-1}$$

式中，σ_c 为单轴抗压强度，也称为无侧限强度；P 为在无侧限条件下岩石试件的轴向破坏荷载；A 为试件的截面面积。

为便于参考，这里给出几种常见岩石单轴抗压强度指标，见表3-1。

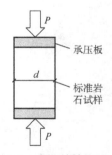

图3-2 岩石单轴抗压强度实验示意图

表 3-1　常见岩石的单轴抗压强度指标值

岩石名称	抗压强度 σ_c/MPa	抗拉强度 σ_t/MPa	内摩擦角 ϕ(°)	内聚力 C/MPa	岩石名称	抗压强度 σ_c/MPa	抗拉强度 σ_t/MPa	内摩擦角 ϕ(°)	内聚力 C/MPa
大理岩	100~250	7~20	35~50	15~30	片麻岩	50~200	5~20	30~50	3~5
花岗岩	100~250	7~25	45~60	14~50	千枚岩	10~100	1~10	26~65	1~20
流纹岩	180~300	15~30	45~60	10~50	板岩	60~200	7~15	45~60	2~20
闪长岩	100~250	10~25	53~55	10~50	页岩	10~100	2~10	15~30	3~20
安山岩	100~250	10~20	45~50	10~40	砂岩	20~200	4~25	35~50	8~40
辉长岩	180~300	15~36	50~55	10~50	砾岩	10~150	2~15	35~50	10~50
辉绿岩	200~350	15~35	55~60	25~60	石灰岩	50~200	5~20	35~50	20~50
玄武岩	150~300	10~30	48~55	20~60	白云岩	80~250	15~25	35~50	15~30
石英岩	150~350	10~30	50~60	20~60					

1. 单向压缩荷载作用下试件的破坏形态

根据大量试验观察，岩石在单轴压缩荷载作用下主要表现出图 3-3 所示的两种破坏形式。

试样内部应力分布如图 3-3c 所示，与承压板接触的两个三角形区域内为压应力，而在其他区域内则表现为拉应力。在无侧限的条件下，由于侧向的部分岩石可自由地向外变形、剥离，最终形成图 3-3a 所示的圆锥形破坏形态。

2. 岩石单轴抗压强度的影响因素

影响岩石单轴抗压强度因素很多，归纳起来可分为三个方面，一方面是岩石内在因素，如矿物成分、结晶程度、颗粒大小、颗粒联结及胶结情况、密度、层理和裂隙的特性和方向、风化特征等；另一方面是试验方法方面

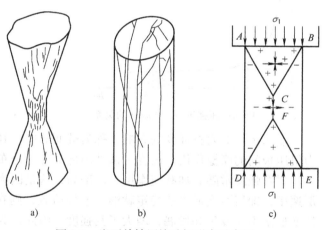

图 3-3　岩石单轴压缩破坏形态示意图
a）圆锥形破坏　b）柱形劈裂破坏　c）圆锥形破坏应力分布

因素，如试件的形状和加工精度、端面条件、加载速度等；第三方面就是环境因素，如含水量、温度等。

（1）试验方法的影响　岩石试样的几何尺寸、加工精度及其加载速率均对其单轴抗压强度有显著的影响。

试件的强度通常随其尺寸的增大而减小，这种现象称为尺寸效应。研究表明，试件的尺寸对其强度的影响在很大程度上取决于组成岩石的矿物颗粒的大小。若岩石试件的直径为 4~6cm，且大于其最大矿物颗粒直径的 10 倍以上，其强度值相对比较稳定。因此，目前采取直径为 5cm，直径大于最大矿物颗粒直径 10 倍以上的岩石试件作为其标准尺寸。

试件的高径比，即试件高度 h 与直径或边长 D 的比值，对岩石强度也有明显的影响，如图 3-4 所示。一般来说，随着 h/D 增大，岩石强度降低，其原因是随着 h/D 的增大将导

致试件内应力分布及其弹性稳定状态不同。当 h/D 很小时，试件内部的应力分布趋于三向应力状态，因而试件具有很高的抗压强度；相反，当 h/D 很大时，试件由于弹性不稳定而易于破坏，降低了岩石的强度；而 $h/D = 2 \sim 3$ 时，试件内应力分布较均匀，且容易处于弹性稳定状态。因此，为了减少试件的尺寸影响和统一试验方法，国内有关试验规程规定：抗压试验应采用直径或边长为 5cm，高径比为 2 的标准试件。

试件加工精度的影响，主要表现在试件端面平整度和平行度的影响上。端面粗糙和不平行的试件，容易产生局部应力集中，降低岩石强度。因此，试验对试件加工精度的要求较高。

承压板的刚度，影响试件端面的应力分布状态。当承压板刚度很大时，其接触面的应力分布很不均匀，呈山字形，如图 3-5 所示。显然，这将影响整个试件的受力状态。因此，试验机的承压板（或者垫块）应尽可能采用与岩石刚度相接近的材料，避免由于刚度的不同而引起变形不协调造成应力分布不均匀的现象，以减少对强度的影响。

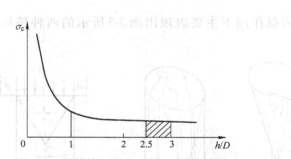

图 3-4　单轴抗压强度 σ_c 与 h/D 的关系

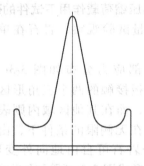

图 3-5　在刚性承载板之间压缩时岩石端面的应力分布

端面条件对岩石强度的影响，称为端面效应。其产生原因一般认为是由于试件端面与压力机压板间的摩擦作用，改变了试件内部的应力分布和破坏方式，进而影响岩石强度。

岩石强度常随着加载速率增大而增高，这是因为随着加载速率增大，若超过了岩石的变形速率，即岩石变形未达稳定就继续增加荷载，则在试件内将出现变形滞后于应力的现象，使变形来不及发生和发展，增大了其强度。因此，为了规范试验方法，现行的试验规程都规定了加载速率，一般约为 $0.5 \sim 0.8 \mathrm{MPa/s}$。

（2）环境对岩石单轴抗压强度的影响　含水量对岩石单轴抗压强度的影响。由于水对岩石中矿物产生风化、软化、泥化、膨胀、溶蚀等作用，使得在饱和状态下的岩石单轴抗压强度有所降低。对于泥岩、黏土岩、页岩等软弱的岩石，其干燥状态与饱和状态下的强度值相差 $2 \sim 3$ 倍，含有膨胀性矿物成分的岩石其差值尤甚。对于致密、坚硬的岩石，其干燥状态与饱和状态下的强度值的差别甚小。表 3-2 列出了各种不同岩石的软化系数。

表 3-2　某些岩石的干湿单向压缩强度及软化系数

岩石名称	抗压强度/MPa		软化系数 η
	干抗压强度 σ_c	饱和抗压强度 σ_b	
花岗岩	$40.0 \sim 220.0$	$25.0 \sim 205.0$	$0.75 \sim 0.97$
闪长岩	$97.7 \sim 232.0$	$68.8 \sim 159.7$	$0.60 \sim 0.74$

（续）

岩石名称	抗压强度/MPa		软化系数 η
	干抗压强度 σ_c	饱和抗压强度 σ_b	
辉绿岩	118.1 ~ 272.5	58.0 ~ 245.8	0.44 ~ 0.90
玄武岩	102.7 ~ 290.5	102.0 ~ 192.4	0.71 ~ 0.92
石灰岩	12.4 ~ 206.7	7.8 ~ 189.2	0.58 ~ 0.94
砂岩	17.5 ~ 250.8	5.7 ~ 245.5	0.44 ~ 0.97
页岩	57.0 ~ 136.0	13.7 ~ 75.1	0.24 ~ 0.55
黏土岩	20.7 ~ 59.0	2.4 ~ 31.8	0.08 ~ 0.87
凝灰岩	61.7 ~ 178.5	32.5 ~ 153.7	0.52 ~ 0.86
石英岩	145.0 ~ 200.0	50.0 ~ 176.8	0.34 ~ 0.96
片岩	59.6 ~ 218.9	29.5 ~ 174.1	0.49 ~ 0.80
千枚岩	30.1 ~ 49.4	28.1 ~ 32.3	0.69 ~ 0.96
板岩	123.9 ~ 199.6	72.0 ~ 149.6	0.52 ~ 0.82

温度对岩石单轴抗压强度的影响。岩石力学试验一般是在室温下进行的，温度对岩石强度的影响并不十分明显。但如对岩石试件进行加温，则岩石轴向压缩强度将产生明显的变化。

3.1.2 岩石的抗拉强度

岩石试件在单向拉伸时能承受的最大拉应力，称为单轴抗拉强度（Uniaxial Tensile Strength），简称抗拉强度。虽然在工程实践中，一般不允许拉应力出现，但拉伸破坏仍是工程岩体及自然界岩体的主要破坏形式之一，而且岩石抵抗拉应力的能力很低，见表3-1。因此，岩石抗拉强度是一个重要的岩石力学指标。

岩块的抗拉强度是通过室内试验测定的，其方法包括直接拉伸法和间接法两种。在间接法中，又包括劈裂法（巴西法）、抗弯法及点荷载法等，其中以劈裂法和点荷载法最为常用。

1. 直接拉伸法

这是利用岩石试件与试验机夹具之间的黏结力或摩擦力，对岩石试件直接施加拉力，测试岩石抗拉强度的一种方法。根据试验结果，按下式计算抗拉强度

$$\sigma_t = \frac{P}{A} \qquad (3-2)$$

式中，σ_t 为岩石的抗拉强度；P 为试件受拉破坏时的极限拉力；A 为与所施加拉力相垂直的横截面面积。

岩石试件与夹具连接的方法如图3-6所示。直接拉伸法试验的关键在于：一是岩石试件与夹具间必须有足够的黏结力或者摩擦力；二是所施加的拉力必须与岩石试件同轴心。否则，

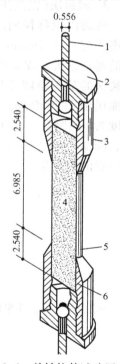

图 3-6 单轴拉伸试验用的削脚环法（单位：cm）
1—钢索（不扭动的）和带花饰的球
2—螺旋连接器 3—环（铝质）
4—岩芯试件（直径为1cm）
5—束带（环氧树脂）
6—黏结物（环氧树脂）

就会出现岩石试件与夹具脱落，或者由于偏心荷载，使试件的破坏断面不垂直于岩石试件的轴心等现象，致使试验失败。

2. 抗弯法

抗弯法是利用结构试验中梁的三点或四点加载法，使梁的下沿产生纯拉应力作用而使岩石试件产生断裂破坏，间接地求出岩石的抗拉强度值。此时，其抗拉强度值可按下式求得

$$\sigma_t = \frac{MC}{I} \tag{3-3}$$

式中，σ_t 为由三点或四点抗弯试验所求得的最大拉应力，它相当于岩石的抗拉强度；M 为作用在试件截面上的最大弯矩；C 为梁的边缘到中性轴的距离；I 为梁截面的惯性气压。

式(3-3)的成立是建立在以下 4 个基本假设基础之上的：①梁的截面严格保持为平面；②材料是均质的，服从胡克定律；③弯曲发生在梁的对称面内；④拉伸和压缩的应力–应变特性相同。对于岩石而言，第 4 个假设与岩石的特性存在较大的差别，因此利用抗弯法求得的抗拉强度也存在一定的偏差，且试件的加工也远比直接拉伸法麻烦，故此方法一般较少使用。

3. 劈裂法(巴西法)

劈裂法也称径向压裂法，因为是由南美巴西人 Hondros 提出的抗拉强度的测定方法，故常被人称为巴西法。劈裂法的基本原理是基于圆盘受对径压缩的弹性理论解。如图 3-7 所示，厚度为 t 的圆盘受集中力 P 的对径压缩，圆盘直径 $d = 2R$，则在圆盘内任意一点的应力为

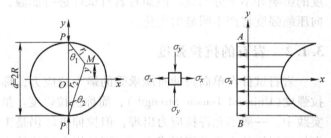

图 3-7 圆盘径向压缩时应力分布

$$
\left.
\begin{aligned}
\sigma_x &= \frac{2P}{\pi t}\left(\frac{\sin^2\theta_1\cos\theta_1}{r_1} + \frac{\sin^2\theta_2\cos\theta_2}{r_2}\right) - \frac{2P}{\pi dt} \\
\sigma_y &= \frac{2P}{\pi t}\left(\frac{\cos^2\theta_1}{r_1} + \frac{\cos^2\theta_2}{r_2}\right) - \frac{2P}{\pi dt} \\
\tau_{xy} &= \frac{2P}{\pi t}\left(\frac{\cos^2\theta_1\sin\theta_1}{r_1} + \frac{\cos^2\theta_2\sin\theta_2}{r_2}\right)
\end{aligned}
\right\} \tag{3-4}
$$

观察圆盘中心线平面内(y 轴)的应力状态可发现沿中心线的各点 $\theta_1 = \theta_2 = 0$，$r_1 + r_2 = d$，故

$$
\left.
\begin{aligned}
\sigma_x &= -\frac{2P}{\pi dt} \\
\sigma_y &= \frac{2P}{\pi t}\left(\frac{1}{r_1} + \frac{1}{r_2}\right) - \frac{2P}{\pi dt} \\
\tau_{xy} &= 0
\end{aligned}
\right\} \tag{3-5}
$$

在圆盘中心($r_1 = r_2 = d/2$)处

$$
\left.
\begin{aligned}
\sigma_x &= -\frac{2P}{\pi dt} \\
\sigma_y &= \frac{6P}{\pi dt}
\end{aligned}
\right\} \tag{3-6}
$$

上述分析表明，圆盘中心（原点 O）处受拉应力 σ_x 及三倍于拉应力的压应力 σ_y 作用。由于岩石抗拉强度很低，抗压强度较高，圆盘在受压应力发生断裂之前早已被拉应力 σ_x 拉断。

劈裂法测定岩石抗拉强度的基本方法是：用一个实心圆柱形试件，沿径向施加压缩荷载至破坏，求出岩石的抗拉强度（图3-8）。按我国岩石力学试验方法标准规定：试件的直径 $d = 5\text{cm}$、厚度 $t = 1.5\text{cm}$，求得试件破坏时作用在试件中心的最大拉应力 σ_t 为

$$\sigma_t = \frac{2P}{\pi dt} \qquad (3-7)$$

式中，σ_t 为试件中心的最大拉应力，即为抗拉强度；P 为试件破坏时的极限压力。

由于劈裂法试验简单，所测得的抗拉强度与直接拉伸很接近，故目前多采用此法测定岩石的单轴抗拉强度。

直接拉伸法与劈裂法两种方法的破裂面的应力状态有区别。直接拉伸时，破裂面只受拉应力，劈裂法不但有拉应力还有压应力，即不仅有 σ_x 作用还有 σ_y 的作用，试件属于受拉破坏，但强度略有差别。

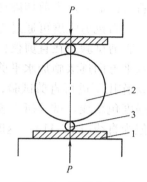

图3-8 劈裂法试验
1—承压板 2—试件 3—钢丝

4. 点荷载法

点荷载试验法是在20世纪70年代发展起来的一种简便的现场试验方法。该试验方法最大的特点是可利用现场取得的任何形状的岩块进行，无须进行试样加工。该法的试验装置是一个极为小巧的设备，其加载原理类似于劈裂法，不同的是劈裂法所用的是线荷载，而点荷载法施加的是点荷载。

点荷载试验是将试件放在点荷载仪（图3-9）中的球面压头间，然后通过油泵加压至试件破坏，利用破坏荷载 P_t 可求得岩块的点荷载强度（Point Load Strength）I_s 为

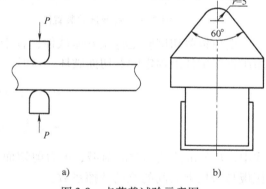

图3-9 点荷载试验示意图

$$I_s = \frac{P_t}{D^2} \qquad (3-8)$$

式中，D 为破坏时两加载点间的距离（mm）。

这时，岩块的抗拉强度 $\sigma_t^{I_s}$（单位为 MPa）可用下式确定

$$\sigma_t^{I_s} = KI_s \qquad (3-9)$$

式中，K 为系数，一般取 0.86～0.96。

点荷载试验的优点是仪器轻便，试件可以用不规则岩块，钻孔岩芯及从基岩上采取的岩块用锤头略加修整后即可用于试验，因此在野外进行试验很方便。其缺点是试验结果的离散性较大，因此需要试件个数相对较多。

注意：为了减小试验结果的离散性，应保持以两个加载点为直径的球体全部落入岩块中。

3.1.3 岩石的抗剪强度

岩石抵抗剪切破坏的最大切应力，称为抗剪强度（Shear Strength）。岩石的抗剪强度由内聚力 C 和内摩擦阻力 $\sigma\tan\phi$ 两部分组成。当岩石某一截面上的切应力大于上述两者之和时，岩石沿该截面产生剪切破坏。

岩石抗剪强度可通过直剪试验和变角板剪切试验获取。

直剪试验是在直剪仪（图 3-10）上进行的。试验时，先在试件上施加法向压力 N，然后在水平方向逐级施加水平剪力 T，直至试件破坏。用同一组岩样（4~6 块），在不同法向应力 σ 作用下进行直剪试验，可得到不同 σ 作用下的抗剪强度 τ_f，且在 $\tau-\sigma$ 坐标中绘制出岩石强度包络线。试验研究表明，该曲线不是严格的直线，但在法向应力不太大的情况下，可近似为直线（图 3-11）。这时可按库仑准则求得岩石的抗剪强度参数 C、ϕ 值。

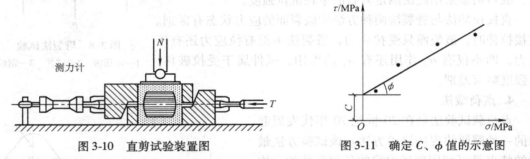

图 3-10 直剪试验装置图   图 3-11 确定 C、ϕ 值的示意图

变角板剪切试验是将立方体试件，置于变角板剪切夹具中（图 3-12），然后在压力机上加压直至试件沿预定的剪切面破坏。这时，作用于剪切面上的切应力 τ 和法向应力 σ 为

$$\left.\begin{array}{l} \sigma = \dfrac{P}{A}(\cos\alpha + f\sin\alpha) \\[2mm] \tau = \dfrac{P}{A}(\sin\alpha - f\cos\alpha) \end{array}\right\} \tag{3-10}$$

式中，P 为试件破坏时的荷载；A 为剪切面面积；α 为剪切面与水平面的夹角；f 为压力机压板与剪切夹具间的滚动摩擦系数。

试验时采用 4~6 个试件，分别在不同的 α 角下试验，求得每一试件极限状态下的 σ 和 τ 值，并按图 3-13 所示的方法求岩石的剪切强度参数 C、ϕ 值。

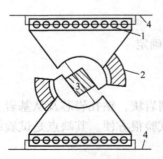

图 3-12 变角板剪力仪装置示意图
1—滚轴 2—变角板 3—试件 4—承压板

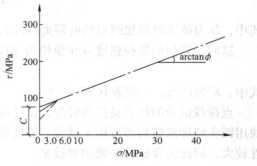

图 3-13 岩石强度包络线

注意：这种方法的主要缺点是 α 角不能太大或太小。α 角太大，试件易于倾倒并有力偶作用，太小则法向应力分量过大，试件易产生压碎破坏而不能沿预定的剪切面剪断，使所测结果失真。

3.1.4 岩石三轴压缩强度

1. 岩石三轴压缩强度试验

岩石试件在三向压应力作用下能抵抗的最大轴向压力称为岩块的三轴压缩强度(Triaxial Compressive Strength)。在一定的围压(σ_3)下，对试件进行三轴压缩试验时，岩石的三轴压缩强度 σ_{1m} 为

$$\sigma_{1m} = \frac{P_m}{A} \tag{3-11}$$

式中，P_m 为试件破坏时的轴向荷载；A 为试件的初始横断面面积。

根据一组试件(4 个以上)试验得到的三轴压缩强度 σ_{1m} 和相应的 σ_3 以及单轴抗拉强度 σ_t，在 $\tau - \sigma$ 坐标系中可绘制出一组破坏应力圆及其公切线，即得岩石的强度包络线(图 3-14)。包络线与 σ 轴的交点，称为包络线的顶点。除顶点外，包络线上所有点的切线与 σ 轴的夹角及其在 τ 轴上的截距分别代表相应破坏面的内摩擦角 ϕ 和黏聚力 C。

试验研究表明，在围压变化很大的情况下，岩石的强度包络线常为一曲线。这时岩块的 C 和 ϕ 值均随可能破坏面上所承受的正应力大小变化而变化，并非常量。当围压不大时，岩石的强度包络线常可近似地视为一直线(图 3-15)。据此，可求得岩石强度参数 σ_{1m}、C、ϕ 与围压 σ_3 之间的关系为

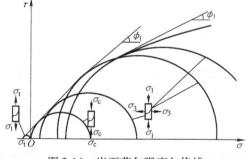

图 3-14　岩石莫尔强度包络线

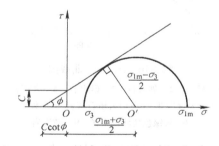

图 3-15　直线形莫尔强度包络线

$$\sin\phi = \frac{(\sigma_{1m} - \sigma_3)/2}{(\sigma_{1m} + \sigma_3)/2 + C\cot\phi} \tag{3-12}$$

简化后可得

$$\left. \begin{aligned} \sigma_{1m} &= \frac{1 + \sin\phi}{1 - \sin\phi}\sigma_3 + \frac{2C\cos\phi}{1 - \sin\phi} \\ 或\ \sigma_{1m} &= \sigma_3\tan^2(45° + \phi/2) + 2C\tan(45° + \phi/2) \end{aligned} \right\} \tag{3-13}$$

利用式(3-13)，可进一步推得如下公式

$$\sigma_c = \frac{2C\cos\phi}{1 - \sin\phi} = 2C\tan(45° + \phi/2) \tag{3-14}$$

$$\sigma_t = \sigma_c\tan(45° - \phi/2) \tag{3-15}$$

$$C = \frac{\sqrt{\sigma_c \sigma_t}}{2} \tag{3-16}$$

$$\phi = \arctan\left(\frac{\sigma_c - \sigma_t}{2\sqrt{\sigma_c \sigma_t}}\right) \tag{3-17}$$

理论与实践证明：各种岩石的三轴压缩强度 σ_{1m} 均随围压 σ_3 的增大而增大。但 σ_{1m} 的增加率小于 σ_3 的增加率，即 σ_{1m} 与 σ_3 成非线性关系（图3-16）。在三向不等压条件下，若保持 σ_3 不变，则随 σ_2 增加 σ_{1m} 也略有增加（图3-17），这说明中间主应力对岩石强度也有一定的影响。因此，岩石的三轴压缩强度通常用一个函数来表示，其通式为

$$\sigma_1 = f(\sigma_2, \sigma_3) \quad \text{或} \quad \tau = f(\sigma) \tag{3-18}$$

式中，σ_1 为最大主应力；σ_2、σ_3 为中间主应力和最小主应力。

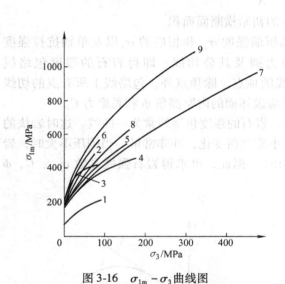

图3-16　$\sigma_{1m}-\sigma_3$ 曲线图

1—硬煤　2—硬石膏　3—砂页岩　4—大理岩Ⅰ
5—大理岩Ⅱ　6—白云质石灰岩　7—蛇纹岩
8—灰绿色块状铝土矿　9—花岗岩

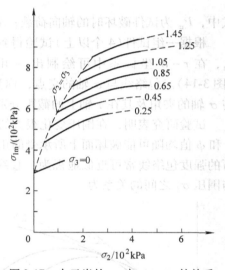

图3-17　白云岩的 σ_{1m} 与 σ_2、σ_3 的关系

从式（3-18）可知，岩石的三轴压缩强度可采用两种不同的表达式，这两种表达式是等价的。由于岩石三轴压缩强度是根据试验的结果而建立的，从目前的研究成果来说，很难用一个具体的显式函数形式给予精确的描述。

2. 岩石三轴压缩试验的破坏类型

表3-3表示了假三轴试验在不同围压作用下的破坏类型。岩石试件在低围压作用下（表3-3中情况1与2），其破坏形式主要表现为劈裂破坏。这破坏形式与单轴压缩破坏很接近，说明围压对其破坏形态影响并非很大。在中等围压的作用下，试件主要表现为斜面剪切破坏，其剪切破坏角与最大应力的夹角通常约为 $45° + \phi/2$（ϕ 为岩石的内摩擦角）。在高围压作用下，试件则会出现塑性流动破坏，试件不出现宏观上的破坏断裂面而呈腰鼓形。由此可见，围压的增大改变了岩石试件在三向压缩应力作用下的破坏形态。若从变形特性的角度分析，围压的增大使试件从脆性破坏向塑性流动过渡。

表 3-3　假三轴试验岩石破坏类型

情况	1	2	3	4	5
破裂或断裂前的典型应变（%）	<1	1~5	2~8	5~10	>10
压缩 $\sigma_1>\sigma_2=\sigma_3$					
拉伸 $\sigma_3<\sigma_1=\sigma_2$					
典型的应力-应变曲线 $(\sigma_1-\sigma_3)$	破裂				

3. 岩石三轴压缩强度的影响因素

除了类似于前述单轴强度的影响因素（包括尺寸、加载速率等因素）以外，还有如下因素影响岩石的三轴压缩强度。

（1）侧向压力的影响　图 3-18 显示了侧向压力对三轴压缩强度的影响规律。从图中可见，大理岩随着侧向压力（亦称为围压）的增大，其最大主应力也将随之增大，且显示出增大应力的变化率随围压的增大而减小的变化规律。当然，对不同的岩性来说，这一特性并不是完全一致的。但是随围压的增大最大主应力也变大，这一特性则是一个普遍的规律。

（2）加载途径对岩石三轴压缩强度的影响　三轴压缩试验可以有三种不同的加载途径，即如图 3-19 中 A、B、C 三条虚线所示。根据大量的试验结果可知，三种不同的加载途径对岩石的三轴压缩强度影响并不大。图 3-19 所示为花岗岩的试验结果，无论用哪种加载途径，其最终的破坏应力都很接近描述三轴压缩强度的破坏应力包络线。

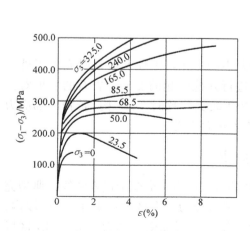

图 3-18　大理岩的应力差 $(\sigma_1-\sigma_3)$
与纵向应变 ε 的关系曲线

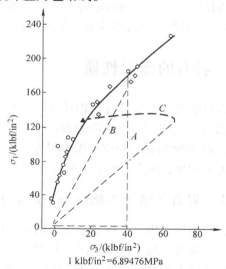

1 klbf/in² = 6.89476MPa

图 3-19　Westerly 花岗岩的破坏轨迹

A—典型的侧压为常数荷载轨迹

B—典型的成比例的荷载轨迹　C—个别试件的荷载轨迹

（3）孔隙水压力对岩石三轴压缩强度的影响　　对于一些具有较大孔隙的岩石来说，孔隙水压力将对岩石的强度产生很大的影响。这一影响可用"有效应力"的原理解释。由于岩石中存在着孔隙水压力，而使得真正作用在岩石上的围压值减少了，因而降低了与其相对应的极限应力值（峰值应力）。

4. 岩石三轴压缩试验方法简介

三轴压缩应力试验根据施加围压状态的不同，可分成真三轴试验（$\sigma_1 > \sigma_2 > \sigma_3$）和假三轴试验（$\sigma_1 > \sigma_2 = \sigma_3$），两者的区别在于围压。真三轴试验的两个水平方向施加的围压不等，而假三轴试验的两个水平方向施加的围压相等。由于真三轴试验对试验机的要求比较特殊，使这种试验要花费很大的人力、物力和财力。而假三轴试验要比真三轴试验容易得多，成为岩石力学中最常用的试验方法之一。图 3-20 是假三轴试验机施加三向压力的装置示意图，围压是通过液体施加在试件上。通常假三轴试验先施加按一定要求设定的围压值，并保持不变，随后施加竖向荷载直至破坏，而真三轴试验却要求能够分别施加三个方向上的荷载。

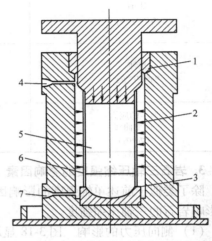

图 3-20　岩石三轴压力试验基本原理图
1—密封装置　2—侧压力　3—球形底座　4—出油口
5—岩石试件　6—乳胶隔离膜　7—进油口

试验的方法与过程如下：

1）按国家实验标准加工圆柱形标准试样。

2）分别设定围压值 P_1，P_2，…，P_n。

3）按试验标准设定加载速度，分别对试样施加轴向荷载至岩样破坏。测取破坏荷载读数以备计算破坏时的轴向应力，该应力即为给定围压条件岩石的三轴强度值。

4）分别作各组破坏应力莫尔圆，其包络线即为莫尔强度曲线。

3.2　岩石的变形性质

岩石的变形是指岩石在物理环境作用下形状和大小的变化。工程上最常研究由于外力（如在岩石上建造大坝）作用引起的变形或在岩石中进行开挖引起的变形。岩石的变形对工程建（构）筑物的安全和使用影响很大，因为当岩石产生较大位移时，建（构）筑物内部应力可能大大增加，因此研究岩石的变形在岩石工程中有着重要意义。

3.2.1　岩石在单轴压缩状态下的应力－应变曲线

在刚性压力机上进行单轴压力试验可以获得完整的岩石应力－应变全过程曲线，典型完整的岩石应力－应变曲线如图 3-21 所示。这种曲线一般可分为四个区段：①在 OA 区段内，曲线稍微向上弯曲，属于压密阶段，这期间岩石中初始的微裂隙受压闭合；②在 AB 区段内，接近于直线，近似于线弹性工作阶段；③BC 区段内，曲线向下弯曲，属于弹塑性阶段，主要是在平行于荷载方向开始逐渐生成新的微裂隙以及裂隙的不稳定，B 点是岩石从弹性转变为弹塑性的转折点；④下降段 CD，为破坏阶段，C 点的纵坐标就是单轴抗压强度 σ_c。

对大多数岩石来说，在 AB 这个区段内应力－应变曲线具有近似直线的形式，这种应力－应变关系可用下式表示

$$\sigma = E\varepsilon \qquad (3-19)$$

式中，E 为岩石的弹性模量。

如果岩石严格地遵循式(3-19)的关系，那么这种岩石就是线弹性的(图 3-22a)，弹性力学的理论适用于这种岩石。如果某种岩石的应力－应变关系不是直线，而是曲线，但应力与应变之间存在一一对应关系，则称这种岩石为完全弹性的(图 3-22b)。由于这时应力与应变的关系是一条曲线，所以没有唯一的模量，但对应于一点的应力 σ 值，都有一个切线模量和割线模量。切线模

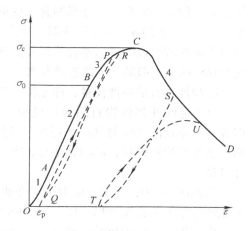

图 3-21　岩石的典型应力－应变全过程曲线

量就是该点在曲线上的切线的斜率 $d\sigma/d\varepsilon$，而割线模量就是该点割线的斜率，它等于 σ/ε。如果逐渐加载至某点，然后再逐渐卸载至零，应变也退至零，但卸载曲线不走加载曲线的路径，这时产生了滞回效应，卸载曲线上该点的切线斜率就是相当于该应力的卸载模量(图 3-22c)。如果不仅卸载曲线不走加载曲线的路线，而且应变也不恢复到零(原点)，则称这种材料为弹塑性材料(图 3-22d)。

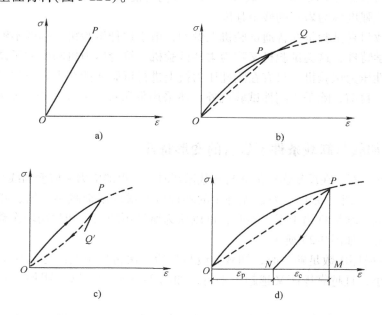

图 3-22　岩石的应力－应变曲线

a) 线性弹性材料　b) 曲线形完全弹性材料　c) 加、卸载形成滞回环的弹性材料　d) 弹塑性材料

第三区段 BC 的起点 B 往往是在 C 点最大应力值的 2/3 处，从 B 点开始，岩石中产生新的张拉裂隙，岩石弹模下降，应力－应变曲线的斜率随着应力的增加而逐渐降低到零。在这

一范围内，岩石将发生不可恢复的变形，加载与卸载的每次循环都是不同的曲线。在这阶段发生的变形中，能恢复的变形叫弹性变形，不可恢复的变形称为塑性变形（或残余变形、或永久变形），如图 3-22d 及图 3-21 中的卸载曲线 PQ 在零应力时还有残余变形 ε_p。加载曲线与卸载曲线所组成的环叫塑性滞回环。如果在该岩石上再加载，则再加载曲线 QR 总是在曲线 $OABC$ 以下，但最终与之连接起来。

线弹性岩石的弹性模量，即是图 3-22a 上 OP 段的斜率。

对于非线性弹性岩石的弹性模量，则有三种定义：①初始弹性模量，$E = (\mathrm{d}\sigma/\mathrm{d}\varepsilon)_0$，即等于过原点的切线斜率；②切线弹性模量，$E = (\mathrm{d}\sigma/\mathrm{d}\varepsilon)_P$，即等于过任意点 P 的切线斜率；③变形弹性模量，$E = (\sigma/\varepsilon)_P$，即等于任意点 P 的纵横坐标之比，因此亦称为割线弹性模量。

第四区段 CD，开始于应力 – 应变曲线上的峰值点 C，是下降曲线，在这一区段内卸载可能产生很大的残余变形。图 3-21 中 ST 表示卸载曲线，TU 表示再加载曲线。

应当指出，压力机的特性对岩石的破坏过程有很大的影响。假如压力机在对试件加压的同时本身变形也相当大，而当试件破坏来临时，积蓄在压力机内的弹性能突然释放，从而引起实验系统急骤变形，试件碎片猛烈飞溅。在这种情况下就不能获得图 3-21 所示应力 – 应变曲线的 CD 段，而是在 C 点附近就因发生突然破坏而终止。反之，如果压力机的变形甚小（即刚性压力机），积蓄在机器内的弹性能很小，试件不会突然破坏成碎片。用这样的刚性压力机对已发生破坏但仍保持完整的岩石获得了破坏后的变形，如图 3-21 所示。从图 3-21 所示破坏后的荷载循环 STU 来看，破坏后的岩石仍可能具有一定的强度，从而也具有一定的承载能力，该强度称为岩石的残余强度。

以前大多数材料试验是在普通试验机上做的，由于这种试验机的刚度不够大，无法获得材料的某些力学特性，这类试验机又称为柔性试验机。符合压力机刚度大于试件刚度的压力试验机称为刚性压力试验机，只有在刚性压力机上进行试验才能获得岩石类材料的应力 – 应变全过程曲线。目前，除采用刚性试验机外，还采用伺服控制系统控制试验机加载的位移、速率等指标。

3.2.2 反复加载与卸载条件下岩石的变形特性

对于弹塑性岩石，在反复多次加载与卸载循环时，所得的应力 – 应变曲线具有以下特点：

1）卸载应力水平一定时，每次循环中的塑性应变增量逐渐减小，加、卸载循环次数足够多后，塑性应变增量将趋于零。因此，可以认为所经历的加、卸载循环次数越多，岩石则越接近弹性变形，如图 3-23 所示。

2）加卸载循环次数足够多时，卸载曲线与其后一次再加载曲线之间所形成的滞回环的面积将越变越小，且越靠拢而又越趋于平行，如图 3-23 所示。这表明加、卸载曲线的斜率越接近。

3）如果多次反复加载、卸载循环，每次施加的最大荷载比前一次循环的最大荷载要大，则可得图 3-24 所示的曲线。随着循环次数的增加，塑性滞回环的面积也有所扩大，卸载曲线的斜率也逐次略有增加，这个现象称为强化。此外，每次卸载后再加载，在荷载超过上一次循环的最大荷载以后，变形曲线仍沿着原来的单调加载曲线上升（图 3-21 中的 OC 线），好像不曾受到反复加、卸荷载的影响似的，这就是所谓的岩石具有记忆效应。

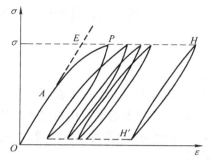

图 3-23 常应力下弹塑性岩石加、
卸载循环时应力 – 应变曲线

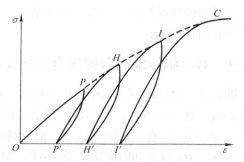

图 3-24 弹塑性岩石在变应力水平下加、
卸载循环时的应力 – 应变曲线

3.2.3 三轴压缩状态下岩石的变形特征

常规三轴变形试验采用圆柱形试件，通常作法是在某一侧限压应力（$\sigma_2 = \sigma_3$）作用下，逐渐对试件施加轴向压力，直至试件压裂，记下压裂时的轴向应力值就是该围压 σ_3 下的 σ_1。施加轴向压力过程中，全过程记录所施加的轴向压力及相对应的三个轴向应变 ε_1、ε_2 和 ε_3，直到岩石试件完全破坏为止。根据上述记录资料可绘制该岩石试件的应力 – 应变曲线。图 3-25 为苏长岩试件在 20.59MPa 围压下，反复加、卸载的全应力 – 应变曲线；图 3-26 为某砂岩试件的试验曲线；图 3-27 则为某黏土质石英岩在不同围压下的轴向应力与轴向应变关系曲线以及径向应变之和与轴向应变曲线。

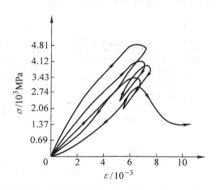

图 3-25 苏长岩试件在反复加载、卸载
条件下的全应力 – 应变曲线（$\sigma_3 = 20.59$MPa）

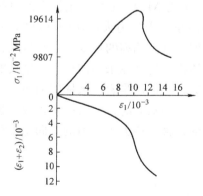

图 3-26 砂岩轴向应力 – 应变曲线以及
径向应变 – 轴向应变曲线

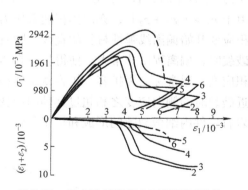

图 3-27 黏土质石英岩在不同围压下的
轴向应力 – 轴向应变关系

图 3-27 反映了不同侧限压力 σ_3 对于应力 – 应变关系曲线以及径向应变与轴向应变关系曲线的影响。从图 3-27 中 $\sigma_3 = 0$ 的变形曲线可以看出，试件在变形较小时就发生破坏，曲线顶端稍有一点下弯，而当围压 σ_3 逐渐增加，则试件破裂时的极限轴向压力 σ_1 亦随之增

加，岩石在破坏时的总变形量亦随之增大，这说明随着围压 σ_3 的增大，其破坏强度和塑性变形均有明显的增长。

3.2.4　真三轴压缩试验的应力 – 应变曲线

进行真三轴压缩试验（$\sigma_1 > \sigma_2 > \sigma_3$），可以充分反映中间主应力 σ_2 对于岩石变形以及强度的影响，这一特点也正是与假三轴试验的主要差别。日本的茂木清夫对山口县大理岩进行了 $\sigma_1 > \sigma_2 > \sigma_3$ 的真三轴压缩试验，他分别以①固定 σ_3、变动 σ_2，②固定 σ_2、变动 σ_3 的方法测得 σ_2、σ_3 对于轴向应变 ε_1 的影响，如图 3-28 所示。

从图 3-28 中可以看出：①当 $\sigma_2 = \sigma_3$ 时，随围压的增大，岩石的塑性和岩石破坏时的强度、屈服极限同时增大；②当 σ_3 为常数时，随着 σ_2 的增大，岩石的强度和屈服极限有所增大，而岩石的塑性却减少了；③当 σ_2 为常数时，随着 σ_3 的增大，岩石的强度和塑性有所增大，但其屈服极限并无变化。

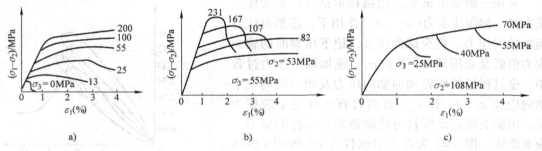

图 3-28　岩石在三轴压缩状态下的轴向应力 – 应变曲线

图 3-29 表示三轴试验中测定的轴向应力 – 应变曲线和轴向应力 – 体积应变曲线，是用图 3-27 上的曲线 3 重新绘制的。体积应变 $\Delta V/V_0$ 就是三个主应变之和 $\varepsilon_1 + \varepsilon_2 + \varepsilon_3$，这里 ΔV 是试件压缩时的体积变化，而 V_0 是原来没有施加任何应力时的体积。从图 3-29 看出，当轴向应力 σ_1 较小时，岩石符合线弹性材料的性状，体积应变 $\Delta V/V_0$ 是具有正斜率的直线，这是由于 $\varepsilon_1 > |\varepsilon_2 + \varepsilon_3|$，亦即体积随着压力的增加而减小。当应力大约达到强度的一半时，体积应变开始偏离线弹性材料的直线。随着应力的增加，这种偏离的程度也越来越大，在接近破裂时，偏离程度非常大，使得岩石在压缩阶段的体积超过其原来的体积，产生负的压缩体积应变，通常称之为扩容。扩容就是体积扩大的现象，它往往是岩石破坏的前兆。试件在接近破裂时的侧向应变之和超过其轴向应变，即 $\varepsilon_1 < |\varepsilon_2 + \varepsilon_3|$ 时，即会产生扩容。扩容是由岩石试件内细微裂隙的形成和扩张所致，这种裂隙的长轴与最大主应力的方向是平行的。

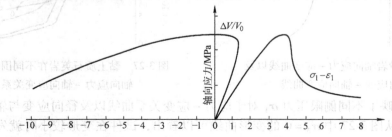

图 3-29　岩石在三轴压缩状态下的轴向应力 – 应变曲线

3.2.5 岩石的各向异性

在上述的介绍中都将岩石作为连续、均质和各向同性介质来看待。事实上，许多岩石具有不连续性、不均质性和各向异性。岩石的全部或部分物理、力学性质随方向不同而表现出差异的现象称为岩石的各向异性。由于岩石存在各向异性，在不同方向给岩石加载时，岩石的变形特性、强度特性、弹性模量和泊松比等都会表现出不同。

（1）极端各向异性体的应力－应变关系 在物体内的任一点沿任何两个不同方向的弹性性质都互不相同，这样的物体称为极端各向异性体。实际工程材料中很少见到。

极端各向异性体的特点是：任何一个应力分量都会引起六个应变分量，也就是说正应力不仅能引起线应变，也能引起切应变；切应力不仅能引起切应变，也能引起线应变。极端各向异性体的 36 个弹性常数中只有 21 个是独立的。

（2）正交各向异性体的应力－应变关系 假设在弹性体构造中存在着这样一个平面，在任意两个与此面对称的方向上，材料的弹性相同，或者说弹性常数相同，那么，这个平面就是弹性对称面。

如果在弹性体中存在着三个互相正交的弹性对称面，在各个面两边的对称方向上，弹性相同，但在这个弹性主向上弹性并不相同，这种物体称为正交各向异性体（图 3-30）。正交各向异性体的弹性参数中只有 9 个是独立的。

（3）横观各向同性体 横观各向同性体是各向异性体的特殊情况。在岩石某一平面内的各方向弹性性质相同，这个面称为各向同性面，而垂直此面方向的力学性质是不同的，具有这种性质的物体称为横观各向同性体（图 3-31）。横观各向同性体的弹性参数中只有 5 个是独立的。

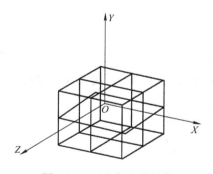

图 3-30 正交各向异性体

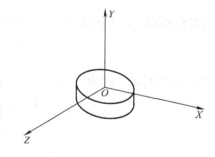

图 3-31 横观各向同性体

（4）各向同性体 若物体内的任一点沿任何方向的弹性都相同，则这样的物体称为各向同性体，如钢材、水泥等。各向同性体的弹性参数中只有两个是独立的，即弹性模量 E 和泊松比 ν。

将岩石视为各向同性体时，一些常见岩石的变形模量和泊松比见表 3-4。

表 3-4　常见岩石的变形模量和泊松比

岩石名称	变形模量/GPa		泊 松 比	岩石名称	变形模量/GPa		泊 松 比
	初始	弹性			初始	弹性	
花岗岩	20 ~ 60	50 ~ 100	0.2 ~ 0.3	千枚岩、片岩	2 ~ 50	10 ~ 80	0.2 ~ 0.4
流纹岩	20 ~ 80	50 ~ 100	0.1 ~ 0.25	板岩	20 ~ 50	20 ~ 80	0.2 ~ 0.3
闪长岩	70 ~ 100	70 ~ 150	0.1 ~ 0.3	页岩	10 ~ 35	20 ~ 80	0.2 ~ 0.4
安山岩	50 ~ 100	50 ~ 120	0.2 ~ 0.3	砂岩	5 ~ 80	10 ~ 100	0.2 ~ 0.3
辉长岩	70 ~ 110	70 ~ 150	0.12 ~ 0.2	砾岩	5 ~ 80	20 ~ 80	0.2 ~ 0.35
辉绿岩	80 ~ 110	80 ~ 150	0.1 ~ 0.3	石灰岩	10 ~ 80	50 ~ 190	0.2 ~ 0.35
玄武岩	60 ~ 100	60 ~ 120	0.1 ~ 0.35	白云岩	40 ~ 80	40 ~ 80	0.2 ~ 0.35
石英岩	60 ~ 200	60 ~ 200	0.1 ~ 0.25	大理岩	10 ~ 90	10 ~ 90	0.2 ~ 0.35
片麻岩	10 ~ 80	10 ~ 100	0.22 ~ 0.35				

3.3　岩石的弹性本构关系

在完全弹性的各向同性体内，根据胡克定律有

$$
\left.
\begin{aligned}
\varepsilon_x &= \frac{1}{E}\left[\sigma_x - \nu(\sigma_y + \sigma_z)\right] \\
\varepsilon_y &= \frac{1}{E}\left[\sigma_y - \nu(\sigma_z + \sigma_x)\right] \\
\varepsilon_z &= \frac{1}{E}\left[\sigma_z - \nu(\sigma_x + \sigma_y)\right] \\
\gamma_{yz} &= \frac{1}{G}\tau_{yz}, \gamma_{zx} = \frac{1}{G}\tau_{zx}, \gamma_{xy} = \frac{1}{G}\tau_{xy}
\end{aligned}
\right\}
\tag{3-20}
$$

式中，E 为弹性模量，ν 为泊松比，G 为抗剪模量，且

$$
G = \frac{E}{2(1+\nu)}
\tag{3-21}
$$

对于平面应变问题，因为 $\tau_{zx} = \tau_{yz} = 0$，故 $\gamma_{zx} = \gamma_{yz} = 0$，且 $\varepsilon_z = 0$，代入式(3-20)，得

$$
\left.
\begin{aligned}
\varepsilon_x &= \frac{1-\nu^2}{E}\left(\sigma_x - \frac{\nu}{1-\nu}\sigma_y\right) \\
\varepsilon_y &= \frac{1-\nu^2}{E}\left(\sigma_y - \frac{\nu}{1-\nu}\sigma_x\right) \\
\gamma_{xy} &= \frac{2(1+\nu)}{E}\tau_{xy}
\end{aligned}
\right\}
\tag{3-22}
$$

对于平面应力问题，因为 $\sigma_z = \tau_{zx} = \tau_{yz} = 0$，代入式(3-20)，可得

$$
\left.
\begin{aligned}
\varepsilon_x &= \frac{1}{E}(\sigma_x - \nu\sigma_y) \\
\varepsilon_y &= \frac{1}{E}(\sigma_y - \nu\sigma_z) \\
\gamma_{xy} &= \frac{2(1+\nu)}{E}\tau_{xy}
\end{aligned}
\right\}
\tag{3-23}
$$

3.4 岩石的强度准则

3.4.1 一般概念

岩石强度准则（判据、条件），是判断岩土工程的应力应变是否安全的准则、判据或条件。

强度准则与本构方程不同。本构方程一般是指受力过程的"应力－应变"关系；强度准则是在极限状态下的"应力－应力"关系（应力准则）或"应变－应变"关系（应变准则）。

强度准则与坐标系的选取无关，故通常用坐标不变量表示。常见的坐标不变量有主应力 σ_1、σ_2、σ_3，或应力不变量 I_1、I_2、I_3，或应力偏量不变量 J_1、J_2、J_3。

应力不变量

$$I_1 = \sigma_x + \sigma_y + \sigma_z = \sigma_1 + \sigma_2 + \sigma_3 \tag{3-24a}$$

$$I_2 = \sigma_x\sigma_y + \sigma_y\sigma_z + \sigma_z\sigma_x - \tau_{xy}^2 - \tau_{yz}^2 - \tau_{zx}^2$$

$$= \sigma_1\sigma_2 + \sigma_2\sigma_3 + \sigma_3\sigma_1 \tag{3-24b}$$

$$I_3 = \begin{vmatrix} \sigma_x & \tau_{xy} & \tau_{xz} \\ \tau_{yx} & \sigma_y & \tau_{yz} \\ \tau_{zx} & \tau_{zy} & \sigma_z \end{vmatrix} = \sigma_1\sigma_2\sigma_3 \tag{3-24c}$$

从各应力分量中，减去平均应力 $\sigma_m = (\sigma_x + \sigma_y + \sigma_z)/3 = (\sigma_1 + \sigma_2 + \sigma_3)/3$，再代入上式，即得各应力偏量不变量

$$J_1 = 0 \tag{3-25a}$$

$$J_2 = \frac{1}{6}\left[(\sigma_x - \sigma_y)^2 + (\sigma_y - \sigma_z)^2 + (\sigma_z - \sigma_x)^2\right] + \tau_{xy}^2 + \tau_{yz}^2 + \tau_{zx}^2$$

$$= \frac{1}{6}\left[(\sigma_1 - \sigma_2)^2 + (\sigma_2 - \sigma_3)^2 + (\sigma_3 - \sigma_1)^2\right] \tag{3-25b}$$

$$J_3 = (\sigma_1 - \sigma_m)(\sigma_2 - \sigma_m)(\sigma_3 - \sigma_m) \tag{3-25c}$$

应力偏量不变量 J_1、J_2 和 J_3 与应力不变量 I_1、I_2 和 I_3 的关系为

$$J_1 = 0$$

$$J_2 = \frac{1}{3}(I_1^2 - 3I_2) \tag{3-26}$$

$$J_3 = \frac{1}{27}(2I_1^3 - 9I_1I_2 + 27I_3)$$

岩石强度准则反映岩石固有的属性，因此一定要来源于试验，通过对试验资料的归纳分析而得到强度准则。

岩石三轴应力摩尔圆的物理意义如图 3-32 所示，岩石复杂应力状态的图示如图 3-33 所示。

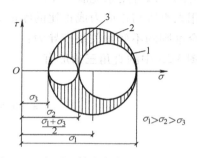

图 3-32　岩石三轴应力摩尔圆的物理意义
1—最大应力圆　2—与 σ_1、σ_3 平面正交的某平面的 σ、τ
3—空间任意斜面上的 σ、τ

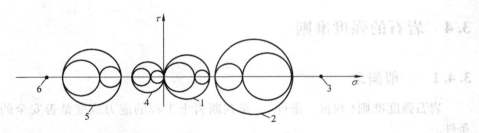

图 3-33　岩石复杂应力状态的图示

1—单轴或双轴压缩　2—三轴压缩　3—三轴等压　4—单轴或双轴拉伸　5—三轴拉伸　6—三轴等拉

3.4.2　经典强度准则

1. 库仑准则（Coulomb Criterion，1773 年）

库仑（C. A. Coulomb）于 1773 年提出，是最早的强度准则或塑性条件。

实验基础：岩土材料的摩擦试验、压剪试验或三轴试验。

库仑准则方程

$$|\tau| = C + f\sigma = C + \sigma\tan\phi \qquad (3\text{-}27)$$

库仑准则的图示，如图 3-34 所示。

库仑准则中参数的几何意义与物理意义见表 3-5。

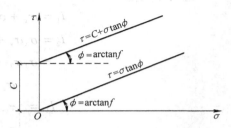

图 3-34　库仑准则的图示

表 3-5　库仑准则参数的几何与物理意义

条　件	几何意义	物理意义
$\sigma = 0$ $\vphantom{x}$ $|\tau| = C$	C 为纵轴（τ 轴）截距	C-内聚力（Cohesion），即无正压力时的抗剪强度
$C = 0$ $\vphantom{x}$ $|\tau| = f\sigma$	f 为直线斜率，ϕ 为直线倾角	$f = \tan\phi$，内摩擦系数；ϕ 为内摩擦角

库仑准则的破坏机理：材料是属于有正压力情况下的剪切破坏形态，简称压剪破坏。剪切破坏力的一部分用来克服与正应力无关的内聚力，使材料颗粒间脱离关系，另一部分剪切破坏力用来克服与正应力成正比的摩擦力，使面间发生错动而最终破坏。

库仑准则的不变量关系推导为：

由图 3-35 中的直角三角形有

$$\sin\phi = \cfrac{\dfrac{\sigma_1 - \sigma_3}{2}}{\dfrac{\sigma_1 + \sigma_3}{2} + C\cot\phi}$$

或写为

$$\sigma_1 = \frac{2C\cos\phi}{1 - \sin\phi} + \frac{1 + \sin\phi}{1 - \sin\phi}\sigma_3 \qquad (3\text{-}28)$$

进一步，由 $\sigma_3 = 0$ 即由图 3-36 中的直角三角形有

$$\sin\phi = \dfrac{\dfrac{\sigma_c}{2}}{\dfrac{\sigma_c}{2} + C\cot\phi}$$

化简得

$$\sigma_c = \frac{2C\cos\phi}{1 - \sin\phi} \tag{3-29}$$

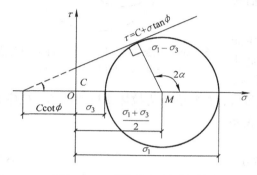

图 3-35　三轴压缩极限应力圆　　　　　　　图 3-36　单轴压缩极限应力圆

由图 3-35 和图 3-36 得

$$2\alpha = 90° + \phi, \quad \alpha = 45° + \frac{\phi}{2} \tag{3-30}$$

式中，α 为破裂面与最大主平面的夹角，简称破断角（图 3-37）。

由于对称性，破裂面是一对或共轭出现的。地质力学通常提到的 X 状节理，即是一对共轭破裂面。

又因三角恒等关系

$$\frac{1 + \sin\phi}{1 - \sin\phi} = \cot^2\left(45° - \frac{\phi}{2}\right) = \tan^2\left(45° + \frac{\phi}{2}\right) = \tan^2\alpha \tag{3-31}$$

将式（3-29）、式（3-31）代入式（3-28），即得库仑准则以主应力表达的坐标不变式

$$\sigma_1 = \sigma_3\tan^2\alpha + \sigma_c \tag{3-32}$$

在 $\sigma_1 - \sigma_3$ 坐标系平面，式（3-32）如图 3-38 所示，亦为一条斜直线。

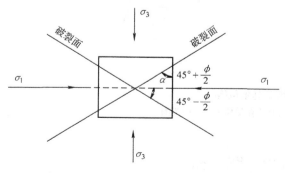

图 3-37　共轭破裂面（X 状节理的产生）

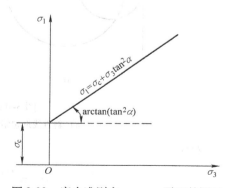

图 3-38　库仑准则在 $\sigma_1 - \sigma_3$ 平面的图示

库仑准则的应用条件：只宜用于受压区，受拉区不宜用。

库仑准则应用方法：①代入公式法；②图解法（图 3-39）。

库仑准则存在的问题：未考虑中间主应力的影响。

2. 莫尔准则（Mohr，1900 年）

莫尔准则的实验基础：压剪破坏试验或三轴破坏试验。

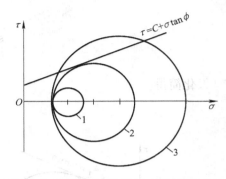

图 3-39 用强度准则判断稳定性的图解法
1—稳定 2—极限平衡 3—破坏

莫尔准则的破坏机理：材料破坏形态和破坏面上切应力的大小都取决于该面上的法向应力，是法向应力的函数。在受压区，材料表现为压剪破坏，破坏切应力与该面的法向应力成正变关系；在受拉区，材料表现为拉坏或拉剪破坏，拉应力的绝对值越大，剪切破坏应力越小，两者成反变关系。

莫尔准则的方程表示

$$| \tau | = f(\sigma) \tag{3-33}$$

莫尔准则的实验方程：根据试验曲线特征，莫尔准则的方程可具体化为斜直线、双曲线、抛物线、摆线、摆线加斜直线，以及双斜直线等各种曲线形式，视对试验资料的拟合好坏而定。下面只介绍最常用的斜直线形包络线。

在 $\sigma - \tau$ 图上的表示及写出的方程与库仑准则相同。但两者对破坏机理的认识并不完全相同。莫尔理论的斜直线的应用范围，可稍扩大或延展至受拉区。

莫尔准则适用于受拉区终点的横坐标，可由图 3-40 得到，即

$$| \sigma_x | = \frac{\sigma_t}{2} + \frac{\sigma_t}{2}\cos(180° - 2\alpha) = \frac{\sigma_t}{2}(1 + \cos 2\alpha) \tag{3-34}$$

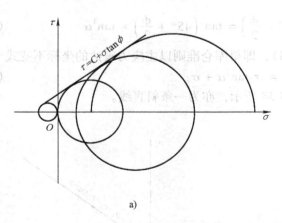
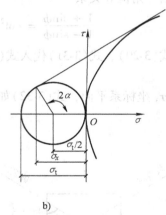

图 3-40 斜直线形莫尔包络线
a）斜直线形包络线 b）斜直线在受拉区的适用范围

又因

$$\sigma_x = \frac{\sigma_1 + \sigma_3}{2} + \frac{\sigma_1 - \sigma_3}{2}\cos 2\alpha$$

所以，莫尔斜直线方程的适用条件可写为

$$\frac{\sigma_1 + \sigma_3}{2} + \frac{\sigma_1 - \sigma_3}{2}\cos2\alpha \leqslant \frac{\sigma_t}{2}(1 + \cos 2\alpha) \tag{3-35}$$

超出此应力状态范围时，建议采用拉应力强度准则，即 $-\sigma_3 = \sigma_t$。

3. Drucker-Prager 准则（*D-P* 准则，1925 年）

库仑准则和莫尔准则机理有相通之处，可以简称为 M-C 准则。M-C 准则体现了岩土材料压剪破坏的实质，所以获得广泛的应用。但这类准则没有反映中间主应力的影响，不能解释岩土材料在静水压力下也能屈服或破坏的现象。

D-P 准则是在 M-C 准则和塑性力学中著名的 Mises 准则基础上的扩展和推广而得

$$f = \sqrt{J_2} - \alpha I_1 - k = 0 \tag{3-36}$$

式中，I_1 为第一应力不变量，J_2 为第二应力偏量不变量。α、k 为仅与岩石的内摩擦角和内聚力有关的实验常数。

应当指出，在岩石力学求解过程中，当取压应力为正，拉应力为负时，静水压力项 αI_1 的作用与形状改变项 $\sqrt{J_2}$ 的作用相反，即起到有利于围岩稳定的作用，故在这种情况下 αI_1 项前应取负号。众多文献在这里取 αI_1 项前为正号，是错误的。

因为岩石地下工程都是沿巷道轴向有约束的平面应变问题，因此，参数 α、k 应采用一般三维应力状态下的压缩锥拟合条件来确定，即

$$\alpha = \frac{2\sin\phi}{\sqrt{3}(3 - \sin\phi)} \tag{3-37a}$$

$$k = \frac{6C\cos\phi}{\sqrt{3}(3 - \sin\phi)} \tag{3-37b}$$

D-P 准则计入了中间主应力的影响，又考虑了静水压力的作用，克服了 M-C 准则的主要弱点。在目前流行的计算程序如 ANSYS 和 FLAC 中，都采用了 D-P 准则作为主要的材料模式之一，使 D-P 准则在国内外岩土力学与工程的数值计算分析中获得最为广泛的应用。

一般来说，M-C 屈服准则更适用于常规应力场的岩石的力学行为计算，而 D-P 屈服准则更适用于低摩擦角或高地应力场的岩石的力学行为计算。

4. 格里菲斯准则（Griffith，1921 年）

格里菲斯曾提出过两个强度准则。一个是从能量原理出发建立的有裂纹材料强度的"能量准则"。比较广泛传播的，是格氏的另一个建立在裂纹尖端受拉伸应力破坏基础上的"拉应力准则"。格氏（拉应力）强度准则对破坏机理的认识与库仑、莫尔准则不同，库仑、莫尔准则认为主要是压剪破坏。莫氏准则虽包含拉伸破坏，但只发生在有拉应力作用的场合。格里菲斯准则认为，不论物体受力状态如何（压、拉都可），最终本质上都是由于拉应力引起材料破坏。

格里菲斯准则最初用于解释玻璃的破坏，效果较好。其实际应用范围，可以扩大用于解释混凝土、陶瓷及岩石等脆性材料的破坏机理。

格里菲斯准则的基本假设：

1）物体内存在众多的随机分布的格里菲斯裂纹（Griffith Crack）。

2）裂纹都呈张开、前后贯通状态，且互不相关。

3）各个裂纹都可视为长度相当、形状相似的扁平椭圆（图3-41）。

4）材料和裂纹都是各向同性。

5）忽略中间主应力的影响。

格里菲斯准则方程推导过程的基本处理方法——将裂纹视为贯穿扁平椭圆，按各向同性线弹性平面应变处理；由极值原理，先求出周边最大最危险应力及其位置（第一极值），再定出最危险裂纹长轴的方向和应力（第二极值）。

根据极值应力与单轴抗拉强度 σ_t 的关系，建立的格里菲斯准则的方程表示如下式

$$\left.\begin{array}{ll}\dfrac{(\sigma_1 - \sigma_3)^2}{8(\sigma_1 + \sigma_3)} = \sigma_t & (\sigma_1 + 3\sigma_3 \geq 0) \\[2mm] -\sigma_3 = \sigma_t & (\sigma_1 + 3\sigma_3 < 0)\end{array}\right\} \tag{3-38}$$

由式（3-38）确定的格里菲斯准则在 $\sigma_1 - \sigma_3$ 坐标系中的强度曲线如图3-42所示。在图3-42所示的 $\sigma_1 - \sigma_3$ 坐标系平面上，可以完整地表示格里菲斯准则的适用范围。

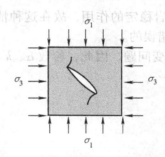

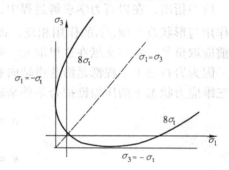

图3-41　平面压缩的格里菲斯裂纹模型　　　　图3-42　格里菲斯强度曲线

实际上，格里菲斯准则的式（3-38）概括了单轴、三轴应力状态以及各种拉、压组合等十几种应力状态。这就证明了格里菲斯准则所认为的，不论何种应力状态，材料都是因裂纹尖端附近达到极限拉应力而断裂的观点。或者说，格里菲斯准则认为不论应力状态如何，材料的破坏机理都是拉伸破坏。

分析式（3-38）或从图3-42的强度曲线中可以得到结论：

1）材料的单轴抗压强度是抗拉强度的8倍，其反映了脆性材料的基本力学特征。这个由理论上严格给出的结果，其在数量级上是合理的，但在细节上还是有出入的。

2）材料发生断裂时，可能处于各种应力状态。这一结果验证了格里菲斯准则所认为的，不论何种应力状态，材料都是因裂纹尖端附近达到极限拉应力而断裂开始扩展的基本观点，即材料的破坏机理是拉伸破坏。在准则的理论解中还可以证明，新裂纹与最大主应力方向斜交，而且扩展方向会最终趋于与最大主应力平行。

格里菲斯准则是针对玻璃和钢等脆性材料提出来的，因而只适用于研究脆性岩石的破坏。而对一般的岩石材料，莫尔-库仑准则的适用性要远远大于格里菲斯准则。

5. 无拉力准则（习惯准则）

因岩石抗拉强度只有抗压强度的十几分之一到几十分之一，尤其是岩体和节理更弱。故在实际工作中，如果已知岩体受拉，必须用锚杆和其他支护形式予以加固、补强。

20世纪60年代以后，有限元法用于地下工程渐多。计算结果，出现拉应力的区域，是

加固的重点。为要找出拉应力区域的范围，常采取无拉力处理方法，即不考虑受拉区的应力，重新分配荷载和计算，追踪确定拉应力区的最终大小。

上述两种情况，都是认为只要出现拉应力就处于危险状态，而不管拉应力的大小是否已达到抗拉强度。这种看法实际也代表了一种衡量强度的标准，即只要径向应力 σ_r，或切向应力 σ_θ，两者之一或两者同时处于

$$\sigma_r < 0, \text{或} \ \sigma_\theta < 0 \tag{3-39}$$

岩体就被认为处于危险状态。式(3-39)被称为无拉力准则或习惯准则。

6. 特雷斯卡(H. Tresca，1864 年)准则——最大切应力理论

实验表明，当材料屈服时，试件表面便出现大致与轴线呈 45°夹角的斜破裂面。由于最大切应力正是出现在与试件轴线呈 45°夹角的斜面上，所以这些斜破裂面即为材料沿着该斜面发生剪切滑移的结果，而这种剪切滑移又是材料塑性变形的根本原因。据此，特雷斯卡提出最大切应力强度理论，认为材料破坏取决于最大切应力。所以，当材料承受的最大切应力达到其单轴压缩或单轴拉伸极限切应力时，材料便被剪切破坏。准则方程为

$$\tau_{\max} = \tau_s \tag{3-40}$$

式中，在复杂的应力状态中，最大切应力为 $\tau_{\max} = (\sigma_1 - \sigma_3)/2$；在单轴压缩或单轴拉伸条件下，极限切应力为 $\tau_s = \sigma_s/2$（σ_s 为岩石单轴压缩或拉伸的屈服应力）。将两者代入式(3-40)，便得到材料强度准则又一形式

$$\sigma_1 - \sigma_3 = \sigma_s \tag{3-41}$$

或者写成如下解析式形式

$$[(\sigma_1 - \sigma_3)^2 - \sigma_s^2][(\sigma_3 - \sigma_2)^2 - \sigma_s^2][(\sigma_2 - \sigma_1)^2 - \sigma_s^2] = 0 \tag{3-42}$$

应当指出，最大切应力强度理论对于塑性岩石会得出满意的结果，但是不适用于脆性岩石。此外，这种强度理论没有考虑中间主应力的影响。在进行岩体弹塑性分析时，经常需要用到这个准则。

7. 霍克-布朗(Hoke-Brown) 岩石破坏经验判据

霍克和布朗认为，岩石破坏判据不仅要与实验结果(岩石强度实际值)相吻合，而且其数学解析式应尽可能简单，此外岩石破坏判据除了能够适用于结构完整(连续介质)且各向同性的均质岩石材料之外，还应当可以适用于碎裂岩体(节理化岩体)及各向异性而非均质岩体等。基于大量岩石(岩体)抛物线形破坏包络线(强度曲线)的系统研究结果，霍克和布朗先后提出了几个版本的岩石破坏经验判据，1980 年版本的 H-B 屈服准则为

$$\sigma_1 = \sigma_3 + \sqrt{m\sigma_c\sigma_3 + s\sigma_c^2} \tag{3-43}$$

式中，σ_1、σ_3 分别为破坏时的最大、最小主应力；σ_c 为结构完整的连续介质岩石材料的单轴抗压强度；m 和 s 均为经验系数，m 的变化范围为 0.001(强烈破坏岩体)~25(坚硬而完整岩石)，s 的变化范围为 0(节理化岩体)~1(完整岩石)。

通过对大量岩石(岩体)三轴实验及现场实验成果资料的统计分析，霍克获得的各种岩石(岩体)的经验系数 m 和 s 值见表 3-6。

霍克-布朗强度包络线较莫尔-库伦强度包络线更吻合于莫尔极限应力圆。

表 3-6　霍克-布朗岩石(岩体)破坏经验判据系数 m 和 s 值

岩石(岩体)质量	碳酸盐岩类	泥质岩类	石英岩类 砂岩类	细粒火 成岩类	粗粒火成岩 类变质岩类
结构完整的岩石(无裂隙)	$m = 7$ $s = 1$	$m = 10$ $s = 1$	$m = 15$ $s = 1$	$m = 17$ $s = 1$	$m = 25$ $s = 1$
质量极好的结构体紧密相嵌的岩体，仅有间距为 $1 \sim 3m$ 的微风化节理	$m = 3.5$ $s = 0.1$	$m = 5$ $s = 0.1$	$m = 7.5$ $s = 0.1$	$m = 8.5$ $s = 0.1$	$m = 12.5$ $s = 0.1$
质量好的岩体，具有间距为 $1 \sim 3m$ 的轻微风化节理	$m = 0.7$ $s = 0.004$	$m = 1$ $s = 0.004$	$m = 1.5$ $s = 0.004$	$m = 1.7$ $s = 0.004$	$m = 2.5$ $s = 0.004$
质量中等的岩体，具有间距为 $0.3 \sim 1m$ 的中等风化节理	$m = 0.14$ $s = 0.0001$	$m = 0.2$ $s = 0.0001$	$m = 0.3$ $s = 0.0001$	$m = 0.34$ $s = 0.0001$	$m = 0.5$ $s = 0.0001$
质量较低的岩体，具有大量间距为 $30 \sim 50mm$ 的强烈风化夹泥节理	$m = 0.04$ $s = 0.00001$	$m = 0.08$ $s = 0.00001$	$m = 0.08$ $s = 0.00001$	$m = 0.09$ $s = 0.00001$	$m = 0.13$ $s = 0.00001$
质量极差的岩体，具有大量间距小于 $50mm$ 的严重风化夹泥节理	$m = 0.001$ $s = 0$	$m = 0.01$ $s = 0$	$m = 0.015$ $s = 0$	$m = 0.017$ $s = 0$	$m = 0.025$ $s = 0$

2002 年，Hoek 等人对建立在 GSI 基础上的 H-B 屈服准则又进行了修正，建立了广义 Hoek-Brown 屈服准则理论体系，即

$$\sigma_1 = \sigma_3 + \sigma_c \left(m_b \frac{\sigma_3}{\sigma_c} + s \right)^a \tag{3-44}$$

式中，m_b、s 和 a 为半经验的参数，由下述公式确定

$$m_b = m_i \exp \left(\frac{GSI - 100}{28 - 14D} \right) \tag{3-45}$$

$$s = \exp \left(\frac{GSI - 100}{9 - 3D} \right) \tag{3-46}$$

$$a = 0.5 + \frac{1}{6} \left(e^{-GSI/15} - e^{-20/3} \right) \tag{3-47}$$

式中，D 为岩石扰动参数；GSI 为岩石的地质强度指标，表征岩体的完整性；m_i 为完整岩石的 m 值。对于完整岩石，$s = 1$。

岩体的弹性模量为

当 $\sigma_c \leqslant 100$ 时　　$E_m = 10^{\frac{GSI-10}{40}} \left(1 - \frac{D}{2} \right) \sqrt{\frac{\sigma_c}{100}} \tag{3-48}$

当 $\sigma_c > 100$ 时　　$E_m = 10^{\frac{GSI-10}{40}} \left(1 - \frac{D}{2} \right) \tag{3-49}$

等效的 Mohr-Coulomb 强度参数，即黏聚力 C 和内摩擦角 ϕ 可由下式确定

$$\phi = \sin^{-1} \left[\frac{6am_b(s + m_b\sigma_{3n})^{a-1}}{2(1 + a)(2 + a) + 6am_b(s + m_b\sigma_{3n})^{a-1}} \right] \tag{3-50}$$

$$C = \frac{\sigma_c \left[(1 + 2a)s + (1 - a)m_b\sigma_{3n} \right](s + m_b\sigma_{3n})^{a-1}}{(1 + a)(2 + a)\sqrt{1 + \frac{6am_b(s + m_b\sigma_{3n})^{a-1}}{(1 + a)(2 + a)}}} \tag{3-51}$$

其中，$\sigma_{3n} = \sigma_{3max}/\sigma_c$

应当指出，比较难于确定的就是侧限应力上限值 σ_{3max}。对于深埋洞室工程，侧限应力上限值 σ_{3max} 可由下式确定

$$\sigma_{3n} = \frac{\sigma_{3max}}{\sigma_c} = 0.47 \left(\frac{\sigma_{cm}}{\gamma H} \right)^{-0.94} \tag{3-52}$$

式中，γ 为岩体的重度；H 为埋深；σ_{cm} 为岩体的整体强度，可由下式确定

$$\sigma_{cm} = \sigma_c \frac{[m_b + 4s - a(m_b - 8s)](m_b/4 + s)^{a-1}}{2(1+a)(2+a)} \tag{3-53}$$

3.4.3 统一强度理论

一点的应力状态可以用三个主应力 σ_1、σ_2、σ_3 表示（图3-43），这里 $\sigma_1 \geqslant \sigma_2 \geqslant \sigma_3$。显然，该点存在三个主切应力 τ_{13}、τ_{12} 和 τ_{23}，这里 $\tau_{13} = (\sigma_1 - \sigma_3)/2$，$\tau_{12} = (\sigma_1 - \sigma_2)/2$，$\tau_{23} = (\sigma_2 - \sigma_3)/2$。可以看出，在这三个主切应力中，只有两个是独立的。取两组较大的主切应力截面，则可得图3-44所示的正交八面体单元体（双剪单元体），图中 $\sigma_{13} = (\sigma_1 + \sigma_3)/2$、$\sigma_{12} = (\sigma_1 + \sigma_2)/2$、$\sigma_{23} = (\sigma_2 + \sigma_3)/2$，是主切应力作用面上的正应力。可以看出，任何复杂的应力状态都可转化为双切应力状态。

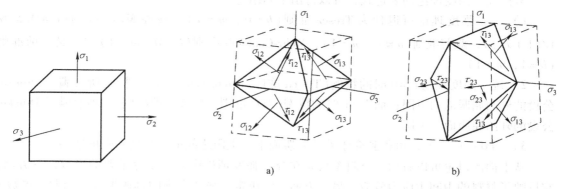

图3-43　三维主应力状态　　　　　图3-44　正交八面体单元体

统一强度理论认为材料的屈服或破坏取决于双剪单元体面上的切应力及正应力，其数学表达式为

$$F = \begin{cases} \tau_{13} + b\tau_{12} + \beta(\sigma_{13} + b\sigma_{12}) = D, (\tau_{12} + \beta\sigma_{12} \geqslant \tau_{23} + \beta\sigma_{23}) \\ \tau_{13} + b\tau_{23} + \beta(\sigma_{13} + b\sigma_{23}) = D, (\tau_{12} + \beta\sigma_{12} \leqslant \tau_{23} + \beta\sigma_{23}) \end{cases} \tag{3-54}$$

式中，b 是反映材料中间主应力效应的参数，称为中间主应力系数；β 是反映正应力对材料屈服影响的参数；D 也是材料参数。

β 和 D 可由材料的拉伸和压缩试验确定，即

$$\beta = \frac{\sigma_c - \sigma_t}{\sigma_c + \sigma_t} = \frac{m-1}{m+1}, \quad D = \frac{2\sigma_c\sigma_t}{\sigma_c + \sigma_t} = \frac{2m}{m+1}\sigma_t \tag{3-55}$$

式中，$m = \sigma_c/\sigma_t \geqslant 1$，是材料的压拉强度比。

将式（3-55）代入式（3-54），即得主应力形式表示的统一强度理论

$$F = \begin{cases} \sigma_1 - \dfrac{1}{m(1+b)}(b\sigma_2 + \sigma_3) = \sigma_t & \left(\sigma_2 \leqslant \dfrac{m\sigma_1 + \sigma_3}{m+1}\right) \\[3mm] \dfrac{1}{1+b}(\sigma_1 + b\sigma_2) - \dfrac{\sigma_3}{m} = \sigma_t & \left(\sigma_2 > \dfrac{m\sigma_1 + \sigma_3}{m+1}\right) \end{cases} \tag{3-56}$$

对岩土类材料，常以内聚力 C 和内摩擦角 ϕ 作为材料实验参数，这时，统一强度理论可表述为

$$F = \begin{cases} \sigma_1 - \dfrac{1-\sin\phi}{(1+b)(1+\sin\phi)}(b\sigma_2 + \sigma_3) = \dfrac{2C\cos\phi}{1+\sin\phi}, & \left(\sigma_2 \leqslant \dfrac{\sigma_1 + \sigma_3}{2} + \dfrac{\sigma_1 - \sigma_3}{2}\sin\phi\right) \\[3mm] \dfrac{1}{1+b}(\sigma_1 + b\sigma_2) - \dfrac{1-\sin\phi}{1+\sin\phi}\sigma_3 = \dfrac{2C\cos\phi}{1+\sin\phi}, & \left(\sigma_2 > \dfrac{\sigma_1 + \sigma_3}{2} + \dfrac{\sigma_1 - \sigma_3}{2}\sin\phi\right) \end{cases}$$

$$\tag{3-57}$$

这里用到了下列关系

$$m = \frac{1+\sin\phi}{1-\sin\phi}, \quad \sigma_t = \frac{2C\cos\phi}{1+\sin\phi} \tag{3-58}$$

统一强度理论在主应力空间的极限面是一族以等倾轴为轴线的不等角十二棱锥面。极限面的形状和大小与材料的压拉强度比 m 和参数 b 的值有关。$b=0$ 或 1 时，十二棱锥面变为六棱锥面。$m=1$ 时，统一强度理论的极限面变为等角无限长柱面。

考察统一强度理论的表达式，可以得出下列结论：

1）统一强度理论可退化为 Tresca 准则（$b=0$，$m=1$），线性 Mises 准则（$b=0.5$ 或 $1/(1+\sqrt{3})$），双剪准则（$b=1$，$m=1$），Mohr-Coulomb 准则（$b=0$，$m>1$）和广义双剪准则（$b=1$，$m>1$）。

2）统一强度理论 $b=0$ 时的特例（Tresca 准则、Mohr-Coulomb 准则）是所有满足 Drucker 公设的外凸屈服面的下限；而 $b=1$ 时的特例（双剪准则、广义双剪准则）是所有满足 Drucker 公设的外凸屈服面的上限。

3）当 $0<b<1$ 时，可得到介于外凸屈服面下、上限之间的一系列新强度准则。

从上面的讨论可以看出，材料参数 b 在统一强度理论中是个十分重要的参数，一方面，它反映了材料的中间主应力效应，另一方面，它决定了强度准则的具体形式。因此，参数 b 在统一强度理论中又被称为强度准则参数。强度准则参数 b 由材料试验确定。对岩土类材料，参数 b 可通过材料的真三轴试验确定。

统一强度理论使强度理论从适合某一类材料发展到可适合多种材料，可以使人们对不同类型的材料及其结构进行统一处理。因此，统一强度理论是具有广泛应用前景的强度理论。

可以看出，统一强度理论具有以下优点：①具有明显的物理意义；②具有分段线性的数学表达式，因此，利用统一强度理论容易进行解析分析；③可以很好地反映材料的中间主应力效应和拉压强度差效应，而岩土类材料具有明显的中间主应力效应和拉压强度差效应，因此这些材料及其结构特别适宜于用统一强度理论进行分析和研究。

3.4.4 岩石强度准则的实用选择

目前，我国煤矿矿井最深已达到近 1 500m。此深度处因自重产生的原岩应力约近

40MPa。由于开掘，造成围岩中的应力集中系数为 3～5 时（一般情况），最大主应力可达 120～200MPa，大体相当于中硬及中硬以上岩石的单轴抗压强度（80～250MPa）。

从工程实用出发，一般分析问题时，在受压区采取斜直线形的库仑或莫尔准则即可。如果采取非线性的莫尔准则，实验参数难以确定，而且计算繁杂，但精度提高并不显著，所以一般情况下其必要性不大。

在用有限元或其他数值计算方法时，D-P 准则比 M-C 准则相对比较而言更完善，应用最为广泛。但需注意，M-C 准则更适用于常规应力场的岩石的力学行为计算，而 D-P 准则更适用于低摩擦角或高地应力场的岩石的力学行为计算。

任何情况下，对受拉区都可用格氏准则或无拉力准则判断。

统一强度理论在岩土类材料中正在得到进一步的应用。

在岩体中，尤其是碎裂岩体中，H-B 准则的优势是其他准则无法比拟的。

3.5 岩石的流变性质

3.5.1 基本概念

各种岩土工程，无一不和时间因素有关。岩石的时间效应和流变性质是岩石力学的重要研究内容之一，是 21 世纪岩石力学的重要研究内容之一。在某些工程的理论分析及设计工作中，已能将时间因素加以考虑，初步得到较有意义的结果。从 1979 年第四届国际岩石力学大会起，每届大会都将岩石流变性质列为重要讨论课题。但这方面存在的问题尚多，理论与实验研究仍有待于进一步的加强。

广义的时间效应（Time-dependent Effects）包括加载速率效应及流变现象。

加载速率（Load Speed）效应表现情况如下：

1）加载速率快：弹性模量提高，峰值强度增加，韧性降低。快速加载达到破裂时的应力，称为瞬时强度（Short Time Strength）。

2）加载速率慢：弹性模量降低，峰值强度减小，韧性增加。

3）加载速率极慢：产生流变（应力应变随时间流逝而变化的性质）现象。经过较长时间加载达到破裂时的应力，称为长时强度（Long Time Strength）。

流变（Rheology）现象又包括下列四方面内容：

1）蠕变（Creep），即应力 $\sigma = \text{const}$，随时间 t 延长，应变 ε 增加的现象。属于岩石工程常见的重要现象。

2）松弛（Relaxation），即 $\varepsilon = \text{const}$，随时间 t 延长，应力 σ 减小的现象。

3）弹性后效（Time Dependent Elasticity），即加载（或卸载）后经一段时间应变才增加（或减小）到一定数值的现象。

4）黏性流动（Visco Flow），即蠕变一段时间后卸载，部分应变永久不恢复的现象。

1. 蠕变

（1）蠕变三阶段和三水平　蠕变三水平（图 3-45）和三阶段（图 3-46），说明应力水平越高，蠕变变形越大。其中，长时强度起重要作用。应力水平低于长时强度，一般不导致岩石破裂，蠕变过程只包含前两阶段。应力水平高于长时强度，则经过或长或短时间，最终必将导致岩石破裂，蠕变过程三个阶段包含俱全。

蠕变三水平和三阶段是金属、岩石和其他材料的通性，并非岩石所特有。具体曲线形式各据试验而定。图 3-47 所示为几种岩石在不同应力水平的试验结果，图 3-48 所示为大理岩在 87.8MPa 恒压下的轴向和侧向蠕变曲线。

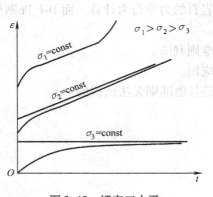

图 3-45　蠕变三水平

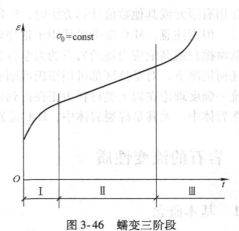

图 3-46　蠕变三阶段
Ⅰ—初始蠕变阶段或瞬态蠕变阶段
Ⅱ—等速蠕变阶段或稳态蠕变阶段（斜率不变）
Ⅲ—加速蠕变阶段或不稳定蠕变阶段（斜率渐增）

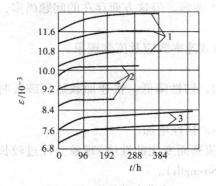

图 3-47　岩石蠕变曲线
1—砂质黏土页岩　2—砂岩　3—黏土页岩

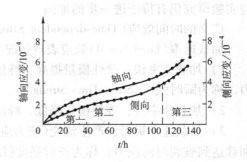

图 3-48　大理岩在 87.8MPa 恒压下
的轴向和侧向蠕变曲线

（2）蠕变试验　岩石蠕变性质全凭试验建立。蠕变试验的突出特点，是要求或短或长时间保持 $\sigma =$ const。日本—蠕变试验已进行了几十年，至今仍在继续。这就要求测量元件具有长期的稳定性，且精度要求较高。

蠕变试验的应变量测仪表：因电测元件难以保证长期稳定性，故多以千分表为主。

蠕变试验至今没有定型设备。常见的蠕变加载方式有以下几种：①重物杠杆法；②弹簧加载法；③气、液缸法；④扭转法（图 3-49），可分段加载，省时省设备；⑤伺服机加载法，伺服机可由计算机控制其加载速率至极慢，即 $10^{-10} S^{-1}$。

（3）研究蠕变性质的重要性　在中硬以下岩石及软岩中开掘的岩石地下工程，大都需要经过半个月至半年变形才能稳定，或处在无休止的变形状态，直至破裂失去稳定。图 3-50 为矿山常见的实测巷道顶板下沉(或两帮挤进或底鼓)曲线示意图。因为巷道围岩所受原岩应力或其他外力可视为常数，故在相应条件下巷道变形的实质都可归结为蠕变现象。研究蠕变现象，对解决地下工程和巷道的设计和维护问题，有十分现实而重要的意义。

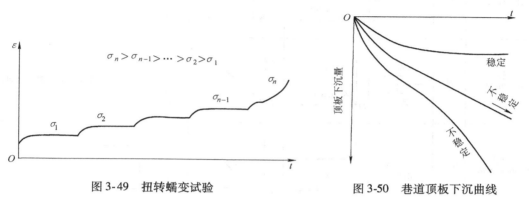

图 3-49　扭转蠕变试验　　　　　图 3-50　巷道顶板下沉曲线

2. 流变方程的建立

为了深入研究流变现象，并预测它对工程的影响后果常要用到流变方程(其中最重要的是蠕变方程)。在试验的基础上，建立流变方程的方法有三种：①微分方程方法(流变模型法)；②积分方程方法；③经验方程方法。

3.5.2　流变模型理论

3.5.2.1　基本元件

固体材料的变形性质可以理想化成刚体、弹性体、塑性体和黏性体四种基本形式，其特性可以用相应的四个基本模型(元件)(见表 3-7)来表示。前 3 种基本元件的性质与时间无关，第 4 种基本元件所代表的材料变形性质与变形(运动)的速率有关。若干个基本元件可以组合成多种流变模型。根据试验资料，通常可以直观地、大致地判断所涉及的基本元件及组合模型，这是模型方法的基本特点。正是这种直观性和可组合性，现今的流变模型理论在国内外获得广泛应用。

表 3-7　流变模型基本元件

名称	书写符号	元件图示	$\sigma-\varepsilon\ (\dot{\varepsilon})$关系	$\sigma_0 = \text{const}$ $\varepsilon-t$ 关系	$\varepsilon_0 = \text{const}$ $\sigma-t$ 关系	代表物性
尤可利(Euclid)体	Eu	$E'=\infty$ 刚杆				刚体(不变形体)

（续）

名称	书写符号	元件图示	$\sigma-\varepsilon(\dot{\varepsilon})$关系	$\sigma_0=$const $\varepsilon-t$关系	$\varepsilon_0=$const $\sigma-t$关系	代表物性
虎克 (Hoek)体	H	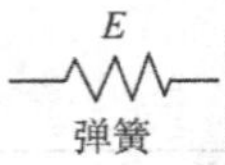 弹簧 E	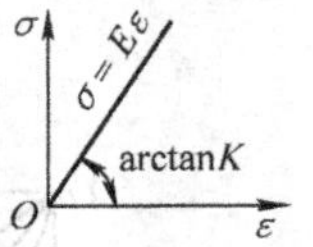 $\sigma=E\varepsilon$　$\arctan K$	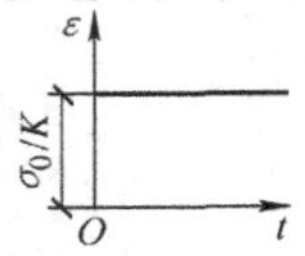 σ_0/K	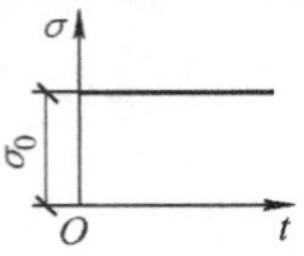 σ_0	弹性（E-弹模）
牛顿 (Newton)体	N	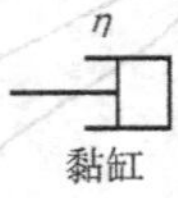 黏缸 η	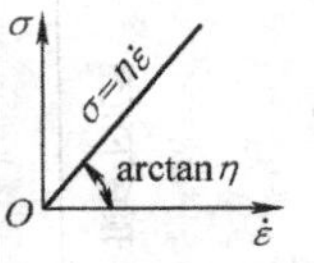 $\sigma=\eta\dot{\varepsilon}$　$\arctan\eta$	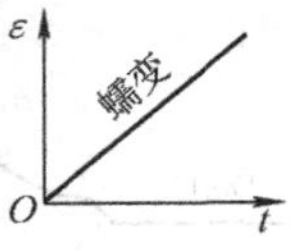 蠕变	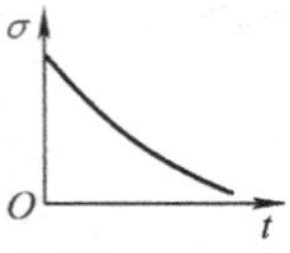	黏性（η-黏性模量）
圣文南 (St.Venent)体	StV	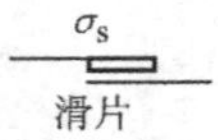 滑片 σ_s	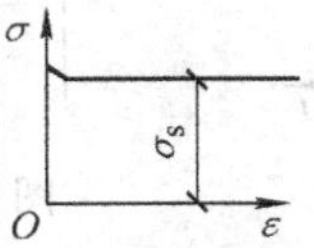 σ_s	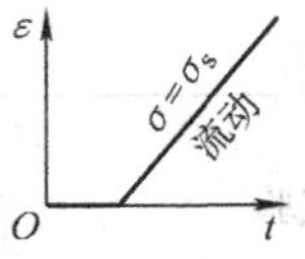 $\sigma=\sigma_s$ 流动	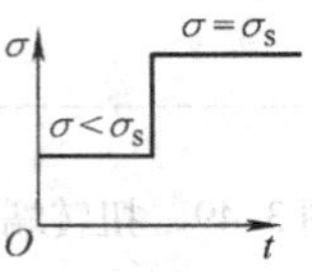 $\sigma<\sigma_s$　$\sigma=\sigma_s$	理想塑性

3.5.2.2　基本二元模型

1. 马克斯威尔体（Maxwell，1868 年）

马克斯威尔体是一种弹黏性体，它由一个弹簧和一个阻尼器串联组成，其力学模型如图 3-51 所示。

（1）本构方程　由串联可得

$$\sigma=\sigma_1=\sigma_2$$
$$\varepsilon=\varepsilon_1+\varepsilon_2$$
$$\varepsilon_1=\frac{\sigma_1}{E}$$
$$\dot{\varepsilon}_2=\frac{\mathrm{d}\varepsilon_2}{\mathrm{d}t}=\frac{\sigma_2}{\eta}$$

解上述方程，可得 M 体的本构方程

$$\dot{\varepsilon}=\frac{\dot{\sigma}}{E}+\frac{\sigma}{\eta} \tag{3-59}$$

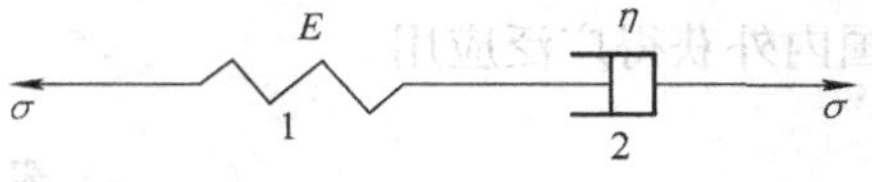

图 3-51　马克斯威尔体

（2）蠕变方程　应力条件：$\sigma=\sigma_0=$const；初始条件：$t=0$，$\varepsilon=\varepsilon_0=\sigma_0/E$（弹簧有瞬时应变）。由本构方程

$$\dot{\varepsilon}=\frac{\dot{\sigma}}{E}+\frac{\sigma}{\eta}=\frac{\dot{\sigma}_0}{E}+\frac{\sigma_0}{\eta}=\frac{\sigma_0}{\eta}$$

即

$$\mathrm{d}\varepsilon=\frac{\sigma_0}{\eta}\mathrm{d}t，\quad\varepsilon=\frac{\sigma_0}{\eta}t+C$$

代入初始条件确定积分常数 $C=\sigma_0/E$，故得 M 体的蠕变方程

$$\varepsilon = \frac{\sigma_0}{\eta}t + \frac{\sigma_0}{E} \qquad (3\text{-}60)$$

蠕变曲线如图 3-52 所示。可以看出，M 体有瞬时应变，为线性蠕变。

（3）松弛方程　应变条件：$\varepsilon = \varepsilon_0 = \text{const}$；初始条件：$t = 0$，$\sigma = \sigma_0$。由本构方程，有

$\dot{\varepsilon} = \dot{\varepsilon}_0 = \dfrac{\dot{\sigma}}{E} + \dfrac{\sigma}{\eta} = 0$，解之得

$$\ln\sigma = -\frac{E}{\eta}t + C$$

由初始条件确定积分常数 $C = \ln\sigma_0$，故得 M 体的松弛方程

$$\sigma = \sigma_0 e^{-\frac{E}{\eta}t} \qquad (3\text{-}61)$$

由式（3-61）可知，当 $t \to \infty$ 时，$\sigma \to 0$。假设经过时间 τ_r，应力下降为初始应力的 $1/e$，即有

$$\tau_r = \frac{\eta}{E} \qquad (3\text{-}62)$$

τ_r 称为松弛时间，即应力松弛至初始应力的 $1/e \approx 0.37$ 所需的时间。

松弛曲线如图 3-53 所示。

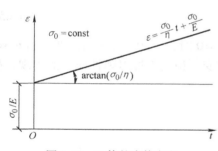

图 3-52　M 体的本构方程

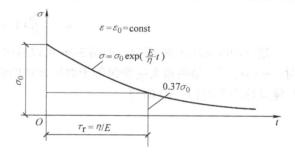

图 3-53　M 体的松弛

（4）弹性后效与黏性流动　加载至 t_1 后卸载。应力 – 应变条件为

$t = t_1^-$ 时，$\sigma = \sigma_0 = \text{const}$，$\varepsilon_1 = \dfrac{\sigma_0}{\eta}t_1 + \dfrac{\sigma_0}{E}$，

$t = t_1^+$ 及 $t > t_1$ 时，$\sigma = \sigma_0 = 0$，$\dfrac{\sigma_0}{E} = 0$（弹性应变瞬时恢复）

但 $\varepsilon_1 = \dfrac{\sigma_0}{\eta}t_1 \neq 0$，（黏缸变形不可恢复）。（符号 t_1^-、t_1^+ 分别表示时间 t_1 的左极限和右极限）。

由本构方程

$$\dot{\varepsilon} = \frac{\dot{\sigma}}{E} + \frac{\sigma}{\eta} = 0$$

得 ε 必为常数，显然就等于黏缸变形，即

$$\varepsilon = \frac{\sigma_0}{\eta}t_1 = \text{const} \qquad (3\text{-}63)$$

M 体弹性后效、黏性流动情况如图 3-54 所示。可见 M 体无弹性后效，但有黏性流动。

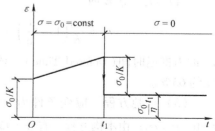

图 3-54　M 体的弹性后效与黏性流动

2. 开尔文体(Kelvin，1890 年)

开尔文体的力学模型如图 3-55 所示。

（1）本构方程

$$\varepsilon = \varepsilon_1 = \varepsilon_2$$
$$\sigma = \sigma_1 + \sigma_2$$
$$\sigma_1 = E\varepsilon_1$$
$$\sigma_2 = \eta\dot{\varepsilon}_2$$

解上述方程可得，K 体的本构方程

$$\eta\dot{\varepsilon} + E\varepsilon = \sigma \tag{3-64}$$

（2）蠕变方程　应力条件为 $\sigma = \sigma_0 = \text{const}$；初始条件为 $t = 0$，$\varepsilon = 0$（黏缸无瞬时应变），则本构方程变为

$$\sigma_0 = E\varepsilon + \eta\frac{d\varepsilon}{dt}$$

$$\frac{d\varepsilon}{dt} + \frac{E}{\eta}\varepsilon = \frac{1}{\eta}\sigma_0$$

解此微分方程，得 K 体的蠕变方程为

$$\varepsilon = \frac{\sigma_0}{E}(1 - e^{-\frac{E}{\eta}t}) \tag{3-65}$$

蠕变曲线如图 3-56 所示。由图 3-56 可以看出，当 $t = 0$ 时，$\varepsilon = 0$，无瞬时应变；当 $t \to \infty$ 时，$\varepsilon = \sigma_0/E$；最终最大应变仅等于弹性元件的瞬时应变，相当于推迟弹性应变的出现，故 K 体又称为推迟（迟滞）模型。

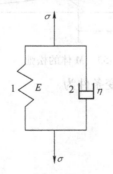

图 3-55　开尔文体

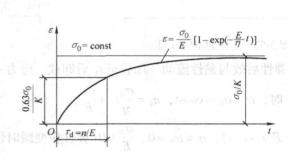

图 3-56　K 体蠕变曲线与推迟时间

当 $t = \tau_d = \eta/E$ 时

$$\varepsilon = \frac{\sigma_0}{E}\left(1 - \frac{1}{e}\right) = 0.63\frac{\sigma_0}{E} \tag{3-66}$$

τ_d 称为推迟时间（Defered Time）。该时间的应变约为瞬时应变的 63%。

（3）松弛方程　应变条件为 $\varepsilon = \varepsilon_0 = \text{const}$，应力条件为 $t = 0$，$\sigma = \sigma_0$；由本构方程，有 $\sigma = E\varepsilon + \eta\dot{\varepsilon} = E\varepsilon_0 + \eta\dot{\varepsilon}_0 = E\varepsilon_0 = \text{const}$，即与时间无关，故无松弛。松弛曲线如图 3-57 所示。

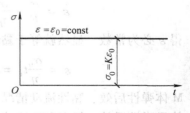

图 3-57　K 体松弛曲线

（4）弹性后效与黏性流动 加载至 t_1 后卸载。即 $t = t_1^+$ 及 $t > t_1$ 时，$\sigma = 0$，代入本构方程为

$$\eta\dot{\varepsilon} + E\varepsilon = 0$$

仿前，其解为 $\varepsilon = Ce^{-\frac{E}{\eta}t}$

利用 $t = t_1^+$，$\varepsilon = \varepsilon_1$，确定积分常数

$$C = \varepsilon_1 e^{-\frac{E}{\eta}t_1}$$

得弹性后效、黏性流动方程

$$\varepsilon = \varepsilon_1 e^{-\frac{E}{\eta}(t-t_1)} \qquad (3\text{-}67)$$

式(3-67)与 t 有关，故有弹性后效。但当 $t \to \infty$ 时，$\varepsilon \to 0$，故无黏性流动。

K 体弹性后效、黏性流动情况如图 3-58 所示。

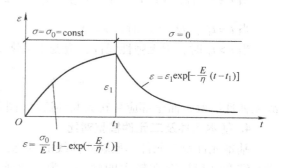

图 3-58 K 体弹性后效与黏性流动

3. 理想黏塑性体

理想黏塑性体模型如图 3-59 所示。

（1）本构方程 根据图 3-59，列出并联方程

$$\varepsilon = \varepsilon_1 = \varepsilon_2$$

$$\sigma = \sigma_1 + \sigma_2$$

$$\sigma_1 = \eta\dot{\varepsilon}_1$$

$$\varepsilon_2 = \begin{cases} 0, & \sigma_2 < \sigma_s \\ \varepsilon_s, & \sigma_2 = \sigma_s \end{cases}$$

可解得理想黏塑性体模型的本构方程为

$$\left.\begin{array}{ll} \varepsilon = 0, & \sigma < \sigma_s \\ \dot{\varepsilon} = \dfrac{\sigma - \sigma_s}{\eta}, & \sigma = \sigma_s \end{array}\right\} \qquad (3\text{-}68)$$

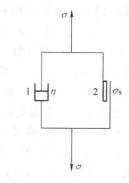

图 3-59 理想黏塑性体

（2）蠕变方程 应力条件为 $\sigma = \sigma_0 = \mathrm{const}$；初始条件为 $t = 0$，$\varepsilon = 0$（无瞬时应变）。当 $\sigma < \sigma_s$ 时，$\varepsilon = 0$，无蠕变。当 $\sigma \geqslant \sigma_s$ 时，

$$\dot{\varepsilon} = \frac{\sigma - \sigma_s}{\eta} = \frac{\sigma_0 - \sigma_s}{\eta}, \qquad \varepsilon = \frac{\sigma_0 - \sigma_s}{\eta}t + C$$

由初始条件确定积分常数 $C = 0$，而 $\varepsilon = \dfrac{\sigma_0 - \sigma_s}{\eta}t$，有蠕变。

理想黏塑性体模型的蠕变方程为

$$\left.\begin{array}{ll} \varepsilon = 0, & \sigma < \sigma_s \\ \varepsilon = \dfrac{\sigma_0 - \sigma_s}{\eta}t, & \sigma \geqslant \sigma_s \end{array}\right\} \qquad (3\text{-}69)$$

蠕变曲线如图 3-60 左半部所示。

（3）松弛方程 应变条件为 $\varepsilon = \varepsilon_0 = \mathrm{const}$；应力条件为 $t = 0$，$\sigma = 0$。由本构方程有

$$\sigma = \eta\dot{\varepsilon} + \sigma_s = \eta\dot{\varepsilon}_0 + \sigma_s = \sigma_s = \mathrm{const}$$

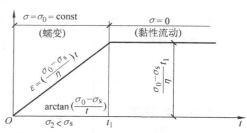

图 3-60 理想黏塑性体的蠕变与黏性流动

故在 $\sigma = \sigma_s$ 情况下也无松弛。

（4）弹性后效与黏性流动　加载至 t_1 后卸载。应力、应变条件为

当 $t = t_1^-$ 时，$\sigma = \sigma_0 = \text{const}$；$\sigma < \sigma_s$，$\varepsilon_1 = 0$；$\sigma \geqslant \sigma_s$，$\varepsilon_{t_1} = \dfrac{\sigma_0 - \sigma_s}{\eta} t_1$

当 $t = t_1^+$，及 $t > t_1$ 时，$\sigma = 0$

当 $t > t_1$ 时，因无弹性元件，应变不可恢复。可得

$$\varepsilon = \varepsilon_{t_1} = \frac{\sigma_0 - \sigma_s}{\eta} t_1 = \text{const} \tag{3-70}$$

故无弹性后效，而全部应变转为黏性流动（图3-60右半部），可称为黏性流动模型。

4. 基本元件及二元件模型对比

基本元件及二元件模型蠕变曲线的对比，如图3-61所示。从中看出，用它们描述真实岩石蠕变过程还存在较大的缺陷。为了改善这种情况，可以作进一步组合，组成多元件模型。

3.5.2.3　组合模型及其流变特性

表3-8和表3-9中分别列出了常用黏弹性模型和黏弹塑性模型的一维本构方程。表中 σ、$\dot{\sigma}$、$\ddot{\sigma}$ 分别表示应力、应力对时间的一阶导数和二阶导数，ε、$\dot{\varepsilon}$、$\ddot{\varepsilon}$ 分别表示应变、应变对时间的一阶导数和二阶导数，E_0 为弹性模量，E_1 为黏弹性模量，η_1 是对应于过渡（第Ⅰ）蠕变阶段的黏弹性系数，η_2 是对应于过渡（第Ⅱ）蠕变阶段的黏弹性系数；σ_s 是屈服极限；对于 H丨M（鲍埃丁-汤姆逊）模型，$E_0 = E_1 + E_2$。

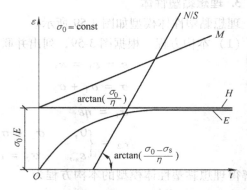

图3-61　基本元件及二元件模型蠕变曲线的对比

表3-8　常用黏弹性模型及其本构关系

名　称	模　型	一维本构方程
麦克斯韦模型 （Maxwell）	E_1, ε_1　η_2, ε_2	$\sigma + \dfrac{\eta_2}{E_1}\dot{\sigma} = \eta_2\dot{\varepsilon}$
开尔文模型 （Kelvin）	σ_1, E_1 σ_2, η_2	$\sigma = E_1\varepsilon + \eta_2\dot{\varepsilon}$
三参量模型 （H-K）	E_0, ε_H E_1, ε_K η_1	$\sigma + \dfrac{\eta_1}{E_0 + E_1}\dot{\sigma} = \dfrac{E_0 E_1}{E_0 + E_1}\varepsilon + \dfrac{E_0 \eta_1}{E_0 + E_1}\dot{\varepsilon}$
鲍埃丁-汤姆逊模型 （H丨M）	E_2, σ_2 E_1, σ_1　η_1	$\sigma + \dfrac{\eta_1}{E_1}\dot{\sigma} = E_2\varepsilon + \left(\eta_1 + \dfrac{E_2 \eta_1}{E_1}\right)\dot{\varepsilon}$

（续）

名　称	模　型	一维本构方程
伯格斯模型 （M-K）		$\sigma + \left(\dfrac{\eta_2}{E_0} + \dfrac{\eta_1 + \eta_2}{E_1} \right)\dot\sigma + \dfrac{\eta_1 \eta_2}{E_0 E_1}\ddot\sigma$ $= \eta_1 \dot\varepsilon + \dfrac{\eta_1 \eta_2}{E_1}\ddot\varepsilon$

表 3-9　常用黏弹塑性模型及其本构关系

名　称	模　型	一维本构方程
黏塑性模型		当 $\sigma < \sigma_s$ 时，$\varepsilon = 0$ 当 $\sigma \geqslant \sigma_s$ 时，$\dot\varepsilon = (\sigma - \sigma_s)/\eta_2$
宾汉姆模型 （Bingham）		当 $\sigma < \sigma_s$ 时，$\varepsilon = \dfrac{\sigma}{E_0}$，$\dot\varepsilon = \dfrac{\dot\sigma}{E_0}$ 当 $\sigma \geqslant \sigma_s$ 时，$\dot\varepsilon = \dfrac{\dot\sigma}{E_0} + \dfrac{\sigma - \sigma_s}{\eta_2}$
西原模型		当 $\sigma < \sigma_s$ 时 $\sigma + \dfrac{\eta_1}{E_0 + E_1}\dot\sigma = \dfrac{E_0 E_1}{E_0 + E_1}\varepsilon + \dfrac{\eta_1 E_1}{E_0 + E_1}\dot\varepsilon$ 当 $\sigma \geqslant \sigma_s$ 时 $(\sigma - \sigma_s) + \left(\dfrac{\eta_2}{E_0} + \dfrac{\eta_2 + \eta_1}{E_1} \right)\dot\sigma + \dfrac{\eta_2 \eta_1}{E_0 E_1}\ddot\sigma$ $= \eta_2 \dot\varepsilon + \dfrac{\eta_2 \eta_1}{E_1}\ddot\varepsilon$

　　分别讨论常用流变模型所描述的流变性态及流变特性曲线，汇总结果于表 3-10 中。由表 3-10 可知，Kelvin 模型、H-K 模型和 H｜M 模型所描述的蠕变变形，在经过一段时间变形之后，变形逐渐趋于稳定值。当 $t \to \infty$ 时，$\dot\varepsilon \to 0$，ε_∞ 为稳定值，这种蠕变变形属于稳定蠕变。而其余模型所描述的蠕变变形，在蠕变整个过程（M 模型和宾汉姆模型）或经过一段时间的变形之后（M-K 模型和西原模型）变形速率逐渐趋于稳定值。当 $t \to \infty$ 时，$\dot\varepsilon \to$ 常数，$\varepsilon_\infty \to \infty$，这种蠕变变形属于非稳定蠕变，最终必然导致岩石破坏。

表 3-10　常用流变模型流变特性曲线

模　型	蠕变与黏性流动特性 （恒定 $\sigma = \sigma_0 H(t)$ 作用；在 $t = t_1$ 时刻卸载）	应力松弛特性
麦克斯韦模型 （Maxwell）		

（续）

模　型	蠕变与黏性流动特性 （恒定 $\sigma = \sigma_0 H(t)$ 作用；在 $t = t_1$ 时刻卸载）	应力松弛特性
开尔文模型 （Kelvin）		不能描述应力松弛特性
三参量模型 （H-K）		
鲍埃丁-汤姆逊模型 （H｜M）		
伯格斯模型 （M-K）		
宾汉姆模型 （Bingham）		
西原模型		

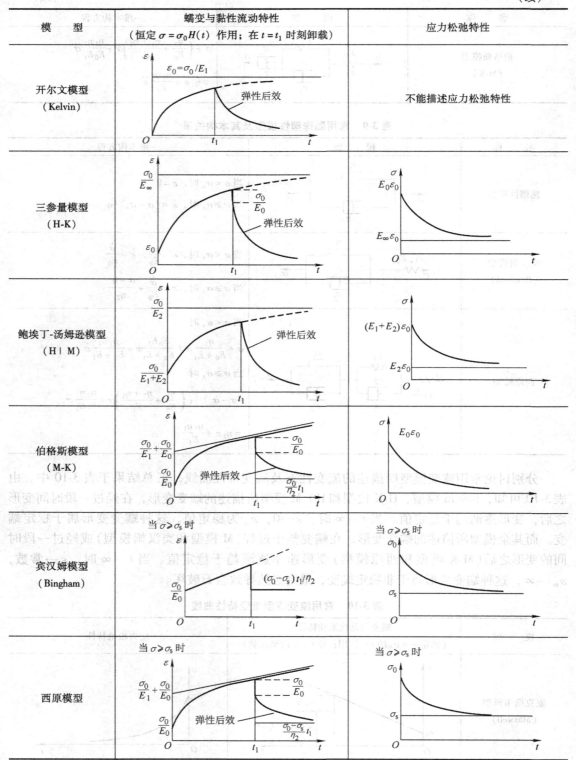

表 3-11 给出了常用黏弹塑性模型流变特性。

表 3-11　常用黏弹塑性模型流变特性

流变模型	蠕变	卸载效应	应力松弛
黏塑性模型	当 $\sigma = \sigma_0 \geqslant \sigma_s$ 时 $$\varepsilon(t) = \frac{\sigma_0 - \sigma_s}{\eta_2}t$$	当 $\sigma \geqslant \sigma_s$ 时，且当在 $t = t_1$ 时卸载 $$\varepsilon_{t_1} = (\sigma_0 - \sigma_s)\,t_1/\eta_2$$ 为不能恢复的永久变形，则无弹性后效	无应力松弛特性
宾汉姆模型	当 $\sigma = \sigma_0 \geqslant \sigma_s$ 时，蠕变方程 $$\varepsilon(t) = \frac{\sigma_0 - \sigma_s}{\eta_2}t + \frac{\sigma_0}{E_0}$$	当 $t = t_1$ 时卸载 (1) 当 $\sigma = \sigma_0 < \sigma_s$ 时 变形瞬时全部恢复； (2) 当 $\sigma = \sigma_0 \geqslant \sigma_s$ 时 弹性变形瞬时恢复 $$\varepsilon_0 = \sigma_0/E_0$$ 不能恢复的残留变形为 $$\varepsilon_{t_1} = (\sigma_0 - \sigma_s)\,t_1/\eta_2$$ 则无弹性后效	当 $\sigma < \sigma_s$ 时，无应力松弛； 当 $\sigma \geqslant \sigma_s$ 时，应力松弛方程 $$\sigma = \sigma_s + (\sigma_0 - \sigma_s)$$ $$\exp\left(-\frac{E_0}{\eta_2}t\right)$$ 当 $t = 0$ 时，$\sigma = \sigma_0$ 当 $t \to \infty$ 时，$\sigma \to \sigma_s$
西原模型	当 $\sigma < \sigma_s$ 时 蠕变方程为 $$\varepsilon = \sigma_0\left[\frac{E_1 + E_0}{E_1 E_0} - \frac{1}{E_1}\exp\left(-\frac{E_1}{\eta_1}t\right)\right]$$ 具有瞬时弹性变形，稳定蠕变，当 $t \to \infty$ 时 $$\varepsilon(\infty) \to \frac{\sigma_0}{E_\infty}$$	当 $\sigma < \sigma_s$ 时，t_1 时卸载 具有瞬时弹性恢复变形 $$\varepsilon_0 = \sigma_0/E_0$$ 弹性后效 $$\frac{\sigma_0}{E_1}\left[1 - \exp\left(-\frac{E_1}{\eta_1}t_1\right)\right] \cdot \exp\left[-\frac{E_1}{\eta_1}(t - t_1)\right]$$ 当 $t \to \infty$ 时，$\varepsilon \to 0$	当 $\sigma < \sigma_s$ 时 应力松弛方程 $$\sigma = \left(E_0 - \frac{E_1 E_0}{E_1 + E_0}\right) \cdot \varepsilon_0 \exp$$ $$\left(-\frac{E_0 + E_1}{\eta_1}t\right) + \frac{E_1 E_0 \varepsilon_0}{E_0 + E_1}$$ 且当 $t \to \infty$ 时，$\sigma \to E_\infty \varepsilon_0$ 其中 $$E_\infty = \frac{E_0 E_1}{E_0 + E_1}$$
西原模型	当 $\sigma \geqslant \sigma_s$ 时 蠕变方程为 $$\varepsilon = \frac{\sigma_0}{E_0} + \frac{\sigma_0}{E_0}\left[1 - \exp\left(-\frac{E_1}{\eta_1}t\right)\right] + \frac{\sigma_0 - \sigma_s}{\eta_2}t$$ 具有瞬时弹性和随时间增加应变无限增加的特性	当 $\sigma \geqslant \sigma_s$ 时 当 $t = t_1$ 时卸载 瞬时恢复 $\varepsilon_0 = \sigma_0/E_0$ 弹性后效 $$\frac{\sigma_0}{E_1}\left[1 - \exp\left(-\frac{E_1}{\eta_1}t_1\right)\right]\exp\left[-\frac{E_1}{\eta_1}(t - t_1)\right]$$ $$+ \frac{\sigma_0 - \sigma_s}{\eta_2}t_1$$ 当 $t \to \infty$ 时，$\varepsilon \to \dfrac{\sigma_0 - \sigma_s}{\eta_2}t_1$	当 $\sigma \geqslant \sigma_s$ 时 应力松弛方程 $$\sigma = \frac{q_2 \varepsilon_0}{p_2(a_1 - a_2)}\left[\left(\frac{q_1}{q_2} - a_2\right) \cdot \right.$$ $$\exp(-a_2 t) - \left(\frac{q_1}{q_2} - a_1\right) \cdot$$ $$\left. \exp(-a_1 t)\right] + \sigma_s$$ 当 $t \to \infty$ 时，$\sigma \to \sigma_s$

注：$a_1 = \dfrac{p_1 + \sqrt{p_1^2 - 4p_2}}{2p_2}$，$a_2 = \dfrac{p_1 - \sqrt{p_1^2 - 4p_2}}{2p_2}$，$p_1 = \dfrac{\eta_2}{E_0} + \dfrac{\eta_2}{E_1} + \dfrac{\eta_1}{E_1}$，$p_2 = \dfrac{\eta_2 \eta_1}{E_0 E_1}$，$q_1 = \eta_2$，$q_2 = \dfrac{\eta_2 \eta_1}{E_1}$。

3.5.2.4　模型的选取原则

在实际应用时，需要根据实际岩石或岩体的真实流变特性及变形性态，选择其中某种模型用来进行实际工程问题的分析。模型的选择应当以能够较正确地反映岩体的主要变形特性为前提，通常可采用以下两种方法：

1. 直接筛选法

直接筛选法是根据变形－时间曲线特征直接进行模型识别的方法。一般做法是，根据表3-10所示模型的流变性态及实验或现场的观测变形－时间($\varepsilon-t$ 或 $u-t$)曲线来确定。

若变形－时间曲线在某个时刻后具有近似的水平切线，则选取开尔文(K)模型、三参量(H-K)模型或鲍埃丁-汤姆逊(H∣M)模型来模拟分析比较合适。一般来说，岩体均具有弹性变形，则开尔文(K)模型不可选用；而三参量(H-K)模型与鲍埃丁-汤姆逊(H∣M)模型两者的流变特性完全相同(见表3-11)，都具有弹性变形、弹性后效、应力松弛特性，而不具有黏性流动特性，它们描述的均为稳定蠕变。但鲍埃丁-汤姆逊(H∣M)模型较三参量(H-K)模型稍复杂些。所以，对于稳定蠕变情况，选择三参量(H-K)模型较佳。当变形－时间曲线在某个时刻后仍具有不可近似为零的变形速率，此时，当应力小于屈服应力时，应选麦克斯韦(M)模型或伯格斯(M-K)模型，这两个模型均可模拟这种情况。但当这种岩体具有弹性后效的特性时，可选取宾汉姆模型和西原模型。西原模型描述流变特性全面(表3-12)，因此这种情况下一般选择西原模型较佳。

表3-12列出了常用流变模型的流变特征与比较，在应用时，可根据岩体所表现出的流变特征，参考表3-12选择较合适的模型进行岩体流变的模拟分析。

表 3-12 常用流变模型的流变特征

流变特征	瞬　变	蠕　变	松　弛	弹性后效	黏性流动
H	有	无	无	无	无
N	无	有	有	无	有
StV	无	有	有	无	有
M 模型	有	有	有	无	有
K 模型	无	有	有	有	无
H-K 模型	有	有	有	有	无
H∣M 模型	有	有	有	有	无
M-K 模型	有	有	有	有	有
理想黏塑性模型	无	有	无	无	有
宾汉姆模型	有	有	有	无	有
西原模型	有	有	有	有	有

2. 后验排除法

后验排除法是，首先根据实际测试曲线假定岩体为黏弹性或黏弹塑性材料，并选取相应的模型进行分析，然后用实测信息与分析结果进行比较检验，从而排除不合理的黏弹或黏塑性模型的假设，获得较切合实际的模型。

3. 综合法

模型选择流程如图3-62所示。

为了缩小模型识别范围，提高模型参数识别的效率，也可将上述两种方法综合利用，即首先利用直接筛选法初步选出相应的模型，然后，对初步筛选出的不同模型利用后验排除法进行模型和相应的模型参数的进一步识别，将识别结果代回解析式并与实验曲线进行比较，最终确定出合理的模型与参数。

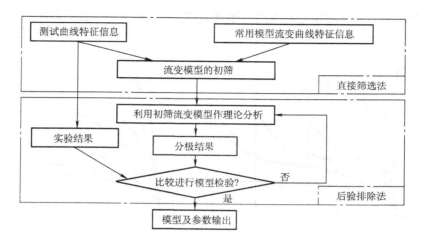

图 3-62 模型选择流程图

3.5.2.5 经验方程法

根据实验资料，由数理统计的回归方法建立经验方程。

蠕变经验方程的通常形式为

$$\varepsilon(t) = \begin{cases} = \varepsilon_0, (t = 0) \\ = \varepsilon_0 + \varepsilon_1(t), (t \text{ 在初期蠕变阶段}) \\ = \varepsilon_0 + \varepsilon_1(t) + vt, (t \text{ 在等速蠕变阶段}) \\ = \varepsilon_0 + \varepsilon_1(t) + vt + \varepsilon_2(t), (t \text{ 在加速蠕变阶段}) \end{cases} \quad (3-71)$$

式中，$\varepsilon(t)$ 为 t 时刻的应变；ε_0 为瞬时应变；$\varepsilon_1(t)$ 为初始段应变；v 为等速段直线斜率；$\varepsilon_2(t)$ 为加速段应变。

初始段的最大斜率较大，甚至趋近 ∞，以后渐向 t 轴弯转，斜率渐减至等速段斜率。描述初始段较好的经验公式有

$$\varepsilon_1(t) = A\ln(1 + \alpha t) \quad (3-72)$$

$$\varepsilon_1(t) = A[(1 + \alpha t)^a + 1] \quad (3-73)$$

式中，A、a、α 都是由试验资料确定的经验常数。

式(3-73)很接近由上述流变模型理论分析所得的公式。

对于应力、应变(或应变速率)和时间之间的一般经验关系，可以利用蠕变曲线和等时曲线的相似性质来建立。

3.5.2.6 长时强度

岩石在达到其瞬时或短时强度 σ_0 时产生破坏。试验证明，在某种程度低于短时强度的应力但较长时间作用下，由于流变作用，岩石也会破坏。换言之，岩石强度常随着作用时间延长而降低。其最低值，就是对应时间 $t \to \infty$ 时的强度 σ_∞，称为长时强度。

长时强度的确定方法有两种：

(1) 方法一　进行不同应力水平的蠕变试验。在蠕变试验曲线($\sigma = \text{const}$ 下的 $\varepsilon\text{-}t$ 曲线)图上，作 $t_0(t=0)$，t_1，t_2，$\cdots$，t_∞ 时与竖轴平行的直线，与各曲线相交，各交点包含 σ、ε、t 三个参数。用这三个参数，在 $t = \text{const}$ 条件下的 $\sigma - \varepsilon$ 坐标图上，重新作等时间情况下的

$\sigma - \varepsilon$曲线，则对应于$t \to \infty$等时曲线的水平渐近线在竖轴（σ轴）上的截距，即为长时强度σ_∞（图3-63）。

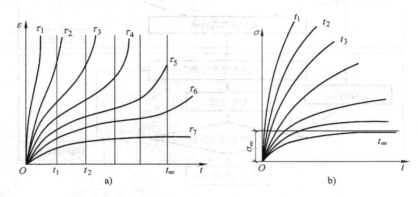

图3-63　由蠕变试验曲线确定长时强度（方法一）

（2）方法二　进行各种应力水平长期恒载试验，取各次不稳定蠕变达到破坏时的应力σ及时间t作图，所得曲线的水平渐近线在竖轴（σ轴）上的截距，也就是长时强度σ_∞。（图3-64）。

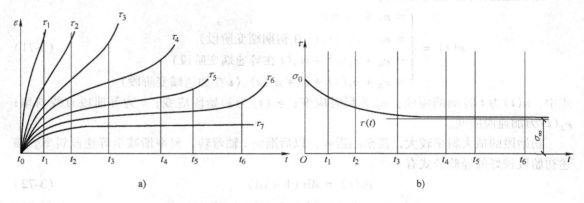

图3-64　由蠕变试验曲线确定长时强度（方法二）

图3-65的曲线可表示为指数型经验方程

$$\sigma_t = A + Be^{-\alpha t} \tag{3-74}$$

当$t \to \infty$，$\sigma_t \to \infty$，得$\sigma_\infty = A$；当$t \to 0$，$\sigma_t \to \sigma_0$，得$\sigma_0 = \sigma_\infty + B$。故式（3-69）可写为

$$\sigma_t = \sigma_\infty + (\sigma_0 - \sigma_\infty)e^{-\alpha t} \tag{3-75}$$

式中，α为由试验确定的另一经验常数。

由式（3-70）可确定任意时间t时的强度σ_t。

长时强度是一种反映时间效应的

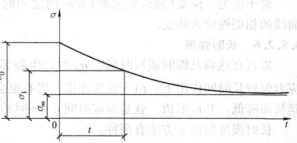

图3-65　由长期恒载破坏试验确定长时强度

极有意义的岩性指标。当衡量永久性及使用期较长的岩土工程的稳定性时，应以长时强度作为岩石强度的计算指标。可惜迄今国内外已进行的岩石流变试验极其有限，还不能全面提供各类岩石的流变学及长时强度指标。今后急需广泛开展这方面的试验研究工作。

表 3-13 为前苏联顿巴斯一些矿井的岩石长时强度试验资料。当手头无试验资料可循时，可估计取值 $\sigma_{\infty} = (0.7 \sim 0.75)\sigma_0$。表 3-14 中列出了某些岩石长期强度与瞬时强度的比值。

表 3-13 前苏联顿巴斯一些矿井的岩石长时强度试验资料

岩石名称	变形性质			强度性质				备注
	瞬时弹模 E_0/GPa	长时弹模 E_{∞}/GPa	E_{∞}/E_0	瞬时强度 σ_0/GPa	长时强度 $\sigma_{\infty}/\text{GPa}$	σ_{∞}/σ_0	α $(1/a)$	
黏土质页岩	19.5	13.2	67.7	52.1	37.8	72.6	0.175	四条巷道平均值
砂土质页岩				14.7	11.6	78.9	0.7	
砂岩	50.0	37.3	74.6	142	106	74.6	0.1	

表 3-14 岩石长期强度与瞬时强度的比值

岩石名称	黏土	石灰石	盐岩	砂岩	白垩	黏质页岩
σ_{∞}/σ_0	0.74	0.73	0.70	0.65	0.62	0.50

复习思考题

3-1 名词解释：岩石强度、三轴抗压强度、变形、扩容、蠕变、松弛、弹性后效、长期强度。

3-2 影响岩石强度的主要因素有哪些？

3-3 岩石破坏有哪些形式？对各种破坏的原因作出解释。

3-4 什么是岩石的全应力 – 应变曲线？什么是刚性试验机？为什么普通材料试验机不能得出岩石的全应力 – 应变曲线？

3-5 什么是岩石的弹性模量、变形模量和卸载模量？

3-6 在三轴压力试验中，岩石的力学性质会发生哪些变化？

3-7 岩石的抗剪强度与剪切面上正应力有何关系？

3-8 什么是岩石的各向异性？什么是正交各向异性？什么是横观各向同性？

3-9 简要叙述莫尔-库仑准则、D-P 准则和格里菲斯准则的基本原理及其准则表达式。

3-10 简述岩石在单轴压力试验下的变形特征。

3-11 简述岩石在反复加、卸载下的变形特征。

3-12 体积应变曲线是怎样获得的？它在分析岩石的力学特征上有何意义？

3-13 什么叫岩石的流变、蠕变、松弛、弹性后效、黏性流动？

3-14 岩石蠕变一般包括哪几个阶段？各阶段有何特点？

3-15 不同受力条件下岩石流变具有哪些特征？

3-16 简要叙述常见的几种岩石流变模型及其特点。

3-17 什么是岩石的长期强度？它与岩石的瞬时强度有什么关系？

3-18 请根据 $\sigma - \tau$ 坐标系下的库仑准则，推导出在 $\sigma_1 - \sigma_3$ 坐标系中的库仑准则表达式 $\sigma_1 = \sigma_3 \tan^2\alpha + \sigma_c$，其中 $\sigma_c = 2C\cos\phi/(1 - \sin\phi)$，$\tan^2\alpha = (1 + \sin\phi)/(1 - \sin\phi)$。

3-19 将一个岩石试件进行单轴试验，当压应力达到 100MPa 时即发生破坏，破坏面与最大主应力平面的夹角（即破坏所在面与水平面的仰角）为 65°，假定抗剪强度随正应力呈线性变化（即遵循莫尔-库仑破坏准则），试计算：

1) 内摩擦角。

2) 在正应力等于零的那个平面上的抗剪强度。

3) 在上述试验中与最大主应力平面成30°的那个平面上的切应力。

4) 破坏面上的正应力和切应力。

5) 预计一下单轴拉伸试验中的抗拉强度。

6) 岩石在垂直荷载等于零的直接剪切试验中发生破坏，试画出这时的莫尔圆。

3-20 请推导马克斯威尔模型的本构方程、蠕变方程和松弛方程，并画出力学模型、蠕变和松弛曲线。

3-21 请推导开尔文模型的本构方程、蠕变方程、卸载方程和松弛方程，并画出力学模型、蠕变曲线。

3-22 影响岩石力学性质的主要因素有哪些？是如何影响的？

第4章 岩体的基本力学性能

4.1 岩体结构面的几何特征与分类

4.1.1 结构面的概念

天然岩体中往往具有明显的地质遗迹，如假整合、不整合、褶皱、断层、节理、劈理等。它们在岩体力学中一般都统称为节理。由于节理的存在，造成了介质的不连续，因而这些界面又称为不连续面或结构面。

由于结构面的存在，岩体与岩石的力学特性之间有很大的差异。从其力学属性来看，可认为：完整的岩体属连续介质力学范畴；而碎屑岩体则属土力学范畴；介于上述两者之间的裂隙体或破裂体的力学属性被认为部分属非连续介质力学的范畴。大量实验研究表明：节理的强度低于岩石的强度，而节理岩体的强度在节理的强度和岩石的强度之间，如图4-1所示。所以，研究节理岩体的力学性能要从非节理岩石、节理及节理化岩体这三方面的力学性能来考虑。可见，如果工程设计仅凭室内岩样试验指标来代表野外天然岩体的力学性能，将会造成很大的误差。

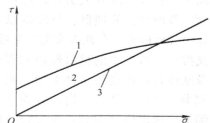

图4-1 节理岩体的强度特性与
岩石强度的区别

1—岩石 2—节理岩体 3—节理

4.1.2 结构面的分类

1. 结构面的绝对分类和相对分类

绝对分类是建立在结构面的延展长度基础上的。一般将结构面分为：细小的结构面，其延展长度小于1m；中等的结构面，其延展长度为1~10m；巨大的结构面，其延展长度大于10m。绝对分类的缺点是没有与工程结构相结合，所谓结构面的大小，是相对于工程而言的。

相对分类是建立在地质不连续面尺寸的基础上的。所谓相对，是指结合工程结构类型而言。按工程结构类型和大小的不同，可将结构面分为细小的、中等的及大型的结构面(表4-1)。

表4-1 结构面的相对分类

工程结构	尺寸/m	影响带直径 D/m	结构面的长度/m		
			细小	中等	大型
平　洞	$\phi=3$	10	0~0.2	0.2~2	>2
小型基础	$b=3$	10			
隧　洞	$\phi=30$	100	0~2	2~20	>20
斜　坡	$h=100$	100			
洞　穴	$h=40$	>100	0~2.5	2.5~25	>25
小型水坝	$h=40$	>100			
大型水坝	$h=100$	300	0~6	6~60	>60
高斜坡	$h=300$	300			

注：ϕ 为洞径；b 为基础宽度；h 为工程结构体高度。

2. 按力学观点的结构面的分类

一个自然地质体，当其形成和受到地质因素作用后，特别是受到构造力作用后，在地质体内产生的各种结构面，可以是稀疏的，也可以是密集的；可以是充填各种各样的砂砾黏土，也可以是互相有规律地排列或贯通。总之，自然地质体内存在有各种各样的结构面，千变万化，而且又在很大的程度上决定了岩体的力学性能。为了便于研究岩体的力学性能，按力学观点可将岩体的地质破坏分为三大类：第一类为破坏面，它是属于大面积的破坏，以大的和粗的节理为代表；第二类为破坏带，它是属于小面积的密集的破坏，以细节理、局部节理、风化节理等为代表；第三类为破坏面与破坏带的过渡类型，它具有破坏面和破坏带的力学特点。缪勒（Muller）按上述地质破坏特点将结构面分为图 4-2 中所示的五大类型，即单个节理、节理组、节理群、节理带以及破坏带或糜棱岩。在此五大类型基础上，又按充填节理中的材料性质和程度以及糜棱岩化程度将每种类型分成三个细类。这样，共将结构面分为十五个细类。这里应注意到：粗节理可以成单个节理形式出现，也可以成节理组出现。对于后一种情况，粗节理经常很明显地占有主要位置，因而可作为主要破坏被确定，而其他则作为伴随破坏。在粗节理（和大的节理）中经常发现有磨碎的充填物，如裂隙黏质土、细粒粉状岩石（糜棱岩）以及其他充填物，它们往往是由于节理或断层两壁发生重复和相反方向运动，使其间的岩体被压碎和磨碎而形成的。

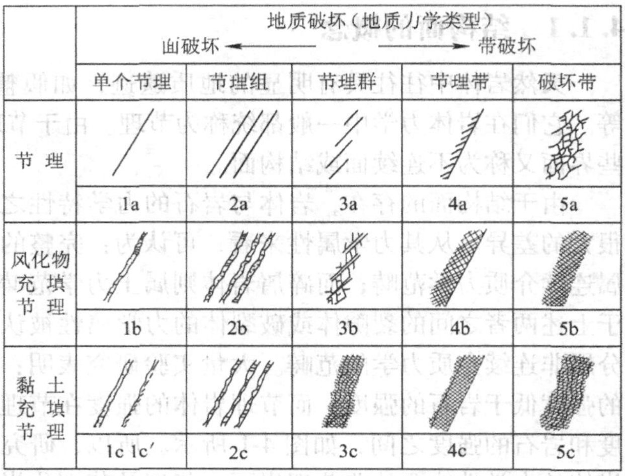

	地质破坏（地质力学类型）				
	面破坏 ←			→ 带破坏	
	单个节理	节理组	节理群	节理带	破坏带
节理					
	1a	2a	3a	4a	5a
风化物充填节理					
	1b	2b	3b	4b	5b
黏土充填节理					
	1c 1c′	2c	3c	4c	5c

图 4-2　按力学观点的破坏面和破坏带分类

1a—粗节理　2a—粗节理组　3a—巨节理群　4a—带有羽毛状节理的粗节理　5a—破裂带　1b—充填风化物的粗节理　2b—充填风化物的粗节理组　3b—带有巨节理的破坏带　4b—带有边缘粗节理的破坏带　5b—近糜棱岩（构造角砾）带　1c—有黏土充填的粗节理　1c′—有黏土充填的粗节理　2c—充填黏土的粗节理群　3c—带有糜棱岩的巨节理　4c—带有粗节理的糜棱岩带　5c—糜棱岩带

4.2　岩体结构面的自然特征与描述

结构面成因复杂，而后又经历了不同性质、不同时期构造运动的改造，造成了结构面自然特性的各不相同。例如，有些结构面，在后期构造运动中受到影响，改变了原来结构面的开闭状态、充填物质的性状及结构面的形态和粗糙度等。有的结构面由于后期岩浆注入或淋水作用形成的方解石脉网络等，使其内聚力有所增加。而有的裂隙经过地下水的溶蚀作用而加宽，或充以气和水，或充填黏土物质，其内聚力减小或完全丧失等。所有这些都决定着结构面的力学性质，也直接影响着岩体的力学性质。因此，必须十分注意结构面现状的研究，才能进一步研究岩体受力后变形、破坏的规律。

4.2.1 充填胶结特征

结构面的充填胶结可以分为无充填和有充填两类。

（1）结构面之间无充填 它们处于闭合状态，岩块之间接合较为紧密。结构面的强度与结构面两侧岩石的力学性质和结构面的形态及粗糙度有关。

（2）结构面之间有充填 首先要看充填物的成分，若硅质、铁质、钙质以及部分岩脉充填胶结结构面，其强度经常不低于岩体的强度，因此，这种结构面就不属于弱面的范围。我们要讨论的是结构面的胶结充填物使结构面的强度低于岩体的强度的情况。就充填物的成分来说，以黏土充填，特别是充填物中含不良矿物，如蒙脱石、高岭石、绿泥石、绢云母、蛇纹石、滑石等较多时，其力学性质最差；含非润滑性质矿物如石英和方解石时，其力学性质较好。充填物的粒度成分对结构面的强度也有影响，粗颗粒含量越高，力学性能越好，细颗粒越多，则力学性能越差。充填物的厚度，对结构面的力学性质有明显的影响，可分为如下四类：

1）薄膜充填。它是结构面侧壁附着一层 2mm 以下的薄膜，由风化矿物和应力矿物等组成，如黏土矿物、绿泥石、绿帘石、蛇纹石、滑石等。但由于充填矿物性质不良，虽然很薄，也明显地降低结构面的强度。

2）断续充填。它的特点是充填物在结构面内不连续，且厚度大多小于结构面的起伏差。其力学强度取决于充填物的物质组成、结构面的形态及侧壁岩石的力学性质。

3）连续充填。它的特点是充填物在结构面内连续，厚度稍大于结构面的起伏差。其强度取决于充填物的物质组成及侧壁岩石的力学性质。

4）厚层充填。它的特点是充填物厚度大，一般可达数十厘米至数米，形成了一个软弱带。它在岩体失稳的事例中，有时表现为岩体沿接触面的滑移，有时则表现为软弱带本身的塑性破坏。

4.2.2 形态特征

结构面在三维空间展布的几何属性称为结构面的形态，是地质应力作用下地质体发生变形和破坏遗留下来的产物。结构面的几何形态可归纳为下列四种（图 4-3）。

（1）平直形 它的变形、破坏取决于结构面上的粗糙度、充填物质成分、侧壁岩体风化的程度等。它包括一般层面、片理、原生节理及剪切破裂面等。

（2）波浪形 它的变形、破坏取决于起伏角、起伏幅度（图 4-4）、岩石力学性质、充填情况等。它包括波状的层理，轻度揉曲的片理，沿走向和倾向方向上均呈缓波状的压性、压剪性结构面等。

（3）锯齿形 它的变形、破坏取决的条件基本

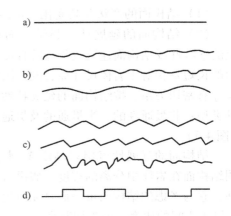

图 4-3 结构面的几何形态图

a）平直形 b）波浪形 c）锯齿形 d）台阶形

与波浪形相同。它包括张性、张剪性结构面，具有交错层理和龟裂纹的层面，也包括一般裂隙面发育的次生结构面、沉积间断面等。

（4）台阶形　它的变形、破坏取决于岩石的力学性质等。它包括地堑、地垒式构造等。这类结构面的起伏角为90°。

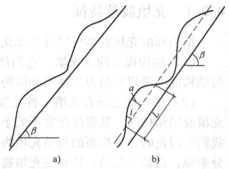

图4-4　结构面的凹凸度

a）起伏度与粗糙度　b）起伏度的几何要素
β—结构面的平均倾角　i—结构面的起伏角

研究结构面的形态，主要是研究其凹凸度与强度的关系。根据规模大小，可将它分为两级（图4-4）；第一级凹凸度称为起伏度；第二级凹凸度称为粗糙度。岩体沿结构面发生剪切破坏时，第一级的凸出部分可能被剪断或不被剪断，这两种情况均增大了结构面的抗剪强度。增大状况与起伏角和岩石性质有关。起伏角 i 越大，结构面的抗剪强度也越大。

另外，起伏角的大小也可以表示出前述结构面的三种几何形态：$i = 0°$ 时，结构面为平直形的；$i = 10° \sim 20°$ 时，结构面为波浪形；更大时，结构面变为锯齿形。

第二级凹凸度即粗糙度，反映面上普遍微量的凹凸不平状态。对结构面来讲，一般可分为极粗糙、粗糙、一般、光滑、镜面五个等级。沉积间断面、张性和张剪性的构造结构面和次生结构面等属于极粗糙和粗糙；一般层面、冷凝原生节理、一般片理等可属于第三种；绢云母片状集合体所造成的片理、板理，一般压性、剪性、压剪性构造结构面均属光滑一类；而许多压性、压剪性、剪性构造结构面，由于剧烈的剪切滑移运动，往往可以造成光滑的镜面，这种状况则属于最后一种。

4.2.3　结构面的空间分布

结构面在空间的分布大体是指结构面的产状（即方位）及其变化、结构面的延展性、结构面密集的程度、结构面空间组合关系等。

（1）结构面的产状及其变化　指结构面的走向与倾向及其变化。

（2）结构面的延展性　指结构面在某一方向上的连续性或结构面连续段长短的程度。由于结构面的长短是相对于岩体尺寸而言的，因此它与岩体尺寸有密切关系。按结构面的延展特性，可分为三种类型：非贯通性的、半贯通的及贯通性的结构面（图4-5）。

图4-5　岩体内结构面贯通性类型

a）非贯通　b）半贯通　c）贯通

结构面的延展性可用切割度 X_e 来表示，它说明结构面在岩体中分离的程度。假设有一平直的断面，它与考虑的结构面重叠而且完全地横贯所考虑的岩体，令其面积为 A，则结构面的面积 a 与 A 之间的比率，即为切割度

$$X_e = \frac{a}{A} \tag{4-1}$$

切割度一般以百分数表示。另外，它也可以说明岩体连续性的好坏，X_e 越小，则岩体

连续性越好；反之，则越差。

岩体中经常出现成组的平行结构面，同一切割面上出现的结构面面积为 a_1，a_2，…，则

$$X_e = \frac{a_1 + a_2 + \cdots}{A} = \frac{\sum a_i}{A} \qquad (4\text{-}2)$$

按切割度 X_e 值的大小可将岩体分类，见表4-2。

表4-2　岩体按切割度 X_e 分类

名　　称	$X_e(\%)$	名　　称	$X_e(\%)$
完整的	10 ~ 20	强节理化	60 ~ 80
弱节理化	20 ~ 40	完全节理化	80 ~ 100
中等节理化	40 ~ 60		

（3）结构面密度　指岩体中结构面发育的程度。它可以用结构面的裂隙度、间距或体密度表示。

1）结构面的线密度 K：指同一组结构面沿着法线方向单位长度上结构面的数目。如以 l 代表在法线上量测的长度，n 为长度 l 内出现的结构面的数目，则

$$K = \frac{n}{l} \qquad (4\text{-}3)$$

当岩体上有几组结构面时，测线上的线密度为各级线密度之和，即

$$K = K_a + K_b + \cdots \qquad (4\text{-}4)$$

实际测定结构面的线密度时，测线的长度可为 20 ~ 50m。如果测线不可能沿结构面法线方向布置时，应使测线水平，并与结构面走向垂直。此时，如实际测线长度为 L，结构面的倾角为 α（图4-6），则

$$K = \frac{n}{L \sin \alpha} \qquad (4\text{-}5)$$

2）结构面间距：指同一组结构面在法线方向上该组结构面的平均间距，以 d 表示，则

$$d = \frac{l}{n} = \frac{1}{K} \qquad (4\text{-}6)$$

即结构面的间距为线密度的倒数。

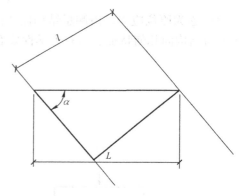

图4-6　节理的裂隙度计算

Watkins（1970 年）根据结构面间距对结构面（不连续面）进行的分类，见表4-3。结构面的间距，主要根据岩石力学性质、原生状况、构造及次生作用、岩体所处位置等情况决定。

表4-3　结构面按间距的分类

描　　述		间距/mm	描　　述		间距/mm
层　理	节　理		层　理	节　理	
薄页的	破碎的	<6	中等的	中等密集的	200 ~ 600
页状的	破裂的	6 ~ 20	厚的	稀疏的	600 ~ 2 000
非常薄的	非常密集的	20 ~ 60	极厚的	极稀疏的	>2 000
薄的	密集的	60 ~ 200			

3）结构面的张开度：指结构面裂口开口处张开的程度。一般说来，在相同边界条件受力的情况下，岩石越硬，结构面的间距越大，张开度也大。张开度还可说明岩体的"松散度"和岩体的水力学特征。总的来说，结构面张开度越大，岩体将越"松散"，是地下水的良好通道。

描述结构面的张开度，常采用下面的术语：很密闭，张开度小于 0.1mm；密闭，张开度为 0.1~1mm；中等张开，张开度为 1~5mm；张开，张开度大于 5mm。

4.3 岩体结构面的变形特性

4.3.1 法向变形

1. 压缩变形

在法向荷载作用下，粗糙结构面的接触面积和接触点数随荷载增大而增加，结构面间隙呈非线性减小，应力与法向变形之间呈指数关系（图4-7）。这种非线性力学行为归结于接触微凸体弹性变形、压碎和间接拉裂隙的产生，以及新的接触点、接触面积的增加。当荷载去除时，将引起明显的后滞和非弹性效应。Goodman（1974 年）通过试验，得出法向应力 σ_{n} 与结构面闭合量 δ_{n} 有如下关系

$$\frac{\sigma_{\mathrm{n}} - \xi}{\xi} = s\left(\frac{\delta_{\mathrm{n}}}{\delta_{\max} - \delta_{\mathrm{n}}}\right)^{t} \tag{4-7}$$

式中，ξ 为原位应力，由测量结构面法向变形的初始条件决定；$\delta_{\max}$ 为最大可能的闭合量；s、t 为与结构面几何特征、岩石力学性质有关的两个参数。

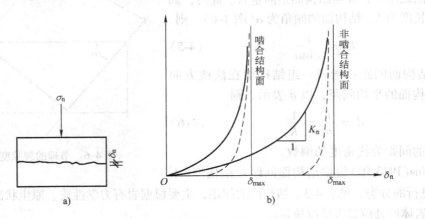

图 4-7　结构面法向变形曲线

图4-7中，K_{n} 称为法向变形刚度，反映结构面产生单位法向变形的法向应力梯度，它不仅取决于岩石本身的力学性质，更主要取决于粗糙结构面接触点数、接触面积和结构面两侧微凸体相互啮合程度。通常情况下，法向变形刚度不是一个常数，与应力水平有关。根据Goodman（1974 年）的研究，法向变形刚度可由下式表达

$$K_{\mathrm{n}} = K_{\mathrm{n0}}\left(\frac{K_{\mathrm{n0}}\delta_{\max} + \delta_{\mathrm{n}}}{K_{\mathrm{n0}}\delta_{\max}}\right) \tag{4-8}$$

式中，K_{n0}是结构面的初始刚度。

Bandis 等人（1984 年）通过对大量的天然、不同风化程度和表面粗糙程度的非充填结构面的试验研究，提出双曲线形法向应力 σ_n 与法向变形 δ_n 的关系式

$$\sigma_n = \frac{\delta_n}{a - b\delta_n} \tag{4-9}$$

式中，a、b 为常数。

显然，当法向应力 $\sigma_n \to \infty$，$a/b = \delta_{max}$。从式（4-9）可推导出法向刚度的表达式

$$K_n = \frac{\partial \sigma_n}{\partial \delta_n} = \frac{1}{(a - b\delta_n)^2} \tag{4-10}$$

2. 拉伸变形

图4-8 所示为结构面受压受拉变形状况的全过程曲线。若结构面受有初始应力 σ_0，受压时向左侧移动，其图形与前述相同。若结构面受拉，曲线沿着纵坐标右侧向上与横坐标相交时，表明拉力与初始应力相抵消，拉力继续加大至抗拉强度 σ_t 时（如开挖基坑），结构面失去抵抗能力，曲线迅速降至横坐标，以后张开没有拉力，曲线沿横坐标向右延伸。因此，一般计算中不允许岩石受拉，遵循所谓的无拉力准则。

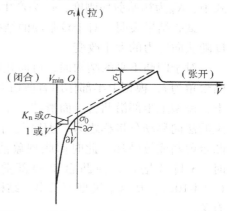

图 4-8 结构面法向应力－应变关系曲线
——实际变形曲线，－－－供计算用变形曲线

4.3.2 剪切变形

在一定法向应力作用下，结构面在剪切作用下产生切向变形。通常有两种基本形式（图4-9）。

1）对非充填粗糙结构面，随剪切变形的发生，切应力相对上升较快，当达到切应力峰值后，结构面抗剪能力出现较大的下降，并产生不规则的峰后变形（图4-9b 中的 A 曲线）或滞滑现象。

2）对于平坦（或有充填物）的结构面，初始阶段的剪切变形曲线呈下凹形，随剪切变形的持续发展，切应力逐渐升高但没有明显的峰值出现，最终达到恒定值（图4-9b 中的 B 曲线）。

剪切变形曲线从形式上可划分为"弹性区"（峰前应力上升区）、切应力峰值区和"塑性区"（峰后应力降低区或恒应力区）（Goodman，1974 年）。在结构面剪切过程中，伴随有微凸体的弹性变形、劈裂、磨粒的产生与迁移、结构面的相对错动等多种力学过程。因此，剪切变形一般是不可恢复

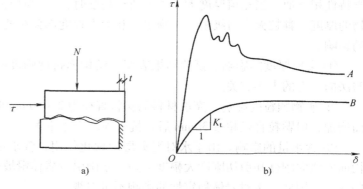

图 4-9 结构面的剪切变形曲线

的，即便在"弹性区"，剪切变形也不可能完全恢复。

通常将"弹性区"单位变形内的应力梯度称为剪切刚度 K_t

$$K_t = \frac{\partial \tau}{\partial \delta_t} \tag{4-11}$$

根据 Goodman（1974 年）的研究，剪切刚度 K_t 可以由下式表示

$$K_t = K_{t0}\left(1 - \frac{\tau}{\tau_s}\right) \tag{4-12}$$

式中，K_{t0} 为初始剪切刚度；τ_s 为产生较大剪切位移时的切应力渐近值。

试验结果表明，对于较坚硬的结构面，剪切刚度一般是常数；对于松软结构面，剪切刚度随法向应力的大小改变。

对于凹凸不平的结构面，可简化成图 4-10a 所示的力学模型。受剪切结构面上有凸台，凸台角为 i，模型上半部作用有剪切力 S 和法向力 N，模型下半部固定不动。在切应力作用下，模型上半部沿凸台斜面滑动，除有切向运动外，还产生向上的移动。这种剪切过程中产生的法向移动分量称之为"剪胀"。在剪切变形过程中，剪力与法向力的复合作用，可能使凸台剪断或拉破坏，此时剪胀现象消失（图 4-10b）。当法向应力较大，或结构面强度较小时，S 持续增加，使凸台沿根部剪断或拉破坏，结构面剪切过程中没有明显的剪胀（图 4-10c）。从这个模型可看出，结构面的剪切变形与岩石强度、结构面粗糙性和法向应力有关。

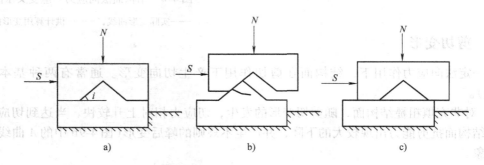

图 4-10　结构面的剪切力学模型

3）当结构面内充填物的厚度小于主力凸台高度时，结构面的抗剪性能与非充填时的力学特性相类似。当充填厚度大于主力凸台高度时，结构面的抗剪强度取决于充填材料。充填物的厚度、颗粒大小与级配、矿物组分和含水程度都会对充填结构面的力学性质有不同程度的影响。

① 夹层厚度的影响。试验结果表明，结构面抗剪强度随夹层厚度增加迅速降低，并且与法向应力的大小有关。

② 矿物颗粒的影响。充填材料的颗粒直径为 2 ~ 30mm 时，抗剪强度随颗粒直径的增大而增加，但颗粒直径超过 30mm 后，抗剪强度变化不大。

③ 含水量的影响。由于水对泥夹层的软化作用，含水量的增加使泥质矿物内聚力和结构面的法向刚度和剪切刚度大幅度下降。暴雨引发岩体滑坡事故正是由于结构面含水量剧增的缘故，因此，水对岩体稳定性的影响不可忽视。

4.4 结构面的强度特性

结构面最重要的力学性质之一是抗剪强度。从结构面的变形分析可以看出，结构面在剪切过程中的力学机制比较复杂，构成结构面抗剪强度的因素是多方面的，大量试验结果表明，结构面抗剪强度一般可以用库仑准则表述

$$\tau = C + \sigma_n \tan\phi \qquad (4\text{-}13)$$

式中，C，ϕ 分别为结构面上的内聚力和内摩擦角，$\phi = \phi_b + i$，ϕ_b 是岩石平坦表面基本内摩擦角，i 是结构面上凸台斜坡角；σ_n 为作用在结构面上的法向应力。

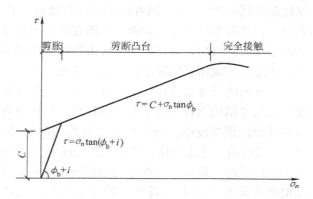

图 4-11 所示为上面凸台模型的切应力与法向应力的关系曲线，它近似呈双直线的特征。结构面受剪初期，切应力上升较快；随着切应力和剪切变形增加，结构面上部分凸台被剪断，此后切应力上升，梯度变小，直至达到峰值抗剪强度。

图 4-11 凸台模型的切应力与法向应力的关系曲线

试验表明，低法向应力时的剪切，结构面有剪切位移和剪胀；高法向应力时，凸台剪断，结构面抗剪强度最终变成残余抗剪强度。在剪切过程中，凸台起伏形成的粗糙度以及岩石强度对结构面的抗剪强度起着重要作用。考虑到上述三个基本因素（法向力 σ_n、结构面粗糙性系数 JRC、结构面抗压强度 JCS）的影响，Banton 和 Choubey（1977 年）提出结构面的抗剪强度公式

$$\tau = \sigma_n \tan\left[JRC \cdot \lg\left(\frac{JCS}{\sigma_n}\right) + \phi_b \right] \quad (4\text{-}14)$$

式中，JCS 为结构面的抗压强度，ϕ_b 为岩石表面的基本内摩擦角，JRC 为结构面粗糙性系数。

图 4-12 所示为 Barton 和 Choubey（1976 年）给出的 10 种典型剖面，JRC 值根据结构面的粗糙性在 0~20 间变化，平坦近平滑结构面为 5，平坦起伏结构面为 10，粗糙起伏结构面为 20。

对于具体的结构面，可以对照 JRC 典型剖面目测确定 JRC 值，也可以通过直剪试验或简单倾斜拉滑试验得出的峰值抗剪强度和基本内摩擦角来反算 JRC 值

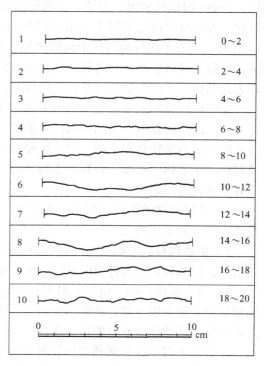

图 4-12 典型 JRC 剖面

$$JRC = \frac{\phi_\mathrm{p} - \phi_\mathrm{b}}{\lg(JCS/\sigma_\mathrm{n})} \tag{4-15}$$

式中，ϕ_p 是峰值剪胀角，$\phi_\mathrm{p} = \arctan(\tau_\mathrm{p}/\sigma_\mathrm{n})$，或等于倾斜试验中岩块产生滑移时的倾角。

为了克服目测确定结构面 JRC 值的主观性以及由试验反算确定 JRC 值的不便，近年来国内外学者提出应用分形几何方法描述结构面的粗糙程度。

结构面的力学性质具有尺寸效应。Barton 和 Bandis（1982 年）用不同尺寸的结构面进行了试验研究，结果表明：当结构面的试块长度从 5～6cm 增加到 36～40cm 时，平均峰值内摩擦角降低约 8°～12°。随着试块面积的增加，平均峰值切应力呈减少趋势。结构面的尺寸效应，还体现在以下几个方面：①随着结构面尺寸的增大，达到峰值强度时的位移量增大；②由于尺寸的增加，剪切破坏形式由脆性破坏向延性破坏转化；③尺寸加大，峰值剪胀角减小，④随结构面粗糙度减小，尺寸效应也在减小。

结构面的尺寸效应在一定程度上与表面凸台受剪破坏有关。对试验过的结构表面观察发现，大尺寸结构面真正接触的点数很少，但接触面积大；小尺寸结构面接触点数多，而每个点的接触面积都较小，前者只是将最大的凸台剪断了。研究者还认为，结构面的抗压强度 JCS 与试件的尺寸成反比，结构面的抗压强度与峰值剪胀角是引起尺寸效应的基本因素。对于不同尺寸的结构面，这两种因素在抗剪阻力中所占的比重不同：小尺寸结构面凸台破坏和峰值剪胀角所占比重均高于大尺寸结构面。当法向应力增大时，结构面尺寸效应将随之减小。

自然界中结构面在形成过程中和形成以后，大多经历过位移变形。结构面的抗剪强度与变形历史有密切关系，即新鲜结构面的抗剪强度明显高于受过剪切作用的结构面的抗剪强度。Jaeger 的试验表明，当第一次进行新鲜结构面剪切试验时，试样具有很高的抗剪强度。沿同一方向重复进行到第 7 次剪切试验时，试样还保留峰值与残余值的区别，当进行到第 15 次时，已看不出峰值与残余值的区别。说明在重复剪切过程中结构面上凸台被剪断、磨损，岩粒、碎屑的产生与迁移，使结构面的抗剪力学行为逐渐由凸台粗糙度和起伏度控制转化为由结构面上碎岩屑的力学性质所控制。

结构面在长期地质环境中，由于风化或分解，被水带入的泥砂，以及构造运动时产生的碎屑和岩溶产物充填。当结构面内充填物的厚度小于主力凸台高度时，结构面的抗剪性能与非充填时的力学特性相类似。当充填厚度大于主力凸台高度时，结构面的抗剪强度取决于充填材料。充填物的厚度、颗粒大小与级配、矿物组分和含水程度都会对充填结构面的力学性质有不同程度的影响。

1）夹层厚度的影响。实验结果表明，结构面抗剪强度随夹层厚度增加迅速降低，并且与法向应力的大小有关。

2）矿物颗粒的影响。充填材料的颗粒直径为 2～30mm 时，抗剪强度随颗粒直径的增大而增加，但颗粒直径超过 30mm 后，抗剪强度变化不大。

3）含水量的影响。由于水对泥夹层的软化作用，含水量的增加使泥质矿物内聚力和结构面摩擦系数急剧下降，使结构面的法向刚度和剪切刚度大幅度下降。暴雨引发岩体滑坡事故正是由于结构面含水量剧增的缘故，因此，水对岩体稳定性的影响不可忽视。

在岩土工程中经常遇到岩体软弱夹层和断层破碎带，它的存在常导致岩体滑坡和隧道坍塌，也是岩土工程治理的重点。软弱夹层力学性质与其岩性矿物成分密切相关，其中以泥化物对软弱结构面的弱化程度最为显著。同时，矿物粒度的大小与分布也是控制变形与强度的主要因素。

已有研究表明，泥化物中有大量的亲水性黏土矿物，一般水稳性都比较差，对岩体的力学性质有显著影响。一般来说，主要黏土矿物影响岩体力学性能的大小顺序是：蒙脱石 < 伊利石 < 高岭石。表4-4汇总了不同类型软夹层的力学性能，从表中可以看出，软弱结构面抗剪强度随碎屑（碎岩块）成分与颗粒尺寸的增大而提高，随黏土含量的增加而降低。

表4-4 不同类型软夹层的力学性能

软弱夹层物质成分	摩擦系数	内聚力/MPa
泥化夹层和夹泥层	0.15 ~ 0.25	0.005 ~ 0.02
破碎天泥层	0.3 ~ 0.4	0.02 ~ 0.04
破碎夹层	0.5 ~ 0.6	0 ~ 0.1
含铁锰质角砾破碎夹层	0.65 ~ 0.85	0.03 ~ 0.15

另外，泥化夹层具有时效性，在恒定荷载下会产生蠕变变形。一般认为充填结构面长期抗剪强度比瞬时强度低15% ~ 20%，泥化夹层的瞬间抗剪强度与长期强度之比约为0.67 ~ 0.81，此比值随黏粒含量的降低和砾粒含量的增多而增大。在抗剪参数中，泥化夹层的时效作用主要表现在内聚力的降低，对内摩擦角的影响较小。因为软弱夹层的存在表现出时效性，必须注意岩体长期极限强度的变化和预测，保证岩体的长期稳定性。

4.5 岩体的强度及其影响因素分析

岩体强度是指岩体抵抗外力破坏的能力。它有抗压强度、抗拉强度和抗剪强度之分，但对于裂隙岩体来说，其抗拉强度很小，加上岩体抗拉强度测试技术难度大，所以目前对岩体抗拉强度研究很少，本节主要讨论岩体的抗压强度和抗剪强度。

岩体是由岩块和结构面组成的地质体，因此其强度必然受到岩块和结构面强度及其组合方式（岩体结构）的控制。一般情况下，岩体的强度不同于岩块的强度，也不同于结构面的强度，如果岩体中结构面不发育，呈完整结构，则岩体强度大致等于岩块强度，如果岩体将沿某一结构面滑动时，则岩体强度完全受该结构面强度的控制，这两种情况，比较好处理。本节着重讨论被各种节理、裂隙切割的裂隙（节理化）岩体强度的确定问题。研究表明，裂隙岩体的强度介于岩块强度和结构面强度之间。它一方面受岩石材料性质的影响，另一方面受结构面特征（数量、方向、间距、性质等）和赋存条件（地应力、水、温度等）的控制。

4.5.1 岩体强度的测定

岩体强度试验是指在现场原位切割较大尺寸试件进行的单轴压缩、三轴压缩和抗剪强度试验。为了保持岩体的原有力学条件，在试块附近不能爆破，只能使用钻机、风镐等机械破岩，根据设计的尺寸，凿出所需规格的试件。一般试件为边长0.5~1.5m的立方体，加载设备用液压千斤顶和液压枕（扁液压千斤顶）。

1. 岩体单轴抗压强度的测定

切割成的试件如图 4-13 所示。在拟加压的试件表面（在图 4-13 中为试件的上端）抹一层水泥砂浆，将表面抹平，并在其上放置方木和工字钢组成的垫层，以便把液压千斤顶施加的荷载经垫层均匀地传给试件。根据试件破坏时液压千斤顶施加的最大荷载及试件受载截面积，计算岩体的单轴抗压强度。

2. 岩体抗剪强度的测定

一般采用双液压千斤顶法：一个垂直液压千斤顶施加正压力，另一个液压千斤顶施加横向推力，如图 4-14 所示。

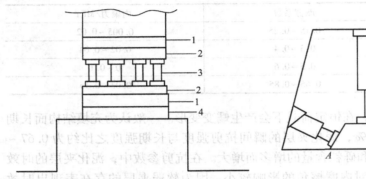

图 4-13　岩体单轴抗压强度测定

1—方木　2—工字钢　3—液压千斤顶　4—水泥砂浆

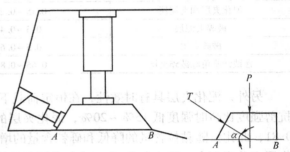

图 4-14　岩体抗剪强度测定

为使剪切面上下不产生力矩效应，合力通过剪切面中心，使其接近于纯剪切破坏，另一个液压千斤顶成倾斜布置。一般采取倾角 $\alpha = 15°$。试验时，每组试体应有 5 个以上，剪切面上应力按式(4-16)计算。然后根据 τ、σ 绘制岩体强度曲线。

$$\left.\begin{array}{l} \sigma = \dfrac{P + T\sin\alpha}{F} \\[2mm] \tau = \dfrac{T}{F}\cos\alpha \end{array}\right\} \tag{4-16}$$

式中，P、T 分别为垂直横向液压千斤顶施加的荷载；F 为试件受剪截面积。

3. 岩体三轴抗压强度的测定

地下工程的受力状态是三维的，所以做三轴力学试验非常重要，但由于现场原位三轴力学试验在技术上很复杂，只在非常必要时才进行，现场岩体三轴试验装置如图 4-15所示，用液压千斤顶施加轴向荷载，用压力枕施加围压荷载。

根据围压情况，可分为等围压三轴试验（$\sigma_2 = \sigma_3$）和真三轴试验 $\sigma_1 > \sigma_2 > \sigma_3$。近期研究表明，中间主应力在岩体强度中起重要作用，在多节理的岩体中尤其重要，因此，真三轴试验越来越受重视，而等围压三轴试验的实用性更强。

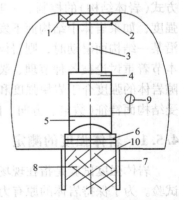

图 4-15　原位岩体三轴试验装置

1—混凝土顶座　2、4、6—垫板　3—顶柱
5—球面垫　7—压力枕　8—试件
9—液压表（液压千斤顶）　10—液压枕

4.5.2 结构面的强度效应

为了从理论上用分析法研究裂隙岩体的压缩强度，耶格（Jaeger）提出单结构面理论，可作为研究的起点。

1. 单结构面强度效应

如图 4-16 所示，如岩体中发育一组结构面 AB，假定 AB 面（指其法线方向）与最大主应力方向夹角为 β，由莫尔应力圆理论，作用于彻面上的法向应力 σ 和切应力 τ 为

$$\left.\begin{array}{l} \sigma = \dfrac{1}{2}(\sigma_1 + \sigma_3) + \dfrac{1}{2}(\sigma_1 - \sigma_3)\cos2\beta \\[2mm] \tau = \dfrac{1}{2}(\sigma_1 - \sigma_2)\sin2\beta \end{array}\right\} \tag{4-17}$$

结构面强度曲线服从库仑准则

$$\tau = C_w + \sigma\tan\phi_w \tag{4-18}$$

式中，C_w、ϕ_w 分别为结构面的内聚力和内摩擦角。

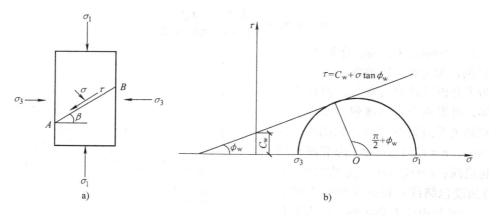

图 4-16　单结构面理论分析图

将式（4-17）代入式（4-18），经整理，可得到沿结构面 AB 产生剪切破坏的条件

$$\frac{\sigma_1 - \sigma_3}{2}(\sin2\beta - \tan\phi_w\cos2\beta) = C_w + \frac{\sigma_1 + \sigma_3}{2}\tan\phi_w$$

$$\sigma_1 = \sigma_3 + \frac{2(C_w + \sigma_3\tan\phi_w)}{(1 - \tan\phi_w\cot\beta)\sin2\beta} \tag{4-19}$$

以 $\tan\phi_w = f_w$ 代入得

$$\sigma_1 = \sigma_3 + \frac{2(C_w + \sigma_3 f_w)}{(1 - f_w\cot\beta)\sin2\beta} \tag{4-20}$$

式（4-19）是式（4-18）和式（4-17）的综合表达式，其物理含义是，当作用在岩体上的主应力值满足本方程时，结构面上的应力处于极限平衡状态。

从式（4-19）中可以看出：当 $\beta = \pi/2$ 时，$\sigma_1 \rightarrow \infty$；当 $\beta = \phi_w$ 时，$\sigma_1 \rightarrow \infty$。这说明当 $\beta = \pi/2$ 和 $\beta = \phi_w$ 时，试件不可能沿结构面破坏。但 σ_1 不可能无穷大，在此条件将沿岩石内的某一方向破坏。

将式（4-19）对 β 求导，令一阶导数为零，即可求得满足 σ_1 取得极小值（$\sigma_{1,\min}$）的条件为

$$\tan2\beta = -\frac{1}{\tan\phi_w} \qquad (4\text{-}21)$$

即

$$\beta = \frac{\pi}{4} + \frac{\phi_w}{2}$$

将式（4-21）代入式（4-20），可得

$$\sigma_{1,\min} = \sigma_3 + \frac{2(C_w + f_w\sigma_3)}{\sqrt{1 + f_w^2} - f_w} \qquad (4\text{-}22)$$

此时的莫尔圆与结构面的强度包络线相切，如图 4-17 所示。

当岩体不沿结构面破坏，而沿岩石的某一方向破坏时，岩体的强度就等于岩石（岩块）的强度。此时，破坏面与 σ_1 的夹角为（图 4-17）

$$\beta_0 = \frac{\pi}{4} + \frac{\phi_0}{2} \qquad (4\text{-}23)$$

岩块的强度为

$$\sigma_1 = \sigma_3 + \frac{2(C_w + \sigma_3 f_0)}{(1 - f_0\cot\beta)\sin2\beta} \qquad (4\text{-}24)$$

式中，$f_0 = \tan\phi_0$，C_0、ϕ_0 分别为岩石（岩块）的内聚力和内摩擦角。

为了分析试件是否破坏，沿什么方向破坏，可根据莫尔强度包络线和应力莫尔圆的关系进行学判断，如图 4-17 所示。图中，$\tau = C_w + \sigma\tan\phi_w$ 为节理面的强度包络线；$\tau = C_0 + \sigma\tan\phi_0$ 为岩石（岩块）的强度包络线；根据试件受力状态（σ_1，σ_3）可给出应力莫尔圆。应力莫尔圆的某一点代表试件上某一方向的一个截面上的受力状态。

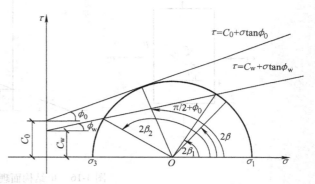

图 4-17　单结构面岩体强度分析

根据莫尔强度理论，若应力莫尔圆上的点落在强度包络线之下，则试件不会沿此截面破坏。所以从图 4-17 可以看出，当结构面与 σ_1 的夹角 β（图 4-16）满足下式

$$2\beta_2 < 2\beta < 2\beta_1 \qquad (4\text{-}25)$$

此时，试件将不会沿结构面破坏。

在图 4-17 中，显然当 β 角满足式（4-25）所列条件时，试件不会沿节理面破坏，但应力莫尔圆已和岩石强度包络线相切，因此试件将沿 $\beta_0 = \pi/4 + \phi_0/2$ 的一个岩石截面破坏。若应力莫尔圆并不和岩石强度包络线相切，而是落在其下，那么此时试件将不发生破坏，即既不沿结构面破坏，也不沿岩石面破坏。

β_1、β_2 的值也可通过下列计算方法确定。由正弦定律

$$\frac{\dfrac{\sigma_1 - \sigma_3}{2}}{\sin\phi_w} = \frac{C_w\cot\phi_t + \dfrac{\sigma_1 + \sigma_3}{2}}{\sin(2\beta_1 - \phi_w)}$$

简化整理后可求得

$$\beta_1 = \frac{\phi_w}{2} + \frac{1}{2}\arcsin\left[\frac{(\sigma_1 + \sigma_3 + 2C_w\cot\phi_w)\sin\phi_w}{\sigma_1 - \sigma_3}\right] \qquad (4\text{-}26)$$

同理可求得

$$\beta_2 = \frac{\pi}{2} + \frac{\phi_w}{2} - \frac{1}{2}\arcsin\left[\frac{(\sigma_1 + \sigma_3 + 2C_w\cot\phi_w)\sin\phi_w}{\sigma_1 - \sigma_3}\right] \qquad (4\text{-}27)$$

图 4-18 给出当 σ_3 为定值时，岩体的承载强度 σ_1 与 β 的关系。水平线与结构面破坏曲线相交于两点 a、b。此两点相对于 β_1 与 β_2，此两点之间的曲线表示沿结构面破坏时 $\beta - \sigma_1$ 值，在此两点之外，即 $\beta < \beta_1$ 或 $\beta > \beta_2$ 时，岩体不会沿结构面破坏，此时岩体强度取决于岩石强度，而与结构面的存在无关。

改写式（4-20），可得到岩体的三轴压缩强度 σ_{1m} 为

$$\sigma_{1m} = \sigma_3 + \frac{2(C_w + \sigma_3 f)}{(1 - f\cot\beta)\sin2\beta} \qquad (4\text{-}28)$$

令 $\sigma_3 = 0$，可得岩体单轴的抗压强度 σ_{mc}

$$\sigma_{mc} = \frac{2C_w}{(1 - f\cot\beta)\sin2\beta} \qquad (4\text{-}29)$$

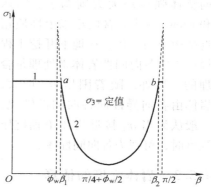

图 4-18　结构面力学效应
（σ_3 = 定值时，σ_1 与 β 的关系）
1—完整岩石破裂　2—沿结构面滑动

根据单结构面强度效应可以看出岩体强度的各向异性，岩体单轴或三轴受压，其强度受加载方向与结构面夹角 β 的控制，如岩体为同类岩石分层所组成，或岩体只含有一种岩石，但有一组发育的较弱结构面（简称弱面，如层理等），当最大主应力 σ_1 与弱面垂直时，岩体强度与弱面无关，此时岩体强度就是岩石的强度，当 $\beta = \pi/4 + \phi_w/2$ 时，岩体将沿弱面破坏，此时岩体强度就是弱面的强度。当最大主应力与弱面平行时，岩体将因弱面横向扩张而破坏，此时，岩体的强度将介于前述两种情况之间。

2. 多组结构面岩体强度

如果岩体含有两组或两组以上结构面，岩体强度的确定方法是分步运用单结构面理论式（4-20），分别绘出每一组结构面单独存在时的强度包络线和应力莫尔圆。岩体到底沿哪组结构面破坏，由 σ_1 与各组结构面的夹角所决定。当沿着强度最小的那组结构面破坏时，岩体强度取得最小抗压强度。此时，沿强度最小的那组结构面破坏。

如图 4-19 所示，含有三组结构面的岩石试件，首先绘出三组结构面及岩石的强度包络线和应力莫尔圆。若第一组结构面的受力状态点落在第一组结构面的强度包络线 $\tau = C_{w1} + \sigma\tan\phi_{w1}$ 上或其之上，即第一组结构面与 σ_1 的夹角 β 满足 $2\beta'_1 \le 2\beta' \le 2\beta'_2$，则岩体将沿第一组结构面破坏。若 β' 满足 $0 < 2\beta' < 2\beta'_1$ 或 $2\beta'_2 < 2\beta' < 2\pi$，则岩体将不沿第一组结构面破坏；而若此时，第二组结构面与 σ_1 的夹角 β'' 满足 $2\beta''_1 < 2\beta < 2\beta''_2$，则岩体将沿第二组结构面破坏。依此类推，若三组节理面的受力状态点均落在其相应的强度包络线之下，即

$$\left.\begin{array}{l} 0 < 2\beta' < 2\beta'_1 \text{ 或 } 2\beta'_2 < 2\beta' < 2\pi \\ 0 < 2\beta'' < 2\beta''_1 \text{ 或 } 2\beta''_2 < 2\beta'' < 2\pi \\ 0 < 2\beta''' < 2\beta'''_1 \text{ 或 } 2\beta'''_2 < 2\beta''' < 2\pi \end{array}\right\} \qquad (4\text{-}30)$$

则此时，岩体将不沿三组结构面破坏，而将沿 $\beta_0 = \pi/4 + \phi_0/2$ 的岩石截面破坏，因为图 4-19

中的应力莫尔圆也已和岩石的强度包络线相切了：若应力莫尔圆不和岩石强度包络线相切，而是落在其之下，则此时岩体将不发生破坏。需要说明的是，若试件沿某一结构面不发生破坏，σ_1 就不会达到图 4-19 所示的那么大，不会出现应力莫尔圆和岩石强度包络线相切的情况。若岩体中节理非常发育，则节理面的方向将多种多样。很难满足式（4-30）所列的条件，则岩体必然沿某一节理面破坏。

试验表明，随着岩体内结构面数量的增加，岩体强度特性越来越趋于各向同性，而岩体的整体强度却大大削弱了。Hoek 和 Brown 认为，含四组以上性质相近结构面的岩体，在地下开挖工程设计中按各向同性岩体来处理是合理的。另外，随着围压 σ_3 增大，岩体由各向异性向各向同性转化，一般认为当 σ_3 接近岩体单轴抗压强度时，可视为各向同性体。

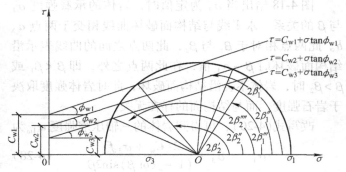

图 4-19　多组结构面岩体强度分析

4.5.3　岩体强度的估算

岩体强度是岩体工程设计的重要参数，而做岩体的原位试验又十分费时、费钱，难以大量进行，因此，如何利用地质资料及小试块室内试验资料，对岩体强度作出合理估算是岩石力学中重要研究课题，下面介绍两种方法：

1. 准岩体强度

这种方法实质是用某种简单的试验指标来修正岩块强度，作为岩体强度的估算值。

节理、裂隙等结构面是影响岩体的主要因素，其分布情况可通过弹性波传播来查明，弹性波穿过岩体时，遇到裂隙便发生绕射或被吸收，传播速度将有所降低，裂隙越多，波速降低越大，小尺寸试件含裂隙少，传播速度大，因此根据弹性波在岩石试块和岩体中的传播速度比，可判断岩体中裂隙发育程度，称此比值的平方为岩体完整性（龟裂）系数，以 K 表示，

$$K = \left(\frac{v_{\mathrm{ml}}}{v_{\mathrm{cl}}} \right)^2 \tag{4-31}$$

式中，v_{ml} 为岩体中弹性波纵波传播速度，v_{cl} 为岩块中弹性波纵波传播速度。各种岩体的完整性系数列于表 4-5，岩体完整系数确定后，便可计算准岩体强度。

准岩体抗压强度 $$\sigma_{\mathrm{mc}} = K\sigma_{\mathrm{c}} \tag{4-32}$$
准岩体抗拉强度 $$\sigma_{\mathrm{mt}} = K\sigma_{\mathrm{t}} \tag{4-33}$$
式中，σ_{c} 为岩石试件的抗压强度；σ_{t} 为岩石试件的抗拉强度。

2. Hoek-Brown 经验方程

Hoek 和 Brown 根据岩体性质的理论与实践经验，用试验法导出了岩块和岩体破坏时主应力之间的关系为

$$\sigma_1 = \sigma_3 + \sqrt{m\sigma_{\mathrm{c}}\sigma_3 + s\sigma_{\mathrm{c}}^2} \tag{4-34}$$

表 4-5　岩体完整性系数

岩体种类	岩体完整性系数 K
完　　整	>0.75
块　　状	0.45 ~ 0.75
碎裂状	<0.45

式中，σ_1 为破坏时的最大主应力；σ_3 为作用在岩石试样上的最小主应力；σ_c 为岩块的单轴抗压强度；m、s 为与岩性及结构面情况有关的常数，查表 4-6 得出。

由式(4-34)，令 $\sigma_3 = 0$，可得岩体的单轴抗压强度 σ_{mc}

$$\sigma_{mc} = \sqrt{s}\sigma_c \tag{4-35}$$

对于完整岩石，$s = 1$，则 $\sigma_{mc} = \sigma_c$，即为岩块的单轴抗压强度；对于裂隙岩石，$s < 1$。

将 $\sigma_1 = 0$ 代入式(4-34)中，并对 σ_3 求解所得的二次方程，可解得岩体的单轴抗拉强度为

$$\sigma_{mc} = \frac{1}{2}\sigma_c\left(m - \sqrt{m^2 + 4s}\right) \tag{4-36}$$

式(4-36)的切应力表达式为

$$\tau = A\sigma_c\left(\frac{\sigma}{\sigma_c} - T\right)^B \tag{4-37}$$

式中，τ 为岩体的抗剪强度；σ 为岩体法向应力；A，B 为常数，查表 4-6 求得；$T = (m - \sqrt{m^2 + 4s})/2$，查表 4-6 求得。

表 4-6　岩体质量和经验常数之间关系

岩体状况	具有很好结晶解理的碳酸盐类岩石，如白云岩、灰岩、大理岩	成岩的黏土质岩石，如泥岩、粉砂岩、页岩、板岩（垂直于板理）	强烈结晶，结晶解理不发育的砂质岩石，如砂岩、石英岩	细粒、多矿物结晶岩浆岩，如安山岩、辉绿岩、玄武岩、流纹岩	粗粒、多矿物结晶岩浆岩和变质岩，如角闪岩、辉长岩、片麻岩、花岗岩、石英闪长岩等
完整岩块试件，试验室试件尺寸，无节理，$RMR = 100$，$Q = 500$	$m = 7.0$ $s = 1.0$ $A = 0.816$ $B = 0.658$ $T = -0.140$	$m = 10.0$ $s = 1.0$ $A = 0.918$ $B = 0.677$ $T = -0.099$	$m = 15.0$ $s = 1.0$ $A = 1.044$ $B = 0.692$ $T = -0.067$	$m = 17.0$ $s = 1.0$ $A = 1.086$ $B = 0.696$ $T = -0.059$	$m = 25.0$ $s = 1.0$ $A = 1.220$ $B = 0.705$ $T = -0.040$
非常好质量岩体，紧密互锁，未扰动，未风化岩体，节理间距 3m 左右，$RMR = 85$，$Q = 100$	$m = 3.5$ $s = 0.1$ $A = 0.651$ $B = 0.679$ $T = -0.028$	$m = 5.0$ $s = 0.1$ $A = 0.739$ $B = 0.692$ $T = -0.020$	$m = 7.5$ $s = 0.1$ $A = 0.848$ $B = 0.702$ $T = -0.013$	$m = 8.5$ $s = 0.1$ $A = 0.883$ $B = 0.705$ $T = -0.012$	$m = 12.5$ $s = 0.1$ $A = 0.998$ $B = 0.712$ $T = -0.008$
好的质量岩体，新鲜至轻微风化，轻微构造变化岩体，节理间距 1～3 m，$RMR = 65$，$Q = 10$	$m = 0.7$ $s = 0.004$ $A = 0.369$ $B = 0.669$ $T = -0.006$	$m = 1.0$ $s = 0.004$ $A = 0.427$ $B = 0.683$ $T = -0.004$	$m = 1.5$ $s = 0.004$ $A = 0.501$ $B = 0.695$ $T = -0.003$	$m = 1.7$ $s = 0.004$ $A = 0.525$ $B = 0.698$ $T = -0.002$	$m = 2.5$ $s = 0.004$ $A = 0.603$ $B = 0.707$ $T = -0.002$
中等质量岩体，中等风化，岩体中发育有几组节理间距为 0.3～1m，$RMR = 44$，$Q = 1.0$	$m = 0.14$ $s = 0.0001$ $A = 0.198$ $B = 0.662$ $T = -0.0007$	$m = 0.20$ $s = 0.0001$ $A = 0.234$ $B = 0.675$ $T = -0.0005$	$m = 0.30$ $s = 0.0001$ $A = 0.280$ $B = 0.688$ $T = -0.0003$	$m = 0.34$ $s = 0.0001$ $A = 0.295$ $B = 0.691$ $T = -0.0003$	$m = 0.50$ $s = 0.0001$ $A = 0.346$ $B = 0.700$ $T = -0.0002$

（续）

岩体状况	具有很好结晶解理的碳酸盐类岩石，如白云岩、灰岩、大理岩	成岩的黏土质岩石，如泥岩、粉砂岩、页岩、板岩（垂直于板理）	强烈结晶，结晶解理不发育的砂质岩石，如砂岩、石英岩	细粒、多矿物结晶岩浆岩，如安山岩、辉绿岩、玄武岩、流纹岩	粗粒、多矿物结晶岩浆岩和变质岩，如角闪岩、辉长岩、片麻岩、花岗岩、石英闪长岩等
坏质量岩体，大量风化节理，间距 30 ~ 500mm，并含有一些夹泥，$RMR = 23$，$Q = 0.1$	$m = 0.04$ $s = 0.00001$ $A = 0.115$ $B = 0.646$ $T = -0.0002$	$m = 0.05$ $s = 0.00001$ $A = 0.129$ $B = 0.655$ $T = -0.0002$	$m = 0.08$ $s = 0.00001$ $A = 0.162$ $B = 0.672$ $T = -0.0001$	$m = 0.09$ $s = 0.00001$ $A = 0.172$ $B = 0.676$ $T = -0.0001$	$m = 0.13$ $s = 0.00001$ $A = 0.203$ $B = 0.686$ $T = -0.0001$
非常坏质量岩体，具大量严重风化节理，间距小于 50mm 充填夹泥，$RMR = 3$，$Q = 0.01$	$m = 0.007$ $s = 0$ $A = 0.042$ $B = 0.534$ $T = 0$	$m = 0.010$ $s = 0$ $A = 0.050$ $B = 0.539$ $T = 0$	$m = 0.015$ $s = 0$ $A = 0.061$ $B = 0.546$ $T = 0$	$m = 0.017$ $s = 0$ $A = 0.065$ $B = 0.548$ $T = 0$	$m = 0.025$ $s = 0$ $A = 0.078$ $B = 0.556$ $T = 0$

利用式（4-34）~ 式（4-37）和表 4-6 即可对裂隙岩体的三轴抗压强度 σ_1、单轴抗压强度 σ_{mc} 及单轴抗拉强度 σ_{mt} 进行估算，还可求出 C_m、ϕ_m 值。进行估算时，先进行工程地质调查，得出工程所在处的岩体质量指标（RMR 和 Q 值）、岩石类型及岩块单轴抗压强度 σ_c。

Hoek 曾指出，m 与莫尔-库仑判据中的内摩擦角 ϕ 非常类似，而 s 则相当于内聚力 C 值。如果这样，根据 Hoek-Brown 提供的常数（表 4-6），m 最大为 25，显然这时用式（4-34）估算的岩体强度偏低，特别是在低围压下及较坚硬完整岩体条件下，估算的强度明显偏低。但对于受构造扰动及结构面较发育的裂隙化岩体，Hoek（1987 年）认为用这一方法估算是合理的。

4.6 岩体的变形性质

4.6.1 岩体的应力-应变分析

岩体与岩石的应力-应变曲线的差别是由于岩体节理的存在，当岩体受到压缩荷载时，就会产生节理的闭合或节理中充填物的变形，这些变形中有的部分是可以恢复的，但有些不可恢复。而岩石材料则不具备，或稍具备此特征。图 4-20 所示为岩石与岩体的应力-应变曲线，曲线 a 明显地表示了岩石压缩变形是处在弹性和弹塑性状态。一般来说，岩石受到压缩

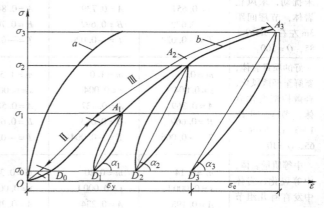

图 4-20 岩石与岩体 $\sigma - \varepsilon$ 曲线对比示意图

a—岩石　b—岩体

荷载后，开始时是弹性变形，而后因荷载的增加，使弹性变形转变为塑性变形。但塑性变形

一般很小，故可认为岩石材料的破坏属脆性破坏。曲线 b 表示了岩体的应变曲线，它可分为三种不同的力学属性阶段：第 Ⅰ 阶段，曲线向下凹，开始的曲率较大，这是由于节理闭合所造成的，在这种情况下，岩石不属于线弹性；第 Ⅱ 阶段，$\sigma - \varepsilon$ 成直线关系，属线弹性阶段，如果反复加、卸载，它是可逆的；第 Ⅲ 阶段，$\sigma - \varepsilon$ 成曲线关系，它表示岩石开始塑性变形或者开始破裂，并伴有结构面剪切滑移变形。在此段曲线内，横向应变速率常常增加，岩石的体积也增大，若继续加荷至峰值点 A_3 时，岩体就会发生破坏。通常，第 Ⅱ 阶段与第 Ⅲ 阶段之间的过渡点处的应力为比例极限。从整条 $\sigma - \varepsilon$ 曲线上看，曲线开始向上凸，而后向下凹，成 S 形。例如，在 A_1 点进行卸载，将 σ_1 减至 σ_0，则岩体变形不回复到 D_0 点，仅能达到 D_1 点。再加载使 $\sigma_2 > \sigma_1$，而后又卸载，得到曲线 $D_1 A_2 D_2$，则 $D_0 D_1$ 和 $D_0 D_2$ 为不可恢复的变形值。$A_1 D_1$ 与 $A_2 D_2$ 有时相互平行，它可以做几次的加、卸载轮回，最终求得一个平均角 α 的值。$\tan\alpha$ 则表示岩体的弹性模量 E 值。

4.6.2 岩体变形参数的估计

岩体变形参数的确定，除了可以通过室内外压缩试验所得应力 - 应变曲线直接测定外，还可以从如下几个角度进行估算。

1. 从现场岩体变形机理求解变形模量

由于岩体中的节理存在，使岩体的现场变形模量和泊松比与岩块有很大的差别。节理的相对两个面往往是部分接触的。当岩体受到荷载作用时，节理接触面的弹性压缩和剪切位移增加了岩体的变形。沃多尔夫等提出如下的模型：岩体被节理切割成近似于立方块，并使得一些地方节理的接触面较分散，而在另一些地方，节理面则脱开。所以，每处接触面的面积与整个岩块比较是很小的。

若在岩体中取一个立方岩块及一条节理，当岩块受到平均应力 σ 作用后，岩体的变形 δ 可由两个部分所组成：一是岩块的变形 δ_1，二是节理的变形 δ_2。当岩块边长为 d，弹性模量为 E，且在岩体上的平均应力为 σ 时，则岩块的变形为

$$\delta_1 = \frac{\sigma d}{E} \tag{4-38}$$

设岩块的边长为 d，节理中两壁的接触面积为 nh^2，n 为接触面的个数，h^2 为每个接触面的面积，则作用于节理上的压缩荷载为 σd^2。当压缩荷载作用时，节理中接触面积的表面闭合变形 δ_2 可按弹性理论中布辛奈斯克解求得。节理闭合弹性变形 δ_2 为

$$\delta_2 = \frac{2m\sigma d^2 (1 - \nu^2)}{nhE} \tag{4-39}$$

式中，m 为与荷载面积形状因素有关的参数，当为方形面积时，$m = 0.95$。

沃尔多夫认为 $m(1 - \nu^2)$ 约为 0.9，则

$$\delta = \delta_1 + \delta_2 = \frac{\sigma d}{E} + \frac{2m\sigma d^2 (1 - \nu^2)}{nhE} \tag{4-40}$$

因岩体的有效变形模量为

$$E_{\mathrm{m}} = \frac{\sigma}{q} = \frac{\sigma}{\delta / d} = \frac{\sigma d}{\delta} \tag{4-41}$$

则

$$\delta = \frac{\sigma d}{E_{\mathrm{m}}} \tag{4-42}$$

将式(4-40)代入式(4-42)得

$$E_{\mathrm{m}} = \frac{E}{1 + 2m(1 - \nu^2)(d/nh)} \tag{4-43}$$

2. 层状岩体变形模量的计算

设岩体内存在单独一组有规律的
节理(图 4-21)。这是一个不连续岩
体,此不连续体可采用等价的连续岩
体来代替。

现设完整岩石本身是各向同性的
弹性体,其弹性模量为 E;节理面相
互平行,其间距为 s;采用 $n - t$ 坐标
系,把 n 轴放在垂直节理的方向,亦
即放在岩体的对称主向内。沿 n 方向

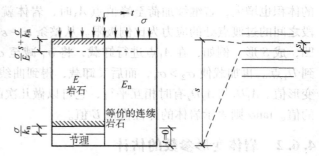

图 4-21　用等价连续介质模型
代替规则节理岩体图

作用有法向应力 σ,令节理的法向刚度 k_{n},即节理法向应力－法向位移曲线的斜率。又令等
价连续岩体的弹性模量为 E_{n},其法向变形为 $(\sigma/E)s$,则此变形模量等于岩块变形 $(\sigma/E)s$
与节理变形 σ/k_{n} 之和。由此得出下列方程

$$\frac{1}{E_{\mathrm{n}}} = \frac{1}{E} + \frac{1}{k_{\mathrm{n}}s} \tag{4-44}$$

3. 裂隙岩体变形参数的估算

对于裂隙岩体,国内外都特别重视建立岩体分类指标与变形模量之间的经验关系,并用
于推求岩体的变形模量 E_{m}。下面介绍常用的几种方法。

1) Bieniawski 于 1978 年研究了大量岩体变形模量的实测资料,建立了分类指标 RMR 值
和变形模量 E_{m}(GPa)间的统计关系如下

$$E_{\mathrm{m}} = 2RMR - 100 \tag{4-45}$$

如图 4-22 所示,式(4-45)只
适用于 $RMR > 55$ 的岩体。为弥补
这一不足,Serafim 和 Pereira 于
1983 年根据收集到的资料以及 Bie-
niawski 的数据,拟合出如下方程,
以用于 $RMR \leqslant 55$ 的岩体。

$$E_{\mathrm{m}} = 10^{\frac{RMR-10}{40}} \tag{4-46}$$

2) 挪威的 Bhasin 和 Barton 等
人(1993 年)研究了岩体分类指标
Q 值、纵波速度 v_{mp}(m/s)和岩体平
均变形模量 E_{mean}(GPa)间的关系,
提出了如下的经验关系

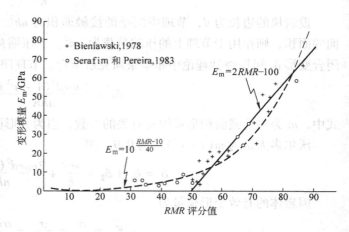

图 4-22　岩体变形模量与 RMR 值关系

$$\begin{cases} v_{\mathrm{mp}} = 1\,000\lg Q + 3\,500 \\ E_{\mathrm{mean}} = \dfrac{v_{\mathrm{mp}} - 3\,500}{40} \end{cases} \quad (4\text{-}47)$$

利用式(4-47)，已知 Q 值或 v_{mp} 时，可求出岩体的平均变形模量 E_{mean}。式(4-47)只适用于 $Q > 1$ 的岩体。

4.6.3 影响岩体变形性质的因素

影响岩体变形性质的因素较多，主要包括组成岩体的岩性、结构面发育特征及荷载条件、试件尺寸、试验方法和温度等。下面主要就结构面特征的影响进行讨论。

结构面的影响包括结构面方位、密度、充填特征及其组合关系等方面的影响，称为结构效应。

（1）结构面方位　主要表现在岩体变形随结构面及应力作用方向的夹角的不同而不同，即导致岩体变形的各向异性。这种影响在岩体中结构面组数较少时表现特别明显，而随结构面组数增多，反而越来越不明显。另外，岩体的变形模量 E_{m} 也具有明显的各向异性。一般来说，平行结构面方向的变形模量 E_{P} 大于垂直向的变形模量 $E_{\perp}$。表4-7为我国一些水电工程岩体变形模量的实测值，可知岩体的 $E_{\mathrm{P}}/E_{\perp}$ 值一般为 $1.5 \sim 2.5$。

表4-7　某些岩体的 $E_{\mathrm{P}}/E_{\perp}$ 值

岩体名称	$E_{\mathrm{P}}/\mathrm{GPa}$	$E_{\perp}/\mathrm{GPa}$	$E_{\mathrm{P}}/E_{\perp}$	平均比值 $E_{\mathrm{P}}/E_{\perp}$	工　程
页岩、灰岩夹泥灰岩			$3 \sim 5$		
花岗岩		31.4	$1 \sim 2$		
薄层灰岩夹碳质页岩	56.3		1.79	1.79	乌江渡
砂岩	26.3	14.4	1.83	1.83	葛洲坝
变质砾状绿泥石片岩	35.6	22.4	1.59	1.59	
绿泥石云母片岩	45.6	21.4	2.13	2.13	丹江口
石英片岩夹绿泥石片岩	38.7	22.8	1.70	1.70	
板岩	9.7	6.1	1.59	1.32	
	28.1	23.8	1.18		
	52.5	44.1	1.19		五强溪
砂岩	38.5	30.3	1.27	1.52	
	71.6	35.0	2.05		
	82.7	66.6	1.24		

（2）结构面的密度　主要表现在随结构面密度增大，岩体完整性变差，变形增大，变形模量减小。图4-22所示为岩体 E_{m} 与 RQD 值的关系，图中 E 为岩块的变形模量。由此可见，当岩体 RQD 值由 100 降至 65 时，E_{m}/E 迅速降低；当 $RQD < 65$ 时，E_{m}/E 变化不大，即当结构面密度大到一定程度时，对岩体变形的影响就不明显了。

（3）结构面的张开度及充填特征　结构面的张开度及充填特征对岩体的变形也有明显的影响。一般来说，张开度较大且无充填或充填薄时，岩体变形较大，变形模量较小；反之，则岩体变形较小，变形模量较大。

4.7 岩体的水力学性质

岩体的水力学性质是指岩体与水共同作用所表现出来的力学性质。水在岩体中的作用包括两个方面：一方面是水对岩石的物理化学作用，在工程上常用软化系数来表示。另一方面是水与岩体相互耦合作用下的力学效应，包括空隙水压力与渗流动水压力等的力学作用效应。在空隙水压力的作用下，首先是减少了岩体内的有效应力，从而降低了岩体的抗剪强度。另外，岩体渗流与应力之间的相互作用强烈，对工程稳定性具有重要的影响，如法国的马尔帕塞（Malpasset）拱坝溃决就是一个明显的例子。

4.7.1 裂隙岩体的水力特性

1. 单个结构面的水力特性

岩体是由岩块与结构面组成的，相对结构面来说，岩块的透水性很弱，常可忽略。因此，岩体的水力学特性主要与岩体中结构面的组数、方向、粗糙起伏度、张开度及胶结充填特征等因素直接相关；同时，还受到岩体应力状态及水流特征的影响。在研究裂隙岩体水力学性质时，以上诸多因素不可能全部考虑到，往往先从最简单的单个结构面开始研究，而且只考虑平直光滑无充填时的情况，然后根据结构面的连通性、粗糙起伏度及充填等情况进行适当修正。通过单一平直光滑无充填贯通裂隙面的水力渗透系数为

$$k_f = \frac{ge^2}{12v} \tag{4-48}$$

式中，k_f 为渗透系数（m/s）；g 为重力加速度（m/s^2）；e 为裂隙张开度（m）；v 为水的运动黏度（m^2/s）。

但实际上岩体中的裂隙面往往是粗糙起伏且非贯通的，并常有物质充填阻塞。为此，路易斯（Louis，1974 年）提出了如下的修正式

$$k_f = \frac{K_2 ge^2}{12vc} \tag{4-49}$$

式中，K_2 为裂隙面的连续性系数，指裂隙面连通面积与总面积之比；c 为裂隙面的相对粗糙修正系数，$c = 1 + 8.8(h/2e)^{1.5}$，h 为裂隙面起伏差。

2. 裂隙岩体的水力特性

对于含多组裂隙面的岩体其水力学特征则比较复杂。目前研究这一问题的趋势有以下几点：

一是，用等效连续介质模型来研究，认为裂隙岩体是由空隙性差而导水性强的裂隙面系统和透水弱的岩块孔隙系统构成的双重连续介质，裂隙孔隙的大小和位置的差别均不予考虑；

二是，忽略岩块的孔隙系统，把岩体看成为单纯的按几何规律分布的裂隙介质，用裂隙水力学参数或几何参数（结构面方位、密度和张开度等）来表征裂隙岩体的渗透空间结构，所有裂隙大小、形状和位置都在考虑之列。

目前，针对这两种模型都进行了一定程度的研究，提出了相应的渗流方程及水力学参数的计算方法。在研究中还引进了张量法、线索法、有限单元法及水电模拟等方法。

当水流服从达西定律时，裂隙介质作为连续介质内各向异性的渗透特性可用渗透张量描述。渗透张量的表达式为

$$[K] = K_{ij} = \frac{g}{12v} \sum_{i=1}^{n} \frac{e_i^3}{l_i} \begin{bmatrix} 1 - \cos^2\beta_i\sin^2\gamma_i & -\sin\beta_i\sin^2\gamma_i\cos\beta_i & -\cos\beta_i\sin\gamma_i\cos\gamma_i - \\ \sin\beta_i\sin^2\gamma_i\cos\beta_v & -\sin^2\beta\sin^2\gamma_i & -\sin\beta_i\sin\gamma_i\cos\gamma_i - \\ \cos\beta_i\sin\gamma_i\cos\gamma_i & -\sin\beta_i\sin\gamma_i\cos\gamma_i & -\cos^2\gamma_i \end{bmatrix} \quad (4\text{-}50)$$

式中，e_i、l_i、β_i、γ_i 分别表示第 i 组裂隙的宽度、间距、裂隙面的倾向和倾角，四者又称为裂隙系统的几何参数。

由式（4-50）可知，只要知道裂隙系统的几何参数，即各组裂隙的宽度、间距及裂隙面的倾向、倾角，就可推出渗透张量。而岩体裂隙系统的分组和优势方位的确定可以应用极点图、玫瑰花图和聚类法等。

3. 岩体渗透系数的测试

岩体渗透系数是反映岩体水力学特性的核心参数，渗透系数的确定一方面可用上述给出的理论公式进行计算，另一方面可用现场水文地质试验测定。现场试验主要有压水试验和抽水试验等方法。一般认为，抽水试验是测定岩体渗透系数比较理想的方法，但它只能用于地下水位以下的情况，地下水位以上的岩体可用压水试验来测定其渗透系数。具体的水文地质试验方法请参考相关文献。

4.7.2 应力对岩体渗透性能的影响

岩体中的水流通过结构面流动，而结构面对变形是极为敏感的。法国 Malpasset 拱坝的溃决事件给人们留下了深刻的教训。该拱坝建于片麻岩上，岩体的高强度使人们一开始就未想到水与应力之间的相互作用和影响会带来什么麻烦。而问题就恰恰出在这里。事后曾有人对该片麻岩进行了渗透系数与应力关系的试验（图 4-23），表明当应力变化范围为 5MPa 时，岩体渗透系数相差 100 倍。渗透系数的降低，反过来又极大地改变了岩体中的应力分布，使岩体中结构面上的水压力陡增，坝基岩体在过高的水压力作用下沿一个倾斜的软弱结构面产生滑动，导致溃坝。

野外和室内的渗透系数试验研究表明：孔隙水压力的变化明显地改变了结构面的张开度、流体速度及压力在结构面中的分布。如图 4-24 所示，结构面中的水流通量随其所受到的正应力增加而降低很快；进一步研究发现应力 - 渗流关系具有回滞现象，随着加、卸载次数的增加，岩体的渗透能力降低，但经历三四个循环后，渗透基本稳定。这是由于结构面受力闭合所致。

为了研究应力对岩体渗透性的影响，有不少学者提出了不同的经验关系式。斯诺（Snow，1966 年）提出

$$k = k_0 + \left(\frac{K_n e^2}{S}\right)(p_0 - p) \quad (4\text{-}51)$$

式中，k_0 为初始应力 p_0 下的渗透系数；K_n 为结构面的法向刚度；e、S 分别为结构面的张开度和间距；p 为法向应力。

路易斯（Louis，1974 年）在试验的基础上得出

$$k = k_0 e^{-\alpha\sigma_0} \quad (4\text{-}52)$$

式中，α 为系数；σ_0 为有效应力。

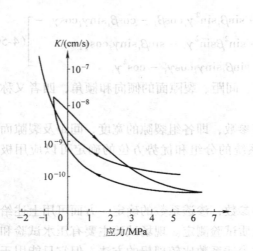

图 4-23　片麻岩渗透系数与应力关系

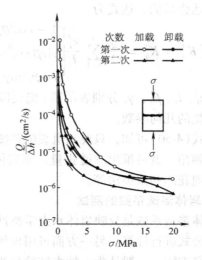

图 4-24　循环加载对结构面渗透性影响图

从以上公式可知，岩体的渗透系数是随应力增加而降低的。另外，人类工程活动对岩体渗透性也有很大影响。如地下洞室和边坡的开挖改变了岩体中的应力状态，原来岩体中结构面的张开度因应力释放而增大，岩体的渗透性也增大；又如水库的修建，改变了结构面中的应力水平，也会影响到岩体的渗透性能。

4.7.3　渗流应力

当岩体中存在着渗透水流时，位于地下水面以下的岩体将受到渗流静水压力和动水压力的作用，这两种渗流应力又称为渗流体积力。

由水力学可知，不可压缩流体在动水条件下的总侧压水头 h 为

$$h = z + \frac{p}{\rho_w g} + \frac{u^2}{g} \tag{4-53}$$

式中，z 为位置水头(m)；p 为静水压力(Pa)；ρ_w 为水的密度(kg/m^3)；$p/\rho_w g$ 为压力水头(m)；u 为水流速度(m/s)；u^2/g 为速度水头(m)。

由于岩体中的水流速度很小，u^2/g 比起 z 和 $p/\rho_w g$ 常可忽略，因此有

$$h = z + \frac{p}{\rho_w g} \tag{4-54}$$

或

$$p = \rho_w g(h - z) \tag{4-55}$$

根据流体力学平衡原理，渗流引起的体积力，由式(4-54) 得

$$\left. \begin{array}{l} X = -\dfrac{\partial p}{\partial x} = -\rho_w g \dfrac{\partial h}{\partial x} \\[2mm] Y = -\dfrac{\partial p}{\partial y} = -\rho_w g \dfrac{\partial h}{\partial y} \\[2mm] Z = -\dfrac{\partial p}{\partial z} = -\rho_w g \dfrac{\partial h}{\partial z} + \rho_w g \end{array} \right\} \tag{4-56}$$

由式(4-56)可知，渗流体积力由两部分组成，第一部分 $-\rho_w g(\partial h/\partial x)$、$-\rho_w g(\partial h/\partial y)$、$-\rho_w g(\partial h/\partial z)$ 为渗流动水压力，它与水力梯度有关；第二部分 $\rho_w g$ 为浮力，它在渗流空间为一常数。式(4-55)表明，只要求出了岩体中各点的水头值 h，便可完全确定出渗流场中各点的体积力；并可由式(4-55)求得相应各点的静水压力 p。

复习思考题

4-1 名词解释：岩体结构、岩体结构面、切割度、工程岩体。

4-2 结构面按其成因通常分为哪几种类型？

4-3 简述结构面的自然特征。

4-4 结构面的剪切变形、法向变形与结构面的哪些因素有关？

4-5 为什么结构面的力学性质具有尺寸效应？其尺寸效应体现在哪几个方面？

4-6 结构面是如何影响岩体强度的？

4-7 岩体强度的确定方法主要有哪些？

4-8 简述 Hoek-Brown 岩体强度估算方法。

4-9 岩体与岩石的变形有何异同？

4-10 岩体的变形参数确定方法有哪些？

4-11 岩体变形曲线可分为几类？各类岩体变形曲线有何特点？

4-12 简述结构面的切向、法向变形特性。

4-13 影响结构面力学性质的因素有哪些？

4-14 影响岩体强度的主要因素有哪些？

4-15 以含一条结构面的岩石试样的强度分析为基础，简单介绍岩体强度与结构面强度和岩石强度的关系，并在理论上证明结构面方位对岩体强度的影响。

第5章 工程岩体的分类

5.1 工程岩体分类的目的与原则

通过前面几章的学习，对于岩石的基本力学性能、岩体的基本物理力学性能等方面有了一定的了解。同时，也知道获得岩石(块)和岩体各种物理力学性能测定方法。但是，对于一个具体的岩体工程来说，在工程地质资料的基础上，对岩石或岩体还要进行多少试验，对于所得的数据，什么样的数据对工程来讲是满意的，对岩体来讲，应该从哪几方面进行综合评价，尚未进行过研究。

由于影响岩体质量及其稳定性的因素很多，即使是同一个岩体，由于工程规模大小以及工程类型不同，对其也会有不同的要求及评价。因此，长期以来，国内外不少专家学者为探索从定性和定量两个方面来评价岩体的工程性质，并根据其工程类型及使用目的对岩体进行分类，进行过大量的工作，这也是岩石力学中最基本的研究课题之一。

5.1.1 分类的目的

工程岩体分类的目的，是从工程的实际需求，对工程建筑物基础或围岩的岩体进行分类，并根据其好坏，进行相应的试验，赋予它必不可少的计算指标参数，以便合理地设计和采取相应的工程措施，达到经济、合理、安全的目的。因此，工程岩体分类也是为岩石工程建设的勘察、设计、施工和编制定额提供必要的基本依据。

根据用途的不同，工程岩体分类有通用的分类和专门的分类两种。通用的分类是较少针对性、原则的和大致分类，是供各学科领域及国民经济各部门笼统使用的分类。专用的分类是专为某种工程目的服务而专门编制的分类，所涉及的面窄一些，考虑的影响因素少一些，但更深入一些，细致一些。

供各种工程使用的工程岩体分类，从某种意义上讲，都是范围大小不等的专用分类。工程项目的不同，分类的要求也不同，考虑分类的侧重点也不同。例如，水利水电工程须着重考虑水的影响，而对于修建在地下的大型工程来讲，须考虑地应力对岩体稳定性的影响。

总之，工程岩体分类是为一定的具体工程服务的，是为某种目的编制的，它的分类内容和分类要求是要为分类目的而服务。

5.1.2 工程岩体分类的原则

进行工程岩体分类，一般应考虑以下几个方面：

1) 确定类级的目的和使用对象。考虑适用于某一类工程、某种工业部门或生产领域，是通用的，还是为专门目的而编制的分类。

2) 分类应该是定量的，以便于用在技术计算和制订定额上。

3）分类的级数应合适，不宜太多或太少，一般都分为五级，从工程实用来看，这是恰当的。

4）工程岩体分类方法与步骤应简单明了，数字便于记忆，便于应用。

5）由于目的对象不同，考虑的因素也不同。各个因素应有明确的物理意义，并且还应该是独立的影响因素。一般来说，为各种工程服务的工程岩体分类须考虑：岩体的性质，尤其是结构面和岩块的工程质量、风化程度、水的影响，岩体的各种物理力学参数，地应力以及工程规模和施工条件等。

目前，在国际上，工程岩体分类的一个明显趋势是利用根据各种技术手段获取的"综合特征值"来反映岩体的工程特性，用它来作为工程岩体分类的基本定量指标，并力求与工程地质勘察和岩体（石）测试工作相结合，用一些简捷的方法，迅速判断岩体工程性质的好坏，根据分类要求，判定类别，以便采取相应的工程措施。本章所介绍的一些工程岩体分类，大多应用"综合特征值"，须选用一些常用的、与岩体特性有关的指标参数。作为"综合特征值"，一般是由多项指标综合计算而定的。

5.1.3　工程岩体分类的独立因素分析

如上所述，进行工程岩体分类首先要确定影响岩体工程性质的主要因素，尤其是独立的影响因素。从工程观点来看，影响岩体工程性质的因素，起主导和控制作用的有如下几个方面。

1. 岩石材料的质量

岩石材料的质量，是反映岩石物理力学性质的依据，也是工程岩体分类的基础。从工程实践来看，主要表现在岩石的强度和变形性质方面。根据室内岩块试验，可以获得岩石的抗压、抗拉、抗剪和弹性参数及其他指标。应用上述参数来评价和衡量岩石质量的好坏，至今尚没有统一的标准，从国内外岩体分类的情况来看，目前都沿用室内单轴抗压强度指标来反映。除此以外，为便于现场取得资料，更为简便而准确的是在现场进行点载荷试验，它们的换算关系为 $\sigma_c = 24 I_s$（I_s 为点荷载强度指数）。

2. 岩体的完整性

岩体的工程性质好坏，基本上不取决于或很少取决于组成岩体的岩块的力学性质，而是取决于受到各种地质因素和各种地质条件影响而形成的各种软弱结构面和其间的充填物质，以及它们本身的空间分布状态，包括结构面的组数、间距及单位体积岩体中的节理数（J_v）。它们直接削弱了岩体的工程性质。所以岩体完整性的定量指标是表征岩体工程性质的重要参数。

目前，在岩体分类中能定量地反映结构面影响因素的方法有二：一为结构面特征的统计结果，包括节理组数、节理间距、体积裂隙率 J_v，以及结构面的粗糙状况及其充填物的状况，都是工程岩体分类应用的重要参数；二为岩体的弹性波（主要为纵波）的速度。纵波速度能综合反映岩体的完整性，所以弹性波速也往往是工程岩体分类的一种重要的引用参数。

风化作用，实质上是一种结构面的影响。当工程处于地表，如边坡稳定、坝基、土木工程等，必须考虑由于风化作用对岩体的影响；对地下工程，则可较少考虑。目前，在工程岩体分类中，往往只是定性地考虑风化作用的影响，缺乏有效的定量评价方法。

3. 水的影响

水对岩体质量的影响，主要表现为两个方面：一是使岩石及结构面充填物的物理力学性质恶化，二是沿岩体结构面形成渗透，影响岩体的稳定性。就水对工程岩体分类的影响而言，尚缺乏有效的定量评价方法，一般是用定性与定量相配合的方法。

4. 地应力

对工程岩体分类来说，地应力是一个独立因素。但它难于测量，它对工程的影响程度，也难于确定。在我国西南、西北高地应力地区，会出现由高地应力而产生的特殊问题。但在一般的工程岩体分类中，此因素考虑较少。目前，对地应力因素往往只能在综合因素中反映，如纵波速度、位移量等。

5. 某些综合因素

在工程岩体分类中，一是应用巷道的自稳时间或塌落量来反映工程的稳定性；二是应用巷道顶面的下沉位移量来反映工程的稳定性。这样估计只是岩石质量、结构面、水、地应力等因素的综合反映。在有的岩体分类中，把它作为岩体分类以后的岩体稳定性评价来考虑。

综上所述，目前在工程岩体分类中，作为评价的独立因素，只有岩石质量、岩体结构面和水的影响三项，地应力影响，只能在综合因素中反映。

5.2 工程岩体代表性分类简介

在对工程岩体分类的目的与原则有了一定了解的基础上，本节着重介绍几种有代表性的分类方法。

5.2.1 按岩石的单轴抗压强度(σ_c)分类

用岩块的单轴抗压强度进行分类，又简单使用较早，因此，在工程上采用了较长时间。例如，我国解放初的按岩石强度分类以及岩石坚固系数（普氏系数）分类。由于它没有考虑岩体中的其他因素，尤其是软弱结构面的影响，目前应用已逐渐减少。

1. 岩石单轴抗压强度分类

解放初，我国工程界按岩石单轴抗压强度分类可分为四类，分类具体见表5-1。

表 5-1 岩石按抗压强度分类

类　　别	岩石单轴抗压强度 σ_c/MPa	岩石类别
I	250~160	特坚岩
II	160~100	坚岩
III	100~40	次坚岩
IV	<40	软岩

2. 以点荷载强度指标分类

由于岩石点荷载试验可在现场测定，数量多而简便，所以用点荷载强度指标分类得到重视。此分类分别由伦敦地质学会与 Franklin 等人提出，如图5-1所示。

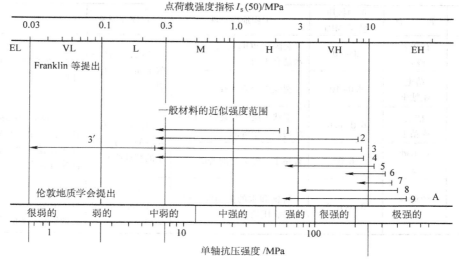

图 5-1　点荷载强度指标分类

1—煤　2—石灰岩大理岩　3—泥岩　3'—硬黏土　4—砂岩
5—混凝土　6—白云岩　7—石英岩　8—火山岩　9—花岗岩

5.2.2　按巷道岩石稳定性分类

1. Stini 分类

Stini 于 1950 年根据巷道岩石的稳定性进行分类，见表 5-2。他将岩石分为九类，还附有岩石载荷和稳定性现象的有关说明。

表 5-2　Stini 分类

分　类	岩石载荷 $H_{p(5m)}$/m	说　明	分　类	岩石载荷 $H_{p(5m)}$/m	说　明
稳定	0.05	很少松脱	非常破碎	10~15	开挖时松脱，并有局部冒顶
接近稳定	0.5~1.0	随时间增长有少量岩石从松脱岩石中脱落	轻度挤入	15~25	压力大
轻度破碎	1~2	随时间增长而发生松脱	中度挤入	25~40	
中度破碎	2~4	暂时稳定，个把月后即破碎	大量挤入	40~60	压力很大
破碎	4~10	瞬时稳定，然后很快塌落			

注：$H_p = H_{p(5m)}(0.5 + 0.1L)$，$L$ 为巷道宽度。

2. 前苏联巴库地铁分类

前苏联巴库地下铁道建设中根据岩石抗压强度、工程地质条件和开挖时岩体稳定破坏现象，提出了四类稳定性（见表 5-3）并有施工的相应措施。

表 5-3　按岩层稳定性分类

稳定性	岩　石	单向抗压强度/MPa	工程地质条件	稳定破坏现象	建议措施
稳　定	砾岩 石灰岩 砂岩	40~60	裂隙水较少或没有，岩层干燥或含水，水是无压的	可能有小量的坍塌	用爆破开挖

（续）

稳定性	岩石	单向抗压强度/MPa	工程地质条件	稳定破坏现象	建设措施
较稳定	石灰岩砂岩	20~40	裂隙较重的岩层，含水，水是有压的	离层，下挠坍落 10m³ 以内的坍方	坑道全面支护，盾构开挖
	粘土亚粘土	8.0~10	裂隙很少或没有		
不充分稳定	粘土亚粘土	6.0~8.0	层状岩层，有裂隙，团粒结构的，稍湿润	坍落，10m³ 左右的坍方，粘土的塑性膨胀	小进度（<0.5m）的盾构开挖，加强坑道全面支护，加速开挖速度，向盾后压注速凝砂浆
	炉姆砂砂	6.0	有黏土，砂夹层的岩层		
不稳定	炉姆砂砂	3.0~6.0	含饱和水的流动的岩层，水是有压的	涌水，流砂地面下沉，岩体变形	利用人工降水，压缩空气，冻结法或沉箱，灌浆配合的给水法等的盾构开挖

5.2.3 按岩体完整性分类

1. 按岩石质量指标 *RQD*（Rock Quality Designation）分类

RQD 是以修正的岩芯采取率来确定的。岩芯采取率就是采取岩芯总长度与钻孔长度之比，*RQD* 就是选用坚固完整的、其长度等于或大于 10cm 的岩芯总长度与钻孔长度之比，并用百分数表示，即

$$RQD = \frac{\Sigma l}{L} \times 100\% \tag{5-1}$$

式中，l 为岩芯单节长（≥10cm）；L 为同一岩层中的钻孔长度。

例如，某钻孔的长度为 250cm，其中岩芯采取总长度为 200cm，而大于 10cm 的岩芯总长度为 157cm（图 5-2），则岩芯采取率 = 200/250 × 100% = 80%，*RQD* = 157/250 × 100% = 63%。

工程实践说明，*RQD* 是一种比岩芯采取率更好的指标。根据它与岩石质量之间的关系，可按 *RQD* 值的大小来描述岩石的质量，见表 5-4。

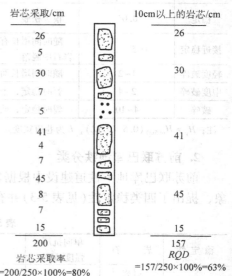

表 5-4 按 *RQD* 大小的岩石工程分级

等级	*RQD*（%）	工程分级
Ⅰ	90~100	极好的
Ⅱ	75~90	好的
Ⅲ	50~75	中等的
Ⅳ	25~50	差的
Ⅴ	0~25	极差的

岩石的 *RQD* 与岩石完整性关系密切，*RQD* 与体积节理数 J_v 之间存在下列统计关系，并与岩块大小关系密切

$$RQD = 115 - 3.3J_v \tag{5-2}$$

图 5-2 *RQD* 和岩芯采取率实例

对于 $J_V \leq 4.5$，$RQD = 100$。

2. 按弹性波(纵波)速度分类

由第 3 章可知，弹性波在岩体中的传播，显然与在均匀、各向同性及完整的岩石中不同，岩体中结构面的存在一方面使波速明显下降，而且会使其传播能量有不同程度的消耗，所以，弹性波的变化能反映岩体的结构特性和完整性。

中国科学院地质所根据他们对岩体结构的分类，列出了弹性波在各类结构岩体中传播的特性，见表 5-5。

表 5-5　各类结构岩体中的弹性波传播特性

弹性波指示	类别	块状结构	层状结构	碎裂结构	散体结构
波速 v_p/(m/s)	范围	4 000 ~ 5 000	3 000 ~ 4 000	2 000 ~ 3 500	<2 000
	采用值	4 500	3 500	2 750	1 500
	最小值	3 500	2 500	1 500	500
岩体、岩块波速比(v_{pm}/v_{pr})	范围	>0.8	0.5 ~ 0.8	0.3 ~ 0.6	<0.4
	采用值	0.8	0.65	0.45	0.3
	最小值	0.6	0.5	0.3	—
可接收距离/m	范围	5 ~ 10	3 ~ 5	1 ~ 3	<1
	最小值	3	2	1	—

日本池田和彦经过近 10 年时间，对日本的大约 70 座铁路隧道进行了地质、施工以及声波测试结果的调查，于 1969 年提出了日本铁路隧道围岩强度分类。首先，他将岩质分成 A、B、C、D、E、F 六类，再根据弹性波在岩体中的速度，将围岩强度分为七类(见表 5-6)。

表 5-6　日本铁路隧道围岩分类

围岩强度分类	岩质						良好程度	备注
	A	B	C	D	E	F		
1	>5.0		>4.8	>4.2			好	1. 开挖面有涌水时，分类要降一级 2. 膨胀性岩石(蛇纹岩、变质安山岩、石墨片岩、凝灰岩、温泉余土)的弹性波速度值，要特殊考虑这种情况其速度值小于 4.0km/s，泊松比大小 0.3 3. 对风化岩层泊松比小于 0.3 时，分类要提高一级到两级 4. 单位：km/s
2	5.0 ~ 4.4		4.8 ~ 4.2	4.2 ~ 3.6				
3	4.6 ~ 4.0	4.8 ~ 4.2	4.4 ~ 3.8	3.8 ~ 3.2	>2.6		中等	
4	4.2 ~ 3.0	4.4 ~ 3.8	4.0 ~ 3.4	3.4 ~ 2.8	2.6 ~ 2.0			
5	3.8 ~ 3.2	4.0 ~ 3.4	3.6 ~ 3.0	3.0 ~ 2.4	2.2 ~ 1.6	1.8 ~ 1.2	差	
6	<3.4	<3.6	<3.2	<2.6	<1.8	1.4 ~ 0.8		
7					<1.4	<1.0		

5.2.4　按岩体综合指标分类

以上分类都是以一种指标为主的分类，是一种评价的独立因素分类；但要将复杂的岩体能较全面地反映与评价，较好的办法还是按多种(两种或两种以上)参数进行综合指标分类。

1. Frankin 岩石工程分类

Frankin 等人将岩块强度(点荷载试验指标)与岩体结构面间距(代表岩体完整性)综合考

虑，提出双因素分类（图 5-3）。他将岩体坚固性分为非常高（EH）、很高（VH）、高（H）、中等（M）、低（L）、很低（VL）六类。

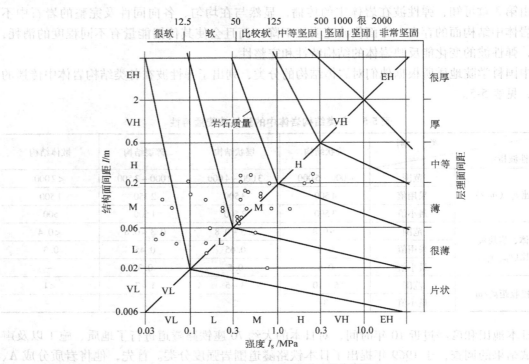

图 5-3　Franklin 的岩石工程分类法

EH—非常高　VH—很高　H—高　M—中等　L—低　VL—很低　I_s—点荷载指标

2. 岩体的岩土力学分类

岩体的岩土力学分类是由 Bieniawski 在 1974 年提出的，它给出了一个总的岩体评分值（*RMR*）作为衡量岩体工程质量的"综合特征值"，它随着岩体质量从 0 递增到 100。岩体的 *RMR* 值取决于五个通用参数和一个修正参数，这五个通用参数取决于岩石抗压强度（R_1）、岩石质量指标 RQD（R_2）、节理间距（R_3）、节理状态（R_4）和地下水状态（R_5），修正参数 R_6 取决于节理方向对工程的影响。把上述各个参数的岩体评分值相加起来就得到岩体的 *RMR* 值

$$RMR = R_1 + R_2 + R_3 + R_4 + R_5 + R_6 \tag{5-3}$$

1）岩石的强度可以用标准试件进行单轴压缩来确定。为了便于分类，也可以对原状岩芯试样进行点荷载试验，由此所得的近似抗拉强度来确定 R_1 值。岩石抗压强度与岩体评分值 R_1 的对应关系，见表 5-7。

表 5-7　对应于岩石抗压强度的岩体评分值的 R_1

点荷载指标/MPa	无侧限抗压强度/MPa	评分值
>8	>200	15
4~8	100~200	12
2~4	50~100	7

（续）

点荷载指标/MPa	无侧限抗压强度/MPa	评 分 值
1~2	25~50	4
不采用	10~25	2
不采用	3~10	1
不采用	<3	0

2）岩石质量指标 RQD 由修正的岩芯采取率确定，对应于 RQD 的岩体评分值 R_2，见表5-8。

表5-8　对应于岩芯质量的岩体评分值的 R_2

RQD（%）	91~100	76~90	51~75	26~50	<25
评 分 值	20	17	13	8	3

3）节理间距可以由现场露头统计测定，一般岩体中有多组节理，对应于岩体评分值 R_3 的节理组间距是对工程稳定性最起关键作用的那一组的节理间距。对应于节理组间距的岩体评分值 R_3，见表5-9。

表5-9　对于最有影响的节理组间距的岩体评分值的 R_3

节量间距/m	>3	1~3	0.3~1	0.005~0.3	<0.005
评 分 值	30	25	20	10	5

4）对于节理组状态对工程稳定的影响，主要是考虑节理面的粗糙度、张开度、节理面中的充填物状态以及节理延伸长度。同样，对多组节理而言，要以最光滑、最软弱的一组节理为准。表5-10给出了与节理状态相关的岩体评分值 R_4。

表5-10　对应于节理状态的岩体评分值的 R_4

说　　　　明	评 分 值
尺寸有限的很粗糙的表面，硬岩壁	25
略微粗糙的表面，张开度小于1mm，硬岩壁	20
略微粗糙的表面，张开度小于1mm，软岩壁	12
光滑表面；由断层泥充填厚度为1~5mm的；张开度为1~5mm，节理延伸超过数米	6
由厚度大于5mm的断层泥充填的张开节理；张开度大于5mm的节理，节理延伸超过数米	0

5）由于地下水会强烈地影响岩体的性状，所以岩土力学分类法也包括一项考虑地下水状态的评分值 R_5。考虑到在进行岩体分类评价时，岩体工程的施工尚未进行，所以 R_5 可以由勘探平洞或导洞中的地下水流入量、节理中的水压力或者是地下水的总的状态（由钻孔记录或岩芯记录确定）来确定。地下水状态与 R_5 值的对应关系，见表5-11。

表5-11　取决于地下水状态的岩体评分值的增量 R_5

每10m洞长的流入量/（L/min）	节理水压力与最大主应力的比值	总的状态	评 分 值
无	0	完全干的	10
25	0.0~0.2	湿的	7
25~125	0.2~0.5	有中等压力水的	4
125	0.5	有严重地下水问题的	0

6）岩体工程的稳定性与节理方向是否有利关系很大，所以，Bieniawski 最后提出了表5-12，来考虑节理方向对工程是否有利来修正前五个评分之和。修正值以扣分的形式表达。由于节理的倾向和倾角对于隧洞及岩基的影响是不同的，因此对应于不同的工程影响其修正值也不同，对隧洞中的不利节理方向最多扣 12 分，而岩基的不利节理方向则最多扣 25 分。

表5-12　节理方向对 RMR（岩体评分值）的修正值 R_6

方向对工程影响的评价	对隧洞的评分值的增量	对地基的评分值的增量
很有利	0	0
有利	−2	−2
较好	−5	−7
不利	−10	−15
很不利	−12	−25

根据以上六个参数的总和 RMR 值，岩土力学分类中把岩体的质量好坏，划分为"很好的"一直到"很差的"五类岩体，其相应的 RMR 值关系，见表5-13。

表5-13　岩体的岩土力学分类

类　　别	岩体的描述	岩体评分值 RMR
I	很好的岩石	81 ~ 100
II	好的岩石	61 ~ 80
III	较好的岩石	41 ~ 60
IV	较差的岩石	21 ~ 40
V	很差的岩石	0 ~ 20

本分类还给出了对岩体稳定性（隧洞岩体自稳时间）以及对应的岩体 C、ϕ 值，给予一定的建议值（见表5-14），供工程者参考。

表5-14　岩体岩土力学分类的含义

分类号 No	I	II	III	IV	V
平均自稳时间	5m 跨，10 年	4m 跨，6 个月	3m 跨，1 星期	1.5m 跨，5h	0.5m 跨，10min
岩体的内聚力/kPa	>300	200 ~ 300	150 ~ 200	100 ~ 150	<100
岩体的内摩擦角	>45°	40° ~ 50°	35° ~ 40°	30° ~ 35°	<30°

由于岩体的岩土力学分类不仅考虑了岩石的抗压强度，而且还比较仔细地考虑了节理（组）和地下水对工程稳定的影响，对隧洞与采矿等工程较为实用，因此，本分类在欧美等国得到较为广泛的应用。

5.3　我国工程岩体分级标准（GB 50218—1994）

5.3.1　工程岩体分级的基本方法

1. 确定岩体基本质量

按定性、定量相协调的要求，最终定量确定岩石的坚硬程度与岩体完整性指数（K_V）。

岩石坚硬程度采用岩石单轴饱和抗压强度（σ_c）。当无条件取得 σ_c 时，亦可实测岩石的点荷载强度指数（$I_{s(50)}$）进行换算，（$I_{s(50)}$）指直径 50mm 圆柱形试件径向加压时的点荷载强度），σ_c 与 $I_{s(50)}$ 的换算关系见下式

$$\sigma_c = 22.82 I_{s(50)}^{0.75} \tag{5-4}$$

σ_c 与定性划分的岩石坚硬程度的对应关系，见表 5-15。

表 5-15　σ_c 与定性划分的岩石坚硬程度的对应关系

σ_c/MPa	>60	60 ~ 30	30 ~ 15	15 ~ 5	<5
坚硬程度	坚硬岩	较坚硬岩	较软岩	软岩	极软岩

岩体完整性指数（K_V）可用弹性波测试方法确定

$$K_V = \frac{v_{pm}^2}{v_{pr}^2} \tag{5-5}$$

式中，v_{pm} 为岩体弹性纵波速度（km/s）；v_{pr} 为岩石弹性纵波速度（km/s）。

当现场缺乏弹性波测试条件时，可选择有代表性露头或开挖面，对不同的工程地质岩组进行节理裂隙统计，根据统计结果计算岩体体积节理数（J_V）（单位：条/m³）；

$$J_V = S_1 + S_2 + \cdots + S_n + S_k \tag{5-6}$$

式中，S_n 为第 n 组节理每米长测线上的条数；S_k 为每立方米岩体非成组节理条数。

J_V 与 K_V 的对照关系见表 5-16，K_V 与岩体完整性程度定性划分的对应关系，见表 5-17。

表 5-16　J_V 与 K_V 对照

J_V（条/m³）	<3	3 ~ 10	10 ~ 20	20 ~ 35	>35
K_V	>0.75	0.75 ~ 0.55	0.55 ~ 0.35	0.35 ~ 0.15	<0.15

表 5-17　K_V 与定性划分的岩体完整程度的对应关系

K_V	>0.75	0.75 ~ 0.55	0.55 ~ 0.35	0.35 ~ 0.15	<0.15
完整程度	完整	较完整	较破碎	破碎	极破碎

2. 岩体基本质量分级

1）岩体基本质量指标（BQ）按下式计算

$$BQ = 90 + 3\sigma_c + 250K_V \tag{5-7}$$

式中，BQ 为岩体基本质量指标；σ_c 为岩石单轴饱和抗压强度的兆帕数值；K_V 为岩体完整性指数值。

注意，使用本式时，应遵守下列限制条件：①当 $\sigma_c > 90K_V + 30$ 时，应以 $\sigma_c = 90K_V + 30$ 和 K_V 代入计算 Q 值；②当 $K_V > 0.04\sigma_c + 0.4$ 时，应以 $K_V = 0.04\sigma_c + 0.4$ 和 R_c 代入计算 Q 值。

2）按计算所得的 Q 值及表 5-18，进行岩体基本质量分级。

表 5-18　岩体基本质量分级

基本质量级别	岩体基本质量的定性特征	岩体基本质量指标（BQ）
I	坚硬岩，岩体完整	>550
II	坚硬岩，岩体较完整； 较坚硬岩，岩体完整	550 ~ 451

（续）

基本质量级别	岩体基本质量的定性特征	岩体基本质量指标（BQ）
Ⅲ	坚硬岩，岩体较破碎； 较坚硬岩或软硬岩互层，岩体较完整； 较软岩，岩体完整	$450 \sim 351$
Ⅳ	坚硬岩，岩体破碎； 较坚硬岩，岩体较破碎—破碎； 较软岩或软硬岩互层，且以软岩为主，岩体较完整—较破碎； 软岩，岩体完整—较完整	$350 \sim 251$
Ⅴ	较软岩，岩体破碎； 软岩，岩体较破碎—破碎； 全部极软岩及全部极破碎岩	<250

3. 岩体结合工程情况的指标修正

结合工程情况，计算岩体基本质量指标修正值 $[BQ]$，并仍按表 5.18 所列的指标值确定本工程的工程岩体级别。

岩体基本质量指标修正值 $[BQ]$ 可按下式计算

$$[BQ] = BQ - 100(K_1 + K_2 + K_3) \tag{5-8}$$

式中，$[BQ]$ 为岩体基本质量指标修正值；BQ 为岩体基本质量指标；K_1 为地下水影响修正系数；K_2 为主要软弱结构面产状影响修正系数；K_3 为初始应力状态影响修正系数。

K_1、K_2、K_3 值，可分别按表 5-19、表 5-20、表 5-21 确定。无表中所列情况时，修正系数取零。$[BQ]$ 出现负值时，应按特殊问题处理。

表 5-19 地下水影响修正系数 K_1

地下水出水状态　＼　$\dfrac{BQ}{K_1}$	>450	$450 \sim 351$	$350 \sim 251$	<250
潮湿或点滴状出水	0	0.1	$0.2 \sim 0.3$	$0.4 \sim 0.6$
淋雨状或涌流状出水，水压小于等于 0.1MPa 或单位出水量 $\leqslant$10L/（min·m）	0.1	$0.2 \sim 0.3$	$0.4 \sim 0.6$	$0.7 \sim 0.9$
淋雨状或涌流状出水，水压大于 0.1MPa 或单位出水量大于 10L/（min·m）	0.2	$0.4 \sim 0.6$	$0.7 \sim 0.9$	1.0

表 5-20 主要软弱结构面产状影响修正系数 K_2

结构面产状及其与洞轴线的组合关系	结构面走向与洞轴线夹角 $<30°$ 结构面倾角 $30° \sim 75°$	结构面走向与洞轴线夹角 $>60°$ 结构面倾角 $>75°$	其他组合
K_2	$0.4 \sim 0.6$	$0 \sim 0.2$	$0.2 \sim 0.4$

表 5-21 初始应力状态影响修正系数 K_3

初始应力状态　＼　$\dfrac{BQ}{K_3}$	>550	$550 \sim 451$	$450 \sim 351$	$350 \sim 251$	<250
极高应力区	1.0	1.0	$1.0 \sim 1.5$	$1.0 \sim 1.5$	1.0
高应力区	0.5	0.5	0.5	$0.5 \sim 1.0$	$0.5 \sim 1.0$

5.3.2 工程岩体分级标准的应用

1. 岩体物理力学参数的选用

工程岩体基本级别一旦确定以后，可按表 5-22 选用岩体的物理力学参数以及按表 5-23 选用岩体结构面抗剪断峰值强度参数。

表 5-22 岩体物理力学参数

岩体基本质量级别	重度 $\gamma/(kN/m^3)$	抗剪断峰值强度		变形模量 E/GPa	泊松比 ν
		内摩擦角 $\phi(°)$	内聚力 C/MPa		
I	>26.5	>60	>2.1	>33	<0.2
II		60~50	2.1~1.5	33~20	0.2~0.25
III	26.5~24.5	50~39	1.5~0.7	20~6	0.25~0.3
IV	24.5~22.5	39~27	0.7~0.2	6~1.3	0.3~0.35
V	<22.5	<27	<0.2	<1.3	>0.35

表 5-23 岩体结构面抗剪断峰值强度

序 号	两侧岩体的坚硬程度及结构面的结合程度	内摩擦角 $\phi(°)$	内聚力 C/MPa
1	坚硬岩，结合好	>37	>0.22
2	坚硬—较坚硬岩，结合一般； 较软岩，结合好	37~29	0.22~0.12
3	坚硬—较坚硬岩，结合差； 较软岩—软岩，结合一般	29~19	0.12~0.08
4	较坚硬—较软岩，结合差—结合很差； 软岩、结合差； 软质岩的泥化面	19~13	0.08~0.05
5	较坚硬岩及全部软质岩，结合很差； 软质岩泥化层本身	<13	<0.05

2. 地下工程岩体自稳能力的确定

利用标准中附录所列的地下工程自稳能力（表 5-24），可以对跨度等于或小于 20m 的地下工程作稳定性初步评估，当实际自稳能力与表中相应级别的自稳能力不相符时，应对岩体级别作相应调整。

表 5-24 地下工程岩体自稳能力

岩体级别	自稳能力
I	跨度小于20m，可长期稳定，偶有掉块，无塌方
II	跨度10~20m，可基本稳定，局部可发生掉块或小塌方； 跨度小于10m，可长期稳定，偶有掉块
III	跨度10~20m，可稳定数日至一个月，可发生小至中塌方； 跨度5~10m，可稳定数月，可发生局部块体位移及小至中塌方； 跨度小于5m，可基本稳定
IV	跨度大于5m，一般无自稳能力，数日至数月内可发生松动变形、小塌方，进而发展为中至大塌方。埋深小时，以拱部松动破坏为主，埋深大时，有明显塑性流动变形和挤压破坏； 跨度小于5m，可稳定数日至一个月
V	无自稳能力

注：小塌方：塌方高度小于3m，或塌方体积小于30m³；中塌方：塌方高度3~6m，或塌方体积30~100m³；大塌方：塌方高度大于6m，或塌方体积大于100m³。

5.4 国内外不同行业工程岩体分级标准

5.4.1 地下工程围岩分类

在地下工程建设中，无论怎样仔细地研究都不可能把工程区域内岩体的力学性质的细节完全搞清楚。因此，根据地下工程的性质与要求，将围岩体的某种或某些属性加以概略的划分，称为围岩分类或围岩分级。围岩分类的目的在于整理和传授复杂的岩石环境中开挖地下工程的经验，是将以地质条件为主的分散的实践经验加以概略量化的一种骨架，是应用前人经验进行支护设计、选择施工方法的桥梁，是计算工程造价和投资的依据。

目前国内外提出了许多地下工程围岩分类方法，有的已在实践中得到广泛应用。在 20 世纪 70 年代后期至 90 年代，我国在地下建筑物围岩稳定性分类研究上有了很大进展，提出了多种分类方案，为地下工程的建设和发展做出了重大贡献。

目前，虽然不同部门有自己不同的围岩分类标准，但考虑的因素、指标相差不大（表 5-25），且不同分类系统之间有一定的联系。如 Rufledge T. C. (1978 年) 等根据新西兰多个工程的经验，对 RMR、RSR 和 Q 系统三者得出如下关系式

$$RMR = 1.35 \log Q + 43$$
$$RSR = 0.77 RMR + 12.4 \tag{5-9}$$
$$RSR = 13.3 \log Q + 46.5$$

表 5-25　国内外围岩分类（级）及分类因素

序号	国别	围岩（岩体）分类	类（级）数	分类因素								备注
				岩石强度 σ_c	RQD /%	岩体完整系数 K_V	结构面状态	受地质构造影响程度	围岩应力状态	地下水	结构面与工程轴线组合关系	
1		工程岩体分级标准（GB 50218-1994）	5	+		+			+	+	+	
2		锚杆喷射混凝土技术规范围岩分类	5	+		+			+	+	+	声波速度是分类因素之一
3		岩体质量系数分级（1979 年）	5	+		+	f					
4	中国	水电工程地质勘察规范中的围岩分类	5	+		+	+			+	+	
5		铁路隧道围岩分类（TBJ 3-1985）	6	+		+	+	+				
6		防护工程设计规范中坑道工程围岩定量分级（1998）	5	+		+				+	+	声波速度是分类因素之一
7		军用物资洞库锚喷支护围岩分类（1983）	5	+		J_v K_v	+	+			+	

序号	国别	围岩（岩体）分类	类（级）数	分类因素								备注
				岩石强度 σ_c	RQD/%	岩体完整系数 K_V	结构面状态	受地质构造影响程度	围岩应力状态	地下水	结构面与工程轴线组合关系	
8	原苏联	岩石坚固性分级 普罗托季亚科诺夫（1926 年）	10	+								用 f_{kp} 值计算岩石压力
9	美国	岩体荷载分类 太沙基（1946 年）	9	+		岩体结构						岩石荷载折算高度
10	奥地利	围岩自稳时间分类 劳佛尔（1958 年）	7	实质上 +		实质上 +						有效跨度，稳定时间与岩体分级的关系
11	前苏联	围岩稳定性分类 伊万诺夫（1960 年）	5	f_{kp}		裂隙多少	+	+		+	+	
12	美国	岩石质量指针 RQD 分类，迪尔（1969 年）	5		+							
13	南非	岩石结构评价 RSR 威克姆（1972 年）		+		节理状态				+	+	
14	澳大利亚	节理岩体地质力学分类 RMR 比尼奥斯基（1973 年）	5	+	+	节理间距	+			+	+	
15	挪威	隧道质量指针分类 Q，巴顿等（1974 年）	9		+	J_n	J_r J_a		+	+		
16	日本	新奥法设计施工指南 围岩分类（1983 年）	5	+		裂隙频度	+			+		开挖面稳定性，毛洞稳定性，最大允许变形量均为分类因素
17	印度	围岩收敛变形分类 夏玛（1983 年）	5	+					+		+	开挖方法，支护类型，施工效率，围岩监控，变形模量，应变软化特性，扩容特性，随时间变化特性均为分类因素

　　现在，我国地下工程建设发展迅速，特别是高速公路隧道工程的建设更是突飞猛进。因此，这里主要介绍我国现行的公路隧道围岩分类，见表 5-26。

表 5-26　公路隧道围岩分类

级别	围岩主要工程地质条件		围岩开挖后的稳定状态
	主要工程地质条件	结构特征和完整状态	
Ⅵ	硬质岩石（饱和抗压强度 $\sigma_c > 60\text{MPa}$），受地质构造影响轻微，节理不发育，无软弱面（或夹层），层状岩层为厚层，层面结合良好	呈巨块状整体结构	围岩稳定、无坍塌，可能产生岩爆
Ⅴ	硬质岩石（$\sigma_c > 30\text{MPa}$），受地质构造影响较严重，节理较发育，有少量软弱面（或夹层）和贯通微张节理，但其产状及组合关系不致产生滑动，层状岩层为中层或厚层，层间结合一般，很少有分离现象，或为硬质岩石偶夹软质岩石	呈大块状砌体结构	暴露时间长、可能出现局部小坍塌；侧壁稳定；层间结合差的平缓岩层，顶板易塌落
	软质岩石（$\sigma_c \approx 30\text{MPa}$），受地质构造影响轻微，节理不发育；层状岩层为厚层，层间结构良好	呈巨块状整体结构	
Ⅳ	硬质岩石（$\sigma_c > 30\text{MPa}$），受地质构造影响严重，节理发育，有层状软弱面（或夹层），但其产状及组合关系尚不致产生滑动；层状岩层为薄层或中层，层间结合差，多有分离现象，或为硬、软质岩石互层	呈块（石）碎（石）状镶嵌结构	拱部无支护时可产生中、小坍塌，侧壁基本稳定，爆破振动过大易坍
	软质岩石（$\sigma_c = 5 \sim 30\text{MPa}$），受地质构造影响很严重，节理较发育，层状岩层为薄层、中层或厚层，层间结合一般	呈大块状砌体结构	
Ⅲ	硬质岩石（$\sigma_c > 30\text{MPa}$），受地质构造影响很严重，节理很发育，层状软弱面（或夹层）已基本被破坏	呈碎石状压碎结构	拱部无支护时，可产生较大的坍塌；侧壁有时失去稳定
	软质岩石（$\sigma_c = 5 \sim 30\text{MPa}$），受地质构造影响严重，节理发育	呈块（石）碎（石）状镶嵌结构	
	① 略具压密或成岩作用的黏性土及砂性土 ② 一般钙质、铁质胶结的碎、卵石土、大块石土 ③ 黄土	① 呈大块状压密结构 ② 呈巨块状整体结构 ③ 呈巨块状整体结构	
Ⅱ	石质围岩位于挤压强烈的断裂带内，裂隙杂乱，呈石夹土或土夹石状	呈角（砾）碎（石）状松散结构	围岩易坍塌，处理不当会出现大坍塌、侧壁经常小坍塌；浅埋时易出现地表下沉（陷）或坍塌至地表
	一般第四系的半干硬～硬塑的黏性土及稍湿至潮湿的一般碎、卵石土、圆砾、角砾土及黄土（Q_3、Q_4）	非黏性土呈松散结构，黏性土及黄土呈松软结构	
Ⅰ	石质围岩位于挤压极强烈的断裂带内，呈角砾、砂、泥松软体	呈松软结构	围岩极易坍塌变形，有水时土砂常与水一齐涌出；浅埋时易坍至地表
	软塑状黏性土及潮湿的粉细砂等	黏性土呈蠕动的松软结构，砂性土呈潮湿松散结构	

5.4.2　地下工程类型

　　地下工程包括的类型很多，从不同的角度区分，可得到不同的分类方法。最合理的地下工程分类必须与其周围岩体应有的稳定性、安全程度联系起来，同时取决于地下工程的用途。

1. Barton 分类

1974 年，挪威地质学家 Barton、Lien 和 Lunde 将地下工程分为：

1）临时性矿山坑洞。

2）竖井。

3）永久性矿山坑洞、水电工程的引水隧洞（不包括高水头涵洞）、导挖隧道、平巷和大型开挖工程的导坑。

4）地下储藏室、污水处理站、公路和铁路隧道、水电工程的调压室及进出隧道。

5）地下电站主洞室、公路和铁路干线的隧道、民防洞室、隧道入口及交叉点。

6）地下核电站、地铁车站、地下体育场及公共设施、地下厂房。

2. 按地下工程埋置深度分类

按地下工程埋置深度分类，可借鉴隧道工程的划分方案。我国经典的隧道工程著作根据埋深将隧道划分为深埋隧道和浅埋隧道两大类，现行的《铁路隧道设计规范》和《公路隧道设计规范》在计算围岩压力时，也都采用该划分方案。深埋隧道和浅埋隧道的临界深度 H_p 可按荷载等效高度值，并结合地质条件、施工方法等因素综合判定。按荷载等效高度的判定式为

$$H_p = (2.0 \sim 2.5)h_q \qquad (5\text{-}10)$$

式中，H_p 为深埋与浅埋地下工程临界深度；h_q 为荷载等效高度，$h_q = q/\gamma$，q 为深埋地下工程垂直均布压力（kN/m^2），γ 为围岩重度（kN/m^3）。

在矿山法施工的条件下，Ⅰ～Ⅲ类围岩取 $H_p = 2.5h_q$；Ⅳ～Ⅵ类围岩取 $H_p = 2.0h_q$。

根据上述方案，对于山岭区地下工程，一般埋深超过 50m 的基本上都可以划分为深埋地下工程。

另外，地下工程按用途可分为交通地下工程（如公路及铁路隧道、水底隧道、地下铁道、航运隧道、人行隧道等）、水工地下工程（如引水及尾水隧洞、导流隧洞、排沙隧洞等）、市政地下工程（如给排水隧道、人防洞室等）及矿山地下工程等；按地下工程所处位置，可分为山地（区）地下工程、城市地下工程及水下地下工程；按所处地层，可分为岩石（软岩、硬岩）地下工程、土质地下工程等。

5.4.3 我国煤炭行业的岩石分类

我国煤炭行业的岩石分类见表 5-27。

表 5-27　我国煤炭行业的岩石分类表

围岩分类		岩性描述	巷道开挖后的稳定状态（3～4m 跨度）	岩种举例
类别	名称			
1	稳定岩层	①完整、坚硬岩层，饱和抗压强度 $R_b \sim$ 60MPa，不易风化；②层状岩层，层间胶结好，无软弱夹层	围岩稳定，长期不支护，无碎块掉落现象	完整的玄武岩、石英质砂岩、奥陶纪灰岩、茅口灰岩、大二台厚层灰岩
2	稳定性较好岩层	①完整、比较坚硬岩层，$R_b = 40 <$ 60MPa；②层状岩层，胶结好；③坚硬块状岩层，裂隙面闭合，无泥质充填物，$R_b > 60$MPa	围岩基本稳定，较长时间不支护，会出现小块掉落	胶结好的砂岩、砾岩、大二台薄层灰岩

（续）

围岩分类		岩性描述	巷道开挖后的稳定状态（3~4m 跨度）	岩种举例
类别	名称			
3	中等稳定岩层	①完整的中厚岩层，$\sigma_b = 20 \sim 40\text{MPa}$；②层状岩层，以坚硬岩层为主，夹有少数软岩层；③比较坚硬的块状岩层，$\sigma_b = 40 \sim 60\text{MPa}$	能维持一个月以上稳定，局部会产生岩块掉落	砂岩、砂质页岩、石灰岩、硬质凝灰岩
4	稳定性较差岩层	①较软的完整岩层，$\sigma_b > 20\text{MPa}$；②中硬的层状岩层；③中硬的块状岩层，$\sigma_b = 20 \sim 40\text{MPa}$	围岩稳定时间仅有几天	页岩、胶结不好的砂岩、硬煤
5	不稳定岩层	①易风化潮解剥离的松办软岩层；②各类破碎岩	围岩很容易产生冒顶、片帮及底鼓	炭质泥岩、花斑泥岩、软质凝灰岩、煤、破碎的各类岩石
说　明		岩层描述半岩层分为完整的、层状的、块状和破碎的四种：①完整岩层，层理和节理、裂隙的间距 >1.5m；②层状岩层，层与层的间距 >1.5m；③块状岩层，节理、裂隙间距 <0.3m。当地下水影响围岩的稳定性时，应考虑适当降低类别		

　　我国煤矿回采巷道围岩稳定性分类与合理支护技术指标经原煤炭工业部批准在全国统配煤矿中试用，见表 5-28。

表 5-28　我国煤矿回采巷道围岩稳定性分类与合理支护技术指标

围岩类别	稳定状况	顶底移近率/%	主要特点	支护强度/(kN/m^2)	支护形式	主要支护参数	其他支护措施
I	非常稳定	<5	顶板多为砂岩、石灰岩；无直接顶或仅有薄层直接顶或伪顶；底顶多为砂岩、粉砂岩或砂质页岩	0 ~ 30	1）不支护；2）点柱；3）刚性锚杆	1）棚距≈1m；2）1~2 排；3）锚杆长 1.2~1.6m，密度≈1 根/m²，锚固力 50~70kN/根	在工作面前方 10~20m 处用点柱加固
II	稳定	5 ~ 10	顶、底板多为砂质页岩；也有的是砂岩或致密页岩；煤质坚硬，节理、层理不太发育；直接顶初次跨落步距≈15m；围岩变形量及前支承压力不大	30 ~ 70	1）刚性金属支架；2）刚性锚杆	1）间距≈0.8m；2）锚固力 50~70kN/根；锚杆长度 1.2~1.6m，密度 1.0~1.2 根/m²	间隔背板；工作面前方采动影响区内用点柱或支架加强
III	中等稳定	10 ~ 20	一般为一侧已采空的围岩较稳定的回风巷和围岩稳定性较差的运输巷（两侧为实体煤）；顶、底板多为页岩或砂质页岩；直接顶较厚，节理中等发育；初次跨落步距≈10m；煤质中硬	70 ~ 150	1）梯形可缩支架；2）拱形可缩支架；3）刚性或可延深锚杆	1）棚距 0.6~0.8m，垂直可缩量 200~400mm；2）棚距 0.6~0.8m，垂直、侧向可缩量均为 200~400mm；3）锚固力 50~70kN/根，锚杆长度 1.4~1.8m，密度 1.2~1.5 根/m²，采用可延伸锚杆时，延伸量为 150~300mm	采面前方采动影响区内；1）支架用中柱加强、间隔背板、架间用拉杆固定；2）与金属网、板梁联合使用，工作面前方也可用支架加强

（续）

围岩类别	稳定状况	顶底移近率/%	主要特点	支护强度/（kN/m²）	支护形式	主要支护参数	其他支护措施
Ⅳ	不稳定	20~35	顶、底板多为粉砂岩、砂质页岩；煤质中硬，节理、裂隙发育； 直接顶初次跨落步距10~15m；巷道除受前支承压力影响，还受护巷煤柱应力集中的影响； 煤柱影响系数0.67~0.97 两帮移近率与顶底移近率接近相等	100~200	1）梯形可缩支架； 2）拱形可缩支架	1）棚距0.6~0.8m 垂直可缩量400~600mm； 2）侧向可缩量为400~600mm	工作面前方采动影区内用中柱加强、密置背板，架间用拉杆固定，架后填实
Ⅴ	极不稳定	>35	顶、底板多为泥岩、页岩；也有的是层理、节理十分发育的砂质页岩；煤质松软，层理、节理发育；直接顶厚度较大，初次跨落步距<10m，巷道一侧护巷煤柱较小；一般两帮移近率<顶底移近率；有底鼓现象	150~250	1）封闭可缩支架； 2）拱形可缩支架	以K表示顶底相对移近率；K<40%时用马蹄形支架；K>40%，围岩压力不均时用方环形、长环形支架，压力均匀时用圆形支架； 棚距≈0.6m；垂直、侧向可缩量均为400~600mm	1）背板或金属网背严，架间用拉杆固定，架后填实； 2）背板或金属网背严，架间用拉杆固定，架后填实与防治底鼓的措施相结合，如打底板锚杆、注浆或化学加固、卧底以及其他措施

5.5 岩石分类（级）标准的有效应用

1994年，我国制定并试行GB 50218-1994《工程岩体分级标准》。该标准的基本应用思路是：先不考虑工程类别的差别，按照一般岩体的基本稳定特性，对岩体基本质量进行评价和分级，然后再考虑各类岩石工程的特点，根据影响工程岩体稳定性的其他因素，修正原来对岩体基本质量作出的评价，最后确定具体工程岩体的分级。

由于岩石力学的理论至今发展得还不够成熟，最后的工程决策往往仍然需要参照以往的工程经验，也即是采取通常所说的工程类比法。以上所列出的各类分类表，实质上可以将之视为工程类比法的很好的参照资料。

复习思考题

5-1 名词解释：*RQD*法、*BQ*法、*RMR*法。
5-2 在*CSIR*分类法、*Q*分类法和*BQ*分类法中各考虑了岩体的哪些因素？
5-3 如何进行*CSIR*分类？
5-4 如何通过岩体分级确定岩体的有关力学参数？
5-5 简述工程岩体分类的目的。
5-6 影响围岩分类的主要因素有哪些？

第6章 地 应 力

6.1 地应力的概念与意义

如前所述，岩体介质有许多有别于其他介质的重要特性，由岩体的自重和历史上地壳构造运动引起并残留至今的构造应力等因素导致岩体具有初始地应力（或简称地应力）是最具有特色的性质之一。

就岩体工程而言，如不考虑岩体地应力这一要素，就难以进行合理的分析和得出符合实际的结论。地下空间的开挖必然使围岩应力场和变形场重新分布并引起围岩损伤，严重时导致失稳、垮塌和破坏。这都是由于在具有初始地应力场的岩体中进行开挖所致，因为这种开挖所致的"荷载"通常是地下工程问题中的重要荷载。由此可见，如何测定和评估岩体的地应力，如何合理模拟工程区域的初始地应力场以及正确和合理地计算工程中的开挖"荷载"，是岩石力学与工程中不可回避的重要问题。

正因为如此，在岩石力学发展史中有关地应力测量、地应力场模拟等问题的研究和地应力测试设备的研制一直占有重要的地位。

6.1.1 地应力的基本概念

地应力可以概要定义为存在于岩体中未受人工开挖扰动影响的自然应力，或称原岩应力。地应力场呈三维状态有规律地分布于岩体中。当工程开挖后，围岩的应力受到开挖扰动的影响而重新分布，重分布后形成的应力称为二次应力或诱导应力。

6.1.2 地应力的成因、组成成分和影响因素

1. 地应力的成因

人们认识地应力还只是近百年的事。1878 年瑞士地质学家海姆（A. Heim）首次提出了地应力的概念，并假定地应力是一种静水应力状态，即地壳中任意一点的应力在各个方向上均相等，且等于单位面积上覆岩层的重力，即

$$\sigma_h = \sigma_v = \gamma H \tag{6-1}$$

式中，σ_h 为水平应力；σ_v 为垂直应力；γ 为上覆岩层重度；H 为深度。

1962 年，前苏联学者金尼克修正了海姆的静水压力假定，认为地壳中各点的垂直应力等于上覆岩层的重力 $\sigma_v = \gamma H$，而侧向应力（水平应力）是泊松效应的结果，即 $\sigma_h = \gamma H \nu / (1 - \nu)$，$\nu$ 为上覆岩层的泊松比。

同期的其他学者主要关心的也是如何用一些数学公式来定量地计算地应力的大小，并且也都认为地应力只与重力有关，即以垂直应力为主，他们的不同点只在于侧压系数的不同。然而，许多地质现象，如断裂、褶皱等均表明地壳中水平应力的存在。早在 20 世纪 20 年代，我国地质学家李四光就指出："在构造应力的作用仅影响地壳上层一定厚度的情况下，

水平应力分量的重要性远远超过垂直应力分量。"

1958年，瑞典工程师哈斯特(N. Hast)首先在斯堪的纳维亚半岛进行了地应力测量的工作，发现存在于地壳上部的最大主应力几乎处处是水平或接近水平的，而且最大水平主应力一般为垂直应力的1~2倍以上；在某些地表处，测得的最大水平应力高达7MPa，这就从根本上动摇了地应力是静水压力的理论和以垂直应力为主的观点。

产生地应力的原因是十分复杂的。三十多年来的实测和理论分析表明，地应力的形成主要与地球的各种动力运动过程有关，其中包括板块边界受压、地幔热对流、地球内应力、地心引力、地球旋转、岩浆侵入和地壳非均匀扩容等。另外，温度不均、水压梯度、地表剥蚀或其他物理化学变化等也可引起相应的应力场。其中，构造应力场和自重应力场为现今地应力场的主要组成部分。

（1）大陆板块边界受压引起的应力场　我国大陆板块受到外部两板块（即印度洋板块和太平洋板块）的推挤，推挤速度为每年数厘米，同时受到了西伯利亚板块和菲律宾板块的约束。在这样的边界条件下，板块发生变形，产生水平受压应力场。印度洋板块和太平洋板块的移动促成了我国山脉的形成，控制了我国地震的分布。

（2）地幔热对流引起的应力场　由硅镁质组成的地幔温度很高，具有可塑性，并可以上下对流和蠕动。当地幔深处的上升流到达地幔顶部时，就分为两股方向相反的平流，经一定流程直到与另一对流圈的反向平流相遇，一起转为下降流，回到地球深处，形成一个封闭的循环体系。地幔热对流引起地壳下面的水平切向应力。

（3）由地心引力引起的应力场　由地心引力引起的应力场称为自重应力场，自重应力场是各种应力场中唯一能够计算的应力场。地壳中任一点的自重应力等于单位面积上覆岩层的重力。自重应力为垂直方向应力，它是地壳中所有各点垂直应力的主要组成部分。但是垂直应力一般并不完全等于自重应力，这是因为板块移动等其他因素也会引起垂直方向应力变化。

（4）岩浆侵入引起的应力场　岩浆侵入挤压、冷凝收缩和成岩，均在周围地层中产生相应的应力场，其过程也是相当复杂的。熔融状态的岩浆处于静水压力状态，对其周围施加的是各个方向相等的均匀压力。但是炽热的岩浆侵入后即逐渐冷凝收缩，并从接触界面处逐渐向内部发展。不同的热膨胀系数及热力学过程会使侵入岩浆自身及其周围岩体应力产生复杂的变化过程。应当指出，由岩浆侵入引起的应力场是一种局部应力场。

（5）地温梯度引起的应力场　地层的温度随着深度增加而升高。由于温度梯度引起地层中不同深度产生相应膨胀，从而引起地层中的正应力。另外，岩体局部寒热不均，产生收缩和膨胀，也会导致岩体内部产生局部应力场。

（6）地表剥蚀产生的应力场　地壳上升部分岩体因为风化、侵蚀和雨水冲刷搬运而产生剥蚀作用。剥蚀后，由于岩体内颗粒结构的变化和应力松弛赶不上这种变化，导致岩体内仍然存在着比由地层厚度所引起的自重应力还要大得多的水平应力值。因此，在某些地区，大的水平应力除与构造应力有关外，还和地表剥蚀有关。

2. 自重应力和构造应力

对上述地应力的组成成分进行分析，依据促成岩体中初始地应力的主要因素，可以将岩体中初始地应力场划分为两大组成部分，即自重应力场和构造应力场。两者叠加起来便构成岩体中初始地应力场的主体。

（1）岩体的自重应力 地壳上部各种岩体由于受地心引力的作用而引起的应力称为自重应力，也就是说自重应力是由岩体的自重引起的。岩体自重作用不仅产生垂直应力，而且由于岩体的泊松效应和流变效应也会产生水平应力。研究岩体的自重应力时，一般把岩体视为均匀、连续且各向同性的弹性体，因而可以引用连续介质力学原理来探讨岩体的自重应力问题。将岩体视为半无限体，即上部以地表为界，下部及水平方向均无界限。那么，岩体中某点的自重应力可按以下方法求得。

设距地表深度为 H 处取一单元体，如图 6-1 所示，岩体自重在地下深为 H 处产生的垂直应力为单元体上覆岩体的重力，即

$$\sigma_z = \gamma H \tag{6-2}$$

式中，γ 为上覆岩体的平均重度（kN/m^3）；H 为岩体单元的深度（m）。

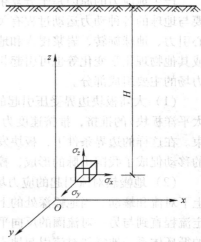

图 6-1 岩体自重垂直应力

若把岩体视为各向同性的弹性体，由于岩体单元在各个方向都受到与其相邻岩体的约束，不可能产生横向变形，即 $\varepsilon_x = \varepsilon_y = 0$。而相邻岩体的阻挡就相当于对单元体施加了侧向应力 σ_x 及 σ_y，考虑广义胡克定律则有

$$\left. \begin{array}{l} \varepsilon_x = \dfrac{1}{E}[\sigma_x - \nu(\sigma_y + \sigma_z)] = 0 \\[2mm] \varepsilon_y = \dfrac{1}{E}[\sigma_y - \nu(\sigma_z + \sigma_x)] = 0 \end{array} \right\} \tag{6-3}$$

由此可得

$$\sigma_x = \sigma_y = \frac{\nu}{1-\nu}\sigma_z = \frac{\nu}{1-\nu}\gamma H \tag{6-4}$$

式中，E 为岩体的弹性模量，ν 为岩体的泊松比。

令 $\lambda = \nu/(1-\nu)$，则有

$$\left. \begin{array}{l} \sigma_z = \gamma H \\ \sigma_x = \sigma_y = \lambda\sigma_z \\ \tau_{xy} = 0 \end{array} \right\} \tag{6-5}$$

式中，λ 称为侧压力系数，其定义为某点的水平应力与该点垂直应力的比值。

若岩体由多层不同重度的岩层所组成（图 6-2）。各岩层的厚度为 $h_i(i=1，2，\cdots，n)$，重度为 $\gamma_i(i=1，2，\cdots，n)$，泊松比为 $\nu_i(i=1，2，\cdots，n)$，则第 n 层底面岩体的自重初始应力为

$$\left. \begin{array}{l} \sigma_{z,i} = \gamma_i h_i \\[2mm] \sigma_x = \sigma_y = \sum\limits_{i=1}^{n} \lambda_i \sigma_{z,i} = \sum\limits_{i=1}^{n} \dfrac{\nu_i}{1-\nu_i}\gamma_i h_i \end{array} \right\} \tag{6-6}$$

一般岩体的泊松比 ν 为 0.15～0.35，故侧压力系数 λ 通常都小于 1，因此在岩体自重应力场中，垂直应力 σ_z 和水平应力 σ_x、σ_y 都是主应力，σ_x 为 σ_z 的 25%～54%。只有岩石处于塑性状态时，λ 值才增大。当 $\nu = 0.5$ 时，$\lambda = 1$，它表示侧向水平应力与垂直应力相等（$\sigma_x = \sigma_y = \sigma_z$），即所谓的静水应力状态（海姆假说）。海姆认为岩石长期受重力作用产生塑

性变形，甚至在深度不大时也会发展成各向应力相等的隐塑性状态。在地壳深处，其温度随深度的增加而加大，温变梯度为 30℃/km。在高温高压下，坚硬的脆性岩石也将逐渐转变为塑性状态。据估算，此深度应在距地表 10km 以下。

（2）构造应力　地壳形成之后，在漫长的地质年代，在历次构造运动下，有的地方隆起，有的地方下沉。这说明在地壳中长期存在着一种促使构造运动发生和发展的内在力量，这就是构造应力。构造应力在空间有规律的分布状态称为构造应力场。

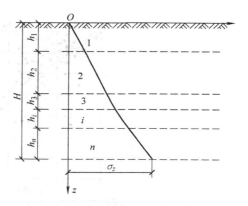

图 6-2　自重垂直应力分布图

目前，世界上测定原岩应力最深的测点已达 5 000m，但多数测点的深度在 1 000m 左右。从测点的数据来看很不均匀，有的点最大主应力在水平方向，且较垂直应力大很多，有的点垂直应力就是最大主应力，还有的点最大主应力方向与水平面形成一定的倾角，这说明最大主应力方向是随地区而变化的。

近代地质力学的观点认为，在全球范围内构造应力的总规律是以水平应力为主。我国地质学家李四光认为，因地球自转角度的变化而产生地壳水平方向的运动是造成构造应力以水平应力为主的重要原因。

6.2　地应力的主要分布规律

已有的研究和工程实践表明，浅部地壳应力分布主要有如下的一些基本规律：

1）地应力是一个具有相对稳定性的非稳定应力场，它是时间和空间的函数。地应力在绝大部分地区是以水平应力为主的三向不等压应力场。三个主应力的大小和方向是随着空间和时间而变化的，因而它是个非均匀的应力场。地应力在空间上的变化，从小范围来看，其变化是很明显的；但就某个地区整体而言，地应力的变化是不大的。如我国的华北地区，地应力场的主导方向为北西到近于东西的主压应力。

在某些地震活动活跃的地区，地应力的大小和方向随时间的变化是很明显的。在地震前，处于应力积累阶段，应力值不断升高，而地震时使集中的应力得到释放，应力值突然大幅度下降。主应力方向在地震发生时会发生明显改变，在震后一段时间又会恢复到震前的状态。

2）实测垂直应力基本等于上覆岩层的重力。对全世界实测垂直应力 σ_v 的统计资料的分析表明，在深度为 25~2 700m 的范围内，σ_v 呈线性增长，大致相当于按平均重度 γ 等于 27kN/m^{-3} 计算出来的重力 γH。但在某些地区的测量结果有一定幅度的偏差，这些偏差除有一部分可能归结于测量误差外，板块移动、岩浆对流和侵入、扩容、不均匀膨胀等也都可引起垂直应力的异常，如图 6-3 所示。该图是霍克和布朗总结出的世界各国 σ_v 值随深度 H 变化的规律。

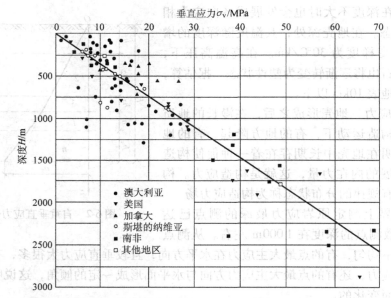

图 6-3　世界各国垂直应力 σ_v 随深度 H 的变化规律图

3）水平应力普遍大于垂直应力。实测资料表明，在绝大多数（几乎所有）地区均有两个主应力位于水平或接近水平的平面内，其与水面的夹角一般不大于 30°，最大水平主应力 $\sigma_{h,max}$ 普遍大于垂直应力 σ_v；$\sigma_{h,max}$ 与 σ_v 之比值一般为 0.5 ~ 5.5，在很多情况下比值大于 2，参见表 6-1。如果将最大水平主应力与最小水平主应力的平均值

$$\sigma_{h,av} = \frac{\sigma_{h,max} + \sigma_{h,min}}{2} \tag{6-7}$$

与 σ_v 相比，总结目前全世界地应力实测的结果，得出 $\sigma_{h,av}/\sigma_v$ 之值一般为 0.5 ~ 5.0，大多数为 0.8 ~ 1.5（见表 6-1）。这说明在浅层地壳中平均水平应力也普遍大于垂直应力。垂直应力在多数情况下为最小主应力，在少数情况下为中间主应力，只在个别情况下为最大主应力。这主要是由于构造应力以水平应力为主造成的。

表 6-1　世界各国水平主应力与垂直主应力的比值统计

国家名称	$\sigma_{h,av}/\sigma_v$（%）				$\sigma_{h,max}/\sigma_v$
	<0.8	0.8 ~ 1.2	>1.2	合计	
中　　国	32	40	28	100	2.09
澳大利亚	0	22	78	100	2.95
加拿大	0	0	100	100	2.56
美　　国	18	41	41	100	3.29
挪　　威	17	17	66	100	3.56
瑞　　典	0	0	100	100	4.99
南　　非	41	24	35	100	2.50
前苏联	51	29	20	100	4.30
其他地区	37.5	37.5	25	100	1.96

4）平均水平应力与垂直应力的比值随深度增加而减小，但在不同地区，变化的速度很不相同。图 6-4 所示为世界不同地区取得的实测结果。

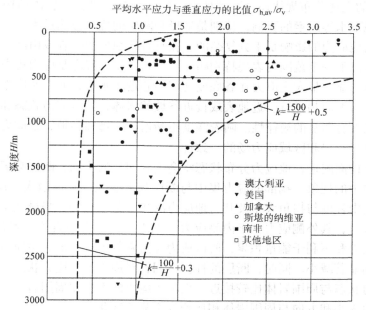

图 6-4　世界各国平均水平应力与垂直应力的比值随深度的变化规律图

注：$k = \sigma_{h,av} / \sigma_v$。

霍克和布朗根据图 6-4 所示结果回归出下列公式来表示 $\sigma_{h,av} / \sigma_v$ 随深度变化的取值范围

$$\frac{100}{H} + 0.3 \leqslant \frac{\sigma_{h,av}}{\sigma_v} \leqslant \frac{1\,500}{H} + 0.5 \tag{6-8}$$

式中，H 为深度（m）。

5）最大水平主应力与最小水平主应力也随深度呈线性增长关系。与垂直应力不同的是，在水平主应力线性回归方程中的常数项比垂直应力线性回归方程中常数项的数值要大些，这反映了在某些地区近地表处仍存在显著水平应力的事实，斯蒂芬森（O. Stephansson）等人根据实测结果给出了芬诺斯堪的亚古陆最大水平主应力和最小水平主应力随深度变化的线性方程：

最大水平主应力　　　　$\sigma_{h,max} = 6.7\text{MPa} + 0.044\,4\text{MPa/m} \times H$

最小水平主应力　　　　$\sigma_{h,min} = 0.8\text{MPa} + 0.032\,9\text{MPa/m} \times H$

式中，H 为深度（m）。

6）最大水平主应力与最小水平主应力之值一般相差较大，显示出很强的方向性。$\sigma_{h,min} / \sigma_{h,max}$ 一般为 0.2 ~ 0.8，多数情况下为 0.4 ~ 0.8，参见表 6-2。

表 6-2　世界部分国家和地区两个水平主应力的比值统计表

实测地点	统计数目	$\sigma_{h,min} / \sigma_{h,max}$（%）				
		1.0 ~ 0.75	0.75 ~ 0.50	0.50 ~ 0.25	0.25 ~ 0	合计
斯堪的纳维亚等	51	14	67	13	6	100
北　美	222	22	46	23	9	100
中　国	25	12	56	24	8	100
中国华北地区	18	6	61	22	11	100

7）地应力的上述分布规律还会受到地形、地表剥蚀、风化、岩体结构特征、岩体力学性质、温度、地下水等因素的影响，特别是地形和断层的扰动影响最大。

地形对原始地应力的影响是十分复杂的。在具有负地形的峡谷或山区，地形的影响在侵蚀基准面以上及以下一定范围内表现特别明显。一般来说，谷底是应力集中的部位，越靠近谷底应力集中越明显。最大主应力在谷底或河床中心近于水平，而在两岸岸坡则向谷底或河床倾斜，并大致与坡面相平行。近地表或接近谷坡的岩体，其地应力状态和深部及周围岩体显著不同，并且没有明显的规律性。随着深度不断增加或远离谷坡，地应力分布状态逐渐趋于规律化，并且显示出和区域应力场的一致性。

在断层和结构面附近，地应力分布状态将会受到明显的扰动。断层端部、拐角处及交汇处将出现应力集中的现象。端部的应力集中与断层长度有关，长度越大，应力集中越强烈；拐角处的应力集中程度与拐角大小及其与地应力的相互关系有关。当最大主应力的方向和拐角的对称轴一致时，其外侧应力大于内侧应力。由于断层带中的岩体一般都较软弱和破碎，不能承受高的应力和不利于能量积累，所以成为应力降低带，其最大主应力和最小主应力与周围岩体相比均显著减小。同时，断层的性质不同，对周围岩体应力状态的影响也不同。压性断层中的应力状态与周围岩体比较接近，仅是主应力的大小比周围岩体有所下降，而张性断层中的地应力大小和方向与周围岩体相比均发生显著变化。

6.3　高地应力区域的主要岩石力学问题

6.3.1　高地应力判别准则和高地应力现象

1. 高地应力判别准则

高地应力是一个相对的概念。由于不同岩石具有不同的弹性模量，岩石的储能性能也不同。一般来说，地区初始地应力大小与该地区岩体的变形特性有关，岩质坚硬，则储存弹性能多，地应力也大。因此，高地应力是相对于围岩强度而言的。也就是说，当围岩内部的最大地应力与围岩强度（σ_c）的比值达到某一水平时，才能称为高地应力或极高地应力，即

$$围岩强度比 = \frac{\sigma_c}{\sigma_{max}} \tag{6-9}$$

目前在地下工程的设计施工中，都把围岩强度比作为判断围岩稳定性的重要指标，有的还作为围岩分级的重要指标。从这个角度讲，应该认识到埋深大不一定就存在高地应力问题，而埋深小但围岩强度很低的场合，如大变形的出现，也可能出现高地应力的问题。因此，在研究是否出现高或极高地应力问题时必须与围岩强度联系起来进行判定。

表6-3是一些以围岩强度比为指标的地应力分级标准，可以参考。一定不要认为初始地应力大，就是高地应力。因为有时初始地应力虽然大，但与围岩强度相比却不一定高。因而在埋深较浅的情况下，虽然初始地应力不大，但因围岩强度极低，也可能出现大变形等现象。

表 6-3　以围岩强度比为指标的地应力分级基准

	极高地应力	高地应力	一般地应力
法国隧道协会	<2	2~4	>4
我国工程岩体分级基准	<4	4~7	>7

（续）

	极高地应力	高地应力	一般地应力
日本新奥法指南（1996 年）	>2	4 ~ 6	>6
日本仲野分级	<2	2 ~ 4	>4

　　围岩强度比与围岩开挖后的破坏现象有关，特别是与岩爆、大变形有关。前者是在坚硬完整的岩体中可能发生的现象，后者是在软弱或土质地层中可能发生的现象。表 6-4 是在我国工程岩体分级基准中的有关描述，而日本仲野则是以是否产生塑性地压来判定的（见表 6-5）。

表 6-4　高初始地应力岩体在开挖中出现的主要现象

应力情况	主要现象	σ_c/σ_{max}
极高应力	硬质岩：开挖过程中时有岩爆发生，有岩块弹出，洞室岩体发生剥离，新生裂缝多，成洞性差，基坑有剥离现象，成形性差 软质岩：岩芯常有饼化现象。开挖工程中洞壁岩体有剥离，位移极为显著，甚至发生大位移，持续时间长。不易成洞。基坑发生显著隆起或剥离，不易成形	<4
高应力	硬质岩：开挖过程中可能出现岩爆，洞壁岩体有剥离和掉块现象，新生裂缝较多，成洞性较差，基坑时有剥离现象，成形性一般尚好 软质岩：岩芯时有饼化现象，开挖工程中洞壁岩体位移显著，持续时间长，成洞性差。基坑有隆起现象，成形性较差	4 ~ 7

表 6-5　不同围岩强度比开挖中出现的现象

围岩强度化	>4	2 ~ 4	<2
地压特性	不产生塑性地压	有时产生塑性地压	多产生塑性地压

2. 高地应力现象

　　1）岩芯饼化现象。在中等强度以下的岩体中进行勘探时，常可见到岩芯饼化现象。美国 L. Obert 和 D. E. Stophenson（1965 年）用实验验证的方法同样获得了饼状岩芯，由此认定饼状岩芯是高地应力产物。从岩石力学破裂成因来分析，岩芯饼化是剪张破裂产物。除此以外，还能发现钻孔缩径现象。

　　2）岩爆。在岩性坚硬完整或较完整的高地应力地区开挖隧洞或探洞的过程中时有岩爆发生。岩爆是岩石被挤压到弹性限度，岩体内积聚的能量突然释放所造成的一种岩石破坏现象。鉴于岩爆在岩体工程中的重要性，稍后将作专题论述。

　　3）探洞和地下隧洞的洞壁产生剥离，岩体锤击为嘶哑声并有较大变形，在中等强度以下的岩体中开挖探洞或隧洞，高地应力状况不会像岩爆那样剧烈，洞壁岩体产生剥离现象，有时裂缝一直延伸到岩体浅层内部，锤击时有嘶哑声。在软质岩体中洞体则产生较大的变形，位移显著，持续时间长、洞径明显缩小。

　　4）岩质基坑底部隆起、剥离以及回弹错动现象。在坚硬岩体表面开挖基坑或槽，在开挖过程中会产生坑底突然隆起、断裂，并伴有响声，或在基坑底部产生隆起剥离。在岩体中，如有软弱夹层则会在基坑斜坡上出现回弹错动现象（图 6-5）。

　　5）野外原位测试测得的岩体物理力学指标比实验室岩块试验结果高。由于高地应力的存在，致使岩体的声波速度、弹性模量等参数增高，甚至比实验室无应力状态岩块测得的参数高。野外原位变形测试曲线的形状也会变化，在 σ 轴上有截距（图 6-6）。

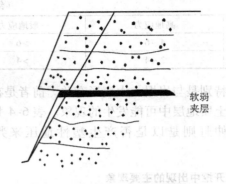

软弱
夹层

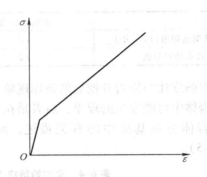

图 6-5　基坑边坡回弹错动　　　　　图 6-6　高地应力条件下岩体变形线

6.3.2　岩爆及其防治措施

1. 概述

围岩处于高应力场条件下所产生的岩片（块）飞射抛撒，以及洞壁片状剥落等现象叫岩爆。岩体内开挖地下厂房、隧道、矿山地下巷道、采场等地下工程，引起挖空区围岩应力重新分布和集中，当应力集中到一定程度后就有可能产生岩爆。在地下工程开挖过程中，岩爆是围岩各种失稳现象中反映最强烈的一种。它是地下施工的一大地质灾害。由于它的突发性，在地下工程中对施工人员和施工设备威胁最严重。如果处理不当，就会给施工安全、岩体及建筑物的稳定带来很多困难，甚至会造成重大工程事故。

据不完全统计，在我国的大部分重要煤矿中，煤爆和岩爆的发生地点一般在 200～1 500m 深处的地质构造复杂、煤层突然变化、水平煤层突然弯曲变成陡倾等部位。在一些严重的岩爆发生区，曾有数以吨计的岩块、岩片和岩板抛出。我国水电工程的一些地下洞室中也曾发生过岩爆，地点大多在高地应力地带的结晶岩和灰岩中，或位于河谷近地表处。另外，在高地应力区开挖隧道，如果岩层比较完整、坚硬时，也常发生岩爆现象。

由于岩爆是极为复杂的动力现象，至今对地下工程中岩爆的形成条件及机理还没有形成统一的认识。有的学者认为岩爆是受剪破裂；也有的学者根据自己的观察和试验结果得出张破裂的结论；还有一种观点把产生岩爆的岩体破坏过程分为：劈裂成板条、剪（折）断成块、块片弹射三个阶段式破坏。

2. 岩爆的类型、性质和特点

岩爆的特征可从多个角度去描述，目前主要是根据现场调查所得到的岩爆特征，考虑岩爆危害方式、危害程度以及对其防治对策等因素，分为破裂松脱型、爆裂弹射型、爆炸抛射型。

（1）破裂松脱型　围岩成块状、板状、鳞片状，爆裂声响微弱，弹射距离很小，岩壁上形成破裂坑，破裂坑的深度主要受围岩应力和强度的控制。

（2）爆裂弹射型　岩片弹射及岩粉喷射，爆裂声响如同枪声，弹射岩片体积一般不超过 0.33m³，直径 5～10cm。洞室开凿后，一般出现片状岩石弹射、崩落或成笋皮状的薄片剥落，岩片的弹射距离一般为 2～5m。岩块多为中间厚、周边薄的菱形岩片。

（3）爆炸抛射型　岩爆发生时巨石抛射，其声响如同炮弹爆炸，抛射岩块的体积数立方米到数十立方米，抛射距离几米到十几米。

此外，也有把岩爆分为应变型、屈服型及岩块突出型的，如图 6-7 所示。应变型，指坑道周边坚硬岩体产生应力集中，在脆性岩石中发生激烈的破坏，是最一般的岩爆现象；屈服型，指在有相互平行的裂隙的坑道中，坑道壁的岩石屈服，发生突然破坏，常常是由爆破振动所诱发的；岩块突出型，是因被裂隙或节理等分离的岩块突然突出的现象，也是因爆破或地震等而诱发的。

岩爆的规模基本上可以分为三类，即小规模的、中等规模的和大规模的，如图 6-8 所示。小规模的是指在壁面附近浅层部分（厚度小于 25cm）的破坏，破坏区域仍然是弹性的，岩块的质量通常在 1t 以下。中等规模的是指形成厚度 0.25～0.75m 的环状松弛区域的破坏，但空洞本身仍然是稳定的；大规模的是指超过 0.75m 以上的岩体显著突出，很大的岩块弹射出来，这种情况采用一般的支护是不能防止的。

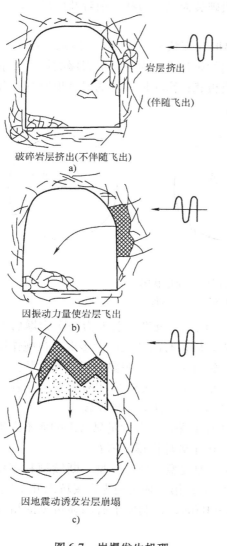

图 6-7　岩爆发生机理
a）应变型　b）屈服型　c）岩块突出型

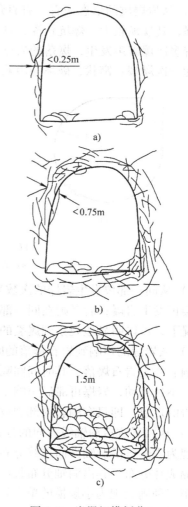

图 6-8　岩爆规模划分
a）小规模　b）中规模　c）大规模

根据已有的隧道工程经验，岩爆具有如下一些基本特征：

1）从爆裂声方面来看，有强有弱，有的沉闷，有的清脆；一般来讲，声响如闪雷的岩爆规模较大，而声响清脆的规模较小，有的伴随着声响，可见破裂处冒岩灰。声发射现象非常普遍，绝大部分岩爆伴随着声响而发生。

2）从弹射程度上来看，岩爆基本上属于弱弹射和无弹射两类。一般洞室靠河侧上部岩爆属于弱弹射类，其弹射距离不大于2.0m，一般为0.8~2.0m。洞室靠山侧下部的岩爆属于无弹射类，仅仅是将岩面劈裂形成层次错落的小块，或脱离母岩滑落的大块岩石，且可以明显地观察到围岩内部已形成空隙或空洞。

3）从爆落的岩体来看，岩体主要有体积较大的块体和体积较小的薄片，薄片的形状呈中间厚、四周薄的贝壳状，其长与宽方向的尺寸相差并不悬殊，周边厚度则参差不齐。而岩块的形状多为有一对两组平行裂面，其余的一组破裂面呈刀刃状。前者几何尺寸均较小，一般为4.5~20cm，后者从数十厘米到数米不等。

4）从岩爆坑的形态来看，有直角形、阶梯形和窝状形，如图6-9所示。爆坑为直角形的岩爆，其规模较大，爆坑较深，且伴随有沉闷的爆裂声；而阶梯形岩爆的规模最小，时常伴随着多次爆裂声发生，爆落的岩体多为片状或板状；窝状形爆坑的岩爆规模有大有小，基本上为一次爆裂长窝状，破坏与声响基本同步。

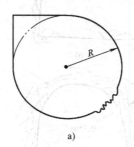 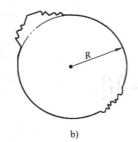 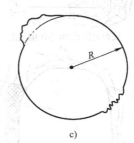

图6-9 三种典型岩爆坑断面形状图

a）直角形 b）阶梯形 c）窝状形

5）从同一部位发生岩爆的次数来看，有一次性和重复性。前者为一次岩爆后不加支护也不会再发生岩爆；后者则在同一部位重复发生岩爆，有的甚至达十多次，在施作锚杆支护的情况下，可以明显地观察到爆裂的岩块悬挂在锚杆上，形状主要为板状和片状。

6）从岩爆的声响到岩石爆落的时间间隔方面，可分为速爆型和滞后型。前者一般紧随着声响后产生岩石爆落，其时间间隔一般不会超过10s，且破坏规模较小；后者表现为只闻其声，不见其动，岩爆可滞后声响半小时甚至数月不等。也有少量只有声响而不发生岩石脱离母岩的现象，即只有围岩内部裂纹的扩展而不产生破坏性爆落岩石。

7）从岩爆坑沿洞轴线方向的分布来看，有三种类型，即连续型、断续型和零星型。前者表现为岩爆坑沿洞轴方向连续分布长达20~100m；第二种表现为岩爆坑以几十厘米至2m为间隔成片分布，其沿洞轴分布长度一般为10~100m，且洞壁上有明显可见的鳞片纹线现象；第三种则表现为小规模的单个岩爆出现。

3. 岩爆产生的条件

产生岩爆的原因很多，其中主要原因是由于在岩体中开挖洞室，改变了岩体赋存的空间环境，最直观的结果是为岩体产生岩爆提供了释放能量的空间条件。地下开挖岩体或其他机械扰动改变了岩体的初始应力场，引起挖空区周围的岩体应力重新分布和应力集中，围岩应力有时会达到岩块的单轴抗压强度，甚至会超过它几倍。这是岩体产生岩爆必不可少的能量积累动力条件。具备上述条件的前提下，还要从岩性和结构特征上去分析岩体的变形和破坏方式，最终要看岩体在宏观大破裂之前还储存有多少剩余弹性变形能。当岩体由初期逐渐积累弹性变形能，到伴随岩体变形和微破裂开始产生、发展，使岩体储存弹性变形能的方式转入边积累边消耗，再过渡到岩体破裂程度加大，导致积累弹性变形能条件完全消失，弹性变形能全部消耗掉。至此，围岩出现局部或大范围解体，无弹射现象，仅属于静态下的脆性破坏。该类岩石矿物颗粒致密度低、坚硬程度比较弱、隐微裂隙发育程度较高。当岩石矿物结构致密度、坚硬度较高，且在隐微裂隙不发育的情况下，岩体在变形破坏过程中所储存的弹性变形能不仅能满足岩体变形和破裂所消耗的能量，满足变形破坏过程中发生热能、声能的要求，而且还有足够的剩余能量转换为动能，使逐渐被剥离的岩块（片）瞬间脱离母岩弹射出去。这是岩体产生岩爆弹射极为重要的一个条件。

岩体能否产生岩爆还与岩体积累和释放弹性变形能的时间有关。当岩体自身的条件相同，围岩应力集中速度就越快，积累的弹性变形能越多，瞬间释放的弹性变形能也越多，岩体产生岩爆程度就越强烈。

因此，岩爆产生的条件可归纳为：

1）地下工程开挖、洞室空间的形成是诱发岩爆的几何条件。

2）围岩应力重分布和集中将导致围岩积累大量弹性变形能，这是诱发岩爆的动力条件。

3）岩体承受极限应力产生初始破裂后剩余弹性变形能的集中释放量即决定岩爆的弹射程度。

4）岩爆通过何种方式出现，这取决于围岩的岩性、岩体结构特征、弹性变形能的积累和释放时间的长短。

4. 岩爆发生的判据

从一些国家的规定和研究成果来看，岩爆发生的判据大同小异，这对在地下工程勘测设计阶段，根据所揭示的地质条件来判断岩爆的发生与否是有参考价值的。我国工程岩体分类标准采用的判据如下：①当 $\sigma_c/\sigma_{max} > 7$ 时，无岩爆；②当 $\sigma_c/\sigma_{max} = 4 \sim 7$ 时，可能会发生轻微岩爆或中等岩爆；③当 $\sigma_c/\sigma_{max} < 4$ 时，可能会发生严重岩爆。式中，σ_c 为岩石单轴抗压强度；σ_{max} 为最大地应力。

岩石强度指标可通过各种试验予以确定，最大地应力通常是通过实地测试的手段获取，但并不是所有的工程都能够进行地应力测试。因此，就不得不借助一些经验数据或直接采用围岩自重应力场中的垂直应力分量作为最大地应力值。

5. 岩爆的防治

通过大量的工程实践及经验的积累，目前已有许多行之有效的岩爆治理措施，归纳起来有：加固围岩、加防护措施、完善施工方法、改善围岩应力条件以及改变围岩性质等。

（1）**围岩加固措施** 该方法是指对已开挖洞室周边的加固以及对掌子面前方的超前加固，这些措施一是可以改善掌子面本身以及 1~2 倍洞室直径范围内围岩的应力状态；二是具有防护作用，可防止弹射、塌落等。

（2）改善围岩应力条件　可从设计与施工的角度采用下述几种办法：

1）在选择隧道及其他地下结构物的位置时，应使其长轴方向与最大主应力方向平行，这样做可以减少洞室周边围岩的切向应力。

2）在设计时选择合理的开挖断面形状，以改善围岩的应力状态。

3）在施工过程中，爆破开挖采用短进尺、多循环，也可以改善围岩应力状态，这一点已被大量的实践所证实。

4）应力解除法，即在围岩内部造成一个破碎带，形成一个低弹性区，从而使掌子面及洞室周边应力降低，使高应力转移到围岩深部。为达到这一目的，可以打超前钻孔或在超前钻孔中进行松动爆破，这种防治岩爆的方法也称为超应力解除法。

（3）改变围岩性质　在我国煤炭行业广泛使用煤层预注水法以改变煤的变形及强度特性，即注水软化的方法。煤试件在浸泡水以后，动态破坏时间增加，能量释放率显著下降。根据煤试件在自然状态和浸水饱和状态的动态破坏时间（应力曲线）相比较的结果可以看出，浸水饱和煤样的动态破坏时间呈现数量级的增加。人们根据煤的这一特性对煤层进行预注水来防止冲击地压。

煤层压力注水一般有两种方式：一是在煤层开采前进行压力预注水，使煤体湿润，减缓和消除煤的冲击能力，这是一种积极主动的区域性防治措施；第二种是对工作面前方局部应力集中带进行高压注水，以减缓应力集中，解除煤爆危险，这是一种局部解危措施。

（4）施工安全措施　主要是躲避及清除浮石两种。岩爆一般在爆破后 1h 左右比较激烈，以后则逐渐趋于缓和；爆破多数发生在 1~2 倍洞室直径的范围以内，所以躲避也是一种行之有效的方法。每次爆破循环之后，施工人员躲避在安全处，待激烈的岩爆平息之后再进行施工。当然这样做要延缓工程的进度，是一种消极的方法。

在拱顶部位由于岩爆所产生的松动石块必须清除，以保证施工的安全。对于破裂松脱型岩爆，弹射危害不大，可采用清除浮石的方法来保证施工安全。

6.4　地应力测量方法

6.4.1　地应力测量的基本原理

岩体应力现场测量的目的是了解岩体中存在的应力大小和方向，从而为分析岩体工程的受力状态以及为支护及岩体加固提供依据。岩体应力测量还是预报岩体失稳破坏以及预报岩爆的有力工具。岩体应力测量可以分为岩体初始应力测量和地下工程应力分布测量，前者是为了测定岩体初始地应力场，后者则是为了测定岩体开挖后引起的应力重分布状况。从岩体应力现场测量的技术来讲，这两者并无原则区别。

原始地应力测量就是确定存在于拟开挖岩体及其周围区域未受扰动的三维应力状态。岩体中一点的三维应力状态可由选定坐标系中的六个分量（σ_x，σ_y，σ_z，τ_{xy}，τ_{yz}，τ_{zx}）来表示，如图 6-10 所示。这种坐标系是可以根据需要和方便任意选择的。但一般取地球坐标系作为测量坐标系。由六个应力分量可求得该点的三个主应力的大小和方向，这是唯一的。在实际测量中，每一测点所涉及的岩石可能从几立方厘米到几千立方米，这取决于采用何种测量方法。但无论多大，对于整个岩体而言，仍可视为一点。虽然也有测定大范围岩体内的平均应力的方法，如超声波等地球物理方法，但这些方法很不准确，因而远没有"点"测量方法普及。由于地应力状态的复杂性和多变性，要比较准确地测定某一地区的地应力，就必须进行充足数量的"点"测量，在此基础上，才能借助数值分析和数理统计、灰色建模、人工智能等方法，进一步描绘出该地区的全部地应力场状态。

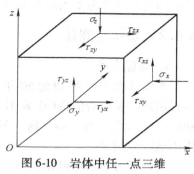

图 6-10　岩体中任一点三维应力状态示意图

为了进行地应力测量，通常需要预先开挖一些洞室以便人和设备进入测点；然而，只要洞室一经开挖，洞室周围岩体中的应力状态就受到了扰动。有一类方法，如早期的扁千斤顶法等，就是在洞室表面进行应力测量，然后在计算原始应力状态时，再把洞室开挖引起的扰动作用考虑进去。由于在通常情况下紧靠洞室表面岩体都会受到不同程度的破坏，使它们与未受扰动的岩体的物理力学性质大不相同；同时，洞室开挖对原始应力场的扰动也是十分复杂的，不可能进行精确的分析和计算。所以这类方法得出的原岩应力状态往往是不准确的，甚至是完全错误的。为了克服这类方法的缺点，另一类方法是从洞室表面向岩体中打小孔，直至原岩应力区。地应力测量是在小孔中进行的，由于小孔对原岩应力状态的扰动是可以忽略不计的，这就保证了测量是在原岩应力区中进行。目前，普遍采用的应力解除法和水压致裂法均属此类方法。

近半个世纪以来，特别是近 40 年来，随着地应力测量工作的不断开展，各种测量方法和测量仪器也不断发展起来，就世界范围而言，目前主要的测量方法有数十种，而测量仪器则有数百种之多。

对测量方法的分类并没有统一的标准，有学者根据测量手段的不同，将在实际测量中使用过的测量方法分为五大类，即构造法、变形法、电磁法、地震法、放射性法。也有学者根据测量原理的不同分为应力恢复法、应力解除法、应变恢复法、应变解除法、水压致裂法、声发射法、X 射线法、重力法共八类。

但根据国内外多数学者的观点，依据测量基本原理的不同，也可将测量方法分为直接测量法和间接测量法两大类。

直接测量法是由测量仪器直接测量和记录各种应力的量，如补偿应力、恢复应力、平衡应力，并由这些应力量和原岩应力的相互关系，通过计算获得原岩应力值。在计算过程中并不涉及不同物理量的换算，不需要知道岩石的物理力学性质和应力应变关系。扁千斤顶法、水压致裂法、刚性包体应力计法和声发射法均属直接测量法。其中，水压致裂法目前应用最为广泛，声发射法次之。

在间接测量法中，不是直接测量应力量，而是借助某些传感元件或某些介质，测量和记录岩体中某些与应力有关的间接物理量的变化，如岩体中的变形或应变，岩体的密度、渗透性、吸水性、电阻、电容的变化，弹性波传播速度的变化等，然后由测得的间接物理量的变化，通过已知的公式计算岩体中的应力值。因此，在间接测量法中，为了计算应力值，首先必须确定岩体的某些物理力学性质以及所测物理量和应力的相互关系。套孔应力解除法和其他的应力或应变解除方法以及地球物理方法等是间接法中较常用的，其中套孔应力解除法是目前国内外最普遍采用的发展较为成熟的一种地应力测量方法。

6.4.2　水压致裂法

1．测量原理

水压致裂法在 20 世纪 50 年代被广泛应用于油田生产，通过在钻井中制造人工裂隙来提高石油的产量。哈伯特（M. K. Hubbert）和威利斯（D. G. Wiliis）在实践中发现了水压致裂裂隙和原岩应力之间的关系。这一发现又被费尔赫斯特（C. Fairhurst）和海姆森（B. C. Haimson）用于地应力测量。

由弹性力学理论可知，当一个位于无限体中的钻孔受到无穷远处二维应力场（σ_1，σ_2）的作用时，离开钻孔端部一定距离的部位处于平面应变状态。在这些部位，钻孔周边的应力为

$$\sigma_\theta = \sigma_1 + \sigma_2 - 2(\sigma_1 - \sigma_2)\ \cos 2\theta \tag{6-10}$$

$$\sigma_r = 0 \tag{6-11}$$

式中，σ_θ、σ_r 为钻孔周边的切向应力和径向应力；θ 为周边一点与 σ_1 轴的夹角。

由式（6-10）可知，当 $\theta = 0°$ 时，σ_θ 取得极小值，即

$$\sigma_\theta = 3\sigma_2 - \sigma_1 \tag{6-12}$$

如果采用图 6-11 所示的水压致裂系统将钻孔某段封隔起来，并向该段钻孔注入高压水，当水压超过 $3\sigma_2 - \sigma_1$ 和岩石抗拉强度 σ_t 之和后，在 $\theta = 0°$ 处，也即 σ_1 所在方位将发生孔壁开裂。设钻孔壁发生初始开裂时的水压为 p_i，则有

$$p_i = 3\sigma_2 - \sigma_1 + \sigma_t \tag{6-13}$$

如果继续向封隔段注入高压水，使裂隙进一步扩展，当裂隙深度达到 3 倍钻孔直径时，此处已接近原岩应力状态，停止加压，保持压力恒定，将该恒定压力记为 p_s，则由图 6-11 可见，p_s 应和原岩应力 σ_2 相平衡，即

$$p_s = \sigma_2 \tag{6-14}$$

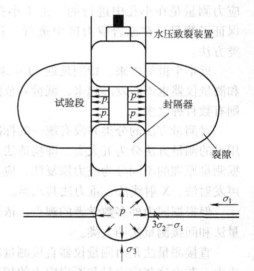

图 6-11　水压致裂应力测量原理

由式（6-13）和式（6-14），只要测出岩石抗拉强度 σ_t，即可由 p_i 和 p_s 求出 σ_1 和 σ_2，这样 σ_1 和 σ_2 的大小和方向就全部确定了。

在钻孔中存在裂隙水的情况下，如封隔段处的裂隙水压力为 p_0，则式（6-13）变为

$$p_i = 3\sigma_2 - \sigma_1 + \sigma_t - p_0 \tag{6-15}$$

根据式（6-14）和式（6-15）求 σ_1 和 σ_2，需要知道封隔段岩石的抗拉强度，这往往是很困难的。为了克服这一困难，在水压致裂试验中增加一个环节，即在初始裂隙产生后将水压卸除，使裂隙闭合，然后再重新向封隔段加压，使裂隙重新打开，记裂隙重开时的压力为 p_r，则有

$$p_r = 3\sigma_2 - \sigma_1 - p_0 \tag{6-16}$$

这样，由式（6-14）和式（6-16）求 σ_1 和 σ_2 就无须知道岩石的抗拉强度。因此，由水

压致裂法测量原岩应力将不涉及岩石的物理力学性质，而完全由测量和记录的压力值来确定。

2. 水压致裂法的特点

1）设备简单。只需用普通钻探方法打钻孔，用双止水装置密封，用液压泵通过压裂装置压裂岩体，不需要复杂的电磁测量设备。

2）操作方便。只通过液压泵向钻孔内注液压裂岩体，观测压裂过程中泵压、液量即可。

3）测值直观。它可根据压裂时泵压（初始开裂泵压、稳定开裂泵压、关闭压力、开启压力）计算出地应力值，不需要复杂的换算及辅助测试，同时还可求得岩体抗拉强度。

4）测值代表性大。所测得的地应力值及岩体抗拉强度是代表较大范围内的平均值，有较好的代表性。

5）适应性强。这一方法不需要电磁测量元件，不怕潮湿，可在干孔及孔中有水条件下做试验，不怕电磁干扰，不怕振动。

因此，这一方法越来越受到重视和推广。但它存在一个较大的缺陷，就是主应力方向测定得不准。

6.4.3 应力解除法

应力解除法是岩体应力测量中应用较广的方法。它的基本原理是：当需要测定岩体中某点的应力状态时，人为地将该处的岩体单元与周围岩体分离，此时，岩体单元上所受的应力将被解除。同时，该单元体的几何尺寸也将产生弹性恢复。应用一定的仪器，测定这种弹性恢复的应变值或变形值，并且认为岩体是连续、均质和各向同性的弹性体，于是就可以借助弹性理论的解答来计算岩体单元所受的应力状态。

应力解除法的具体方法很多，按测试深度可以分为表面应力解除、浅孔应力解除及深孔应力解除；按测试变形或应变的方法不同，又可以分为孔径变形测试，孔壁应变测试及钻孔应力解除法等。下面主要介绍常用的钻孔应力解除法。

钻孔应力解除法可分为岩体孔底应力解除法和岩体钻孔套孔应力解除法。

1. 岩体孔底应力解除法

岩体孔底应力解除法是向岩体中的测点先钻进一个平底钻孔，在孔底中心处粘贴应变传感器（如电阻应变花探头或是双向光弹应变计），通过钻出岩芯，使受力的孔底平面完全卸载，从应变传感器获得的孔底平面中心处的恢复应变。再根据岩石的弹性常数，可求得孔底中心处的平面应力状态。由于孔底应力解除法只需钻进一段不长的岩芯，所以对于较为破碎的岩体也能应用。

孔底应力解除法主要工作步骤如图 6-12 所示，应变观测系统如图 6-13 所示，并将应力解除钻孔的岩芯，在室内测定其弹性模量 E 和泊松比 ν，即可应用公式计算主应力的大小和方向。由于深孔应力解除测定岩体全应力的六个独立的应力分量需用三个不同方向的共面钻孔进行测试，其测定和计算工作都较为复杂，有兴趣的读者可参考相关文献，在此不再介绍。

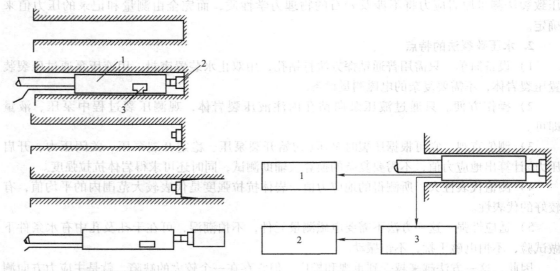

图 6-12　孔底应力解除法主要工作步骤
1—安装器　2—探头　3—温度补偿器

图 6-13　孔底应变观测系统简图
1—控制箱　2—电阻应变仪　3—预调平衡箱

2. 岩体钻孔套孔应力解除法

采用本方法对岩体中某点进行应力量测时，先向该点钻进一定深度的超前小孔，在此小钻孔中埋设钻孔传感器，再通过钻取一段同心的管状岩芯而使应力解除，根据应变及岩石弹性常数，即可求得该点的应力状态。

该岩体应力测定方法的主要工作步骤如图 6-14 所示。

应力解除法所采用的钻孔传感器可分为位移（孔径）传感器和应变传感器两类。以下主要阐述位移传感器测量方法。

中国科学院武汉岩土力学研究所设计制造的钻孔变形计是上述第一类传感器，测量元件分钢环式和悬臂钢片式两种（图 6-15）。

该钻孔变形计用来测定钻孔中岩体应力解除前后孔径的变化值（径向位移值）。钻孔变形计置于中心小孔需要测量的部位，变形计的触脚方位由前端的定向系统来确定。通过触脚测出孔径位移值，其灵敏度可达 1×10^{-4}mm。

由于本测定方法是量测垂直于钻孔轴向平面内的孔径变形值，所以它与孔底平面应力解除法一

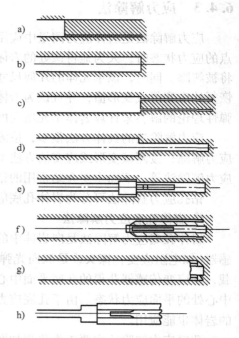

图 6-14　钻孔套孔应力解除的主要工作步骤
a) 套钻大孔　b) 取岩芯并将孔底磨平
c) 套钻小孔　d) 取小孔岩芯
e) 粘贴元件量测初读数　f) 应力解除
g) 取岩芯　h) 测出终读数

样，也需要有三个不同方向的钻孔进行测定，才能最终得到岩体全应力的六个独立的应力分量。在大多数试验场合下，往往进行简化计算，例如假定钻孔方向与 σ_3 方向一致，并认为

$\sigma_3 = 0$，则此时通过孔径位移值计算应力的公式为

$$\frac{\delta}{d} = \left[(\sigma_1 + \sigma_2) + 2(\sigma_1 - \sigma_2)(1 - \nu^2)\cos 2\theta \right] \frac{1}{E} \tag{6-17}$$

式中，δ 为钻孔直径变化值；d 为钻孔直径；θ 为测量方向与水平轴的夹角（图 6-16）；E、ν 为岩石弹性模量与泊松比。

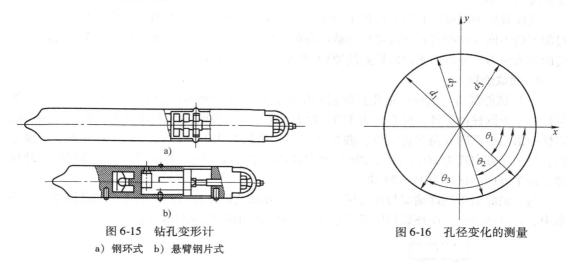

图 6-15　钻孔变形计
a）钢环式　b）悬臂钢片式

图 6-16　孔径变化的测量

根据式（6-17），如果在 0°、45°、90° 三个方向上同时测定钻孔直径变化，则可计算出与钻孔轴垂直平面内的主应力大小和方向

$$\begin{aligned} \sigma'_1 \\ \sigma'_2 \end{aligned} = \frac{E}{4(1 - \nu^2)} \left[(\delta_{0°} + \delta_{90°}) \pm \frac{1}{\sqrt{2}} \sqrt{(\delta_{0°} - \delta_{45°})^2 + (\delta_{45°} - \delta_{90°})^2} \right] \tag{6-18a}$$

$$\alpha = \frac{1}{2}\cot \frac{2\delta_{45°} - (\delta_{0°} - \delta_{90°})}{\delta_{0°} - \delta_{90°}} \tag{6-18b}$$

且 $\cos 2\alpha / (\delta_{0°} - \delta_{90°}) > 0$（判别式）。式中，$\alpha$ 为 $\delta_{0°}$ 与 σ'_1 夹角，但判别式小于 0 时，则为 $\delta_{0°}$ 与 σ'_2 夹角。式中用符号 σ'_1、σ'_2 而不用 σ_1，σ_2，表示它并不是真正的主应力，而是垂直于钻孔轴向平面内的似主应力。

6.4.4　声发射法

1. 测试原理

材料在受到外荷载作用时，其内部储存的应变能快速释放产生弹性波，从而发出声响，称为声发射。1950 年，德国人凯泽（J. Kaiser）发现多晶金属的应力从其历史最高水平释放后，再重新加载，当应力未达到先前最大应力值时，很少有声发射产生，而当应力达到和超过历史最高水平后，则大量产生声发射，这一现象叫做凯泽效应。从很少产生声发射到大量产生声发射的转折点称为凯泽点，该点对应的应力即为材料先前受到的最大应力。后来国外许多学者证实了在岩石压缩试验中也存在凯泽效应，许多岩石如花岗岩、大理岩、石英岩、砂岩、安山岩、辉长岩、闪长岩、片麻岩、辉绿岩、灰岩、砾岩等也具有显著的凯泽效应，从而为应用这一技术测定岩体初始应力奠定了基础。

地壳内岩石在长期应力作用下达到稳定应变状态。岩石达到稳定状态时的微裂结构与所

受应力同时被"记忆"在岩石中。如果把这部分岩石用钻孔法取出岩芯，即该岩芯被应力解除，此时岩芯中张开的裂隙将会闭合，但不会"愈合"。由于声发射与岩石中裂隙生成有关，当该岩芯被再次加载并且岩芯内应力超过它原先在地壳内所受的应力时，岩芯内开始产生新的裂隙，并伴有大量声发射出现，于是可以根据岩芯所受荷载，确定出岩芯在地壳内所受的应力大小。

凯泽效应为测量岩石应力提供了一个途径，即如果从原岩中取回定向的岩石试件，通过对加工的不同方向的岩石试件进行加载声发射试验，测定凯泽点，即可找出每个试件以前所受的最大应力，并进而求出取样点的原始（历史）三维应力状态。

2. 测试步骤

（1）**试件制备**　从现场钻孔提取岩石试样，试样在原环境状态下的方向必须确定。将试样加工成圆柱体试件，径高比为1:3～1:2。为了确定测点三维应力状态，必须在该点的岩样中沿六个不同方向制备试件，假如该点局部坐标系为 $Oxyz$，则三个方向选为坐标轴方向，另三个方向选为 xOy、yOz、zOx 平面内的轴角平分线方向。为了获得测试数据的统计规律，每个方向的试件为15～25块。

为了消除由于试件端部与压力试验机上、下压头之间摩擦所产生的噪声和试件端部应力集中，试件两端浇铸由环氧树脂或其他复合材料制成的端帽（图6-17）。

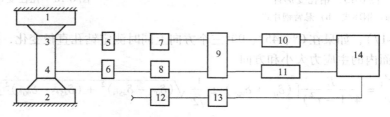

图6-17　声发射监测系统框图

1、2—上、下压头　3、4—压电换能器A、B　5、6—前置放大器A、B　7、8—输入鉴别单元A、B
9—定区检测单元　10—计数控制单元A　11—计数控制单元B　12—压机油路压力传感器
13—压力电信号转换仪器　14—三笔函数记录仪

（2）**声发射测试**　将试件放在单压缩试验机上加压，并同时监测加压过程中从试件中产生的声发射现象。图6-17所示是典型的声发射监测系统框图。在该系统中，两个压电换能器（声发射接受探头）固定在试件上、下部，用以将岩样在受压过程中产生的弹性波转换成电信号。该信号经放大、鉴别之后送入定区检测单元，定区检测是检测两个探头之间特定区域里的声发射信号，区域外的信号被认为是噪声而不被接受。定区检测单元输出的信号送入计数控制单元，计数控制单元将规定的采样时间间隔内的声发射模拟量和数字量（事件数和振铃数）分别送到记录仪或显示器绘图、显示或打印。

凯泽效应一般发生在加载的初期，故加载系统应选用小吨位的应力控制系统，并保持加载速率恒定，尽可能避免人工控制加载速率，如用手动加载则应采用声发射事件数或振铃总数曲线判定凯泽点，而不应根据声发射事件速率曲线判定凯泽点，这是因为声发射速率和加载速率有关。在加载初期，人工操作很难保证加载速率恒定，在声发射事件速率由线上可能出现多个峰值，难于判定真正的凯泽点。

（3）**计算地应力**　由声发射监测所获得的应力－声发射事件数（速率）曲线（图6-18）即

可确定每次试验的凯泽点，并进而确定该试件轴线方向先前受到的最大应力值。15 ~ 25 个试件获得一个方向的统计结果，六个方向的应力值即可确定取样点的历史最大三维应力大小和方向。

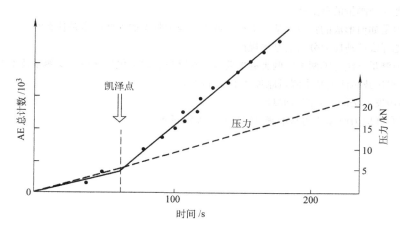

图 6-18　应力 – 声发射事件试验曲线图

　　根据凯泽效应的定义，用声发射法测得的是取样点的先存最大应力，而非现今地应力。但是也有一些人对此持相反意见，并提出了"视凯泽效应"的概念。认为声发射可获得两个凯泽点，一个对应于引起岩石饱和残余应变的应力，它与现今应力场一致，比历史最高应力值低，因此称为视凯泽点。在视凯泽点之后，还可获得另一个真正的凯泽点，它对应于历史最高应力。

　　由于声发射与弹性波传播有关，所以高强度的脆性岩石有较明显的声发射凯泽效应出现，而多孔隙低强度及塑性岩体的凯泽效应不明显，所以不能用声发射法测定比较软弱疏松岩体中的应力。

　　需要指出的是，传统的地应力测量和计算理论是建立在岩石为线弹性、连续、均质和各向同性的理论假设基础之上的，而一般岩体都具有程度不同的非线性、不连续性、不均质和各向异性。在由应力解除过程中获得的钻孔变形或应变值求地应力时，如忽视岩石的这些性质，必将导致计算出来的地应力与实际应力值有不同程度的差异，为提高地应力测量结果的可靠性和准确性，在进行结果计算、分析时必须考虑岩石的这些性质。下面是几种考虑和修正岩体非线性、不连续性、不均质性和各向异性的影响的主要方法：

　　1）岩石非线性的影响及其正确的岩石弹性模量和泊松比确定方法。

　　2）建立岩体不连续性、不均质性和各向异性模型并用相应程序计算地应力。

　　3）根据岩石力学试验确定的现场岩体不连续性、不均质性和各向异性修正测量应变值。

　　4）用数值分析方法修正岩石不连续性、不均质性和各向异性和非线性弹性的影响。

复习思考题

6-1　岩体原始应力状态与哪些因素有关？

6-2　试述自重应力场与构造应力场的区别和特点。

6-3　什么是岩体的构造应力？构造应力是怎样产生的？土中有无构造应力？为什么？

6-4　什么是侧压系数？侧压系数能否大于1？从侧压系数值的大小如何说明岩体所处的应力状态？

6-5　某花岗岩埋深1000m，其上覆盖地层的平均重度为 $\gamma = 25kN/m^3$，花岗岩处于弹性状态，泊松比 $\nu = 0.3$。该花岗岩在自重作用下的初始垂直应力和水平应力分别为多少？

6-6　简述地应力测量的重要性。

6-7　地应力是如何形成的？控制某一工程区域内地应力状态的主要因素是什么？

6-8　简述地壳浅部地应力分布的基本规律。

6-9　地应力测量方法分哪两类？两类的主要区别在哪里？每类包括哪些主要测量技术？

6-10　简述水压致裂法的基本测量原理和主要优缺点。

6-11　简述声发射法的主要测试原理。

6-12　简述套孔应力解除法的基本测量原理和主要测试步骤。

第7章　岩石力学在地下工程中的应用

地下工程是岩石工程中建造最多的地下构造物，如公路和铁路的隧道、地下厂房等。如何解决在建造地下洞室时所遇到的各种岩石力学问题，包括岩体的二次应力分布、围岩压力的计算、节理等不连续面对围岩二次应力状态和围岩压力的影响以及开挖洞室后围岩的稳定性评价等问题，将直接指导地下洞室的施工、设计工作。如同其他学科一样，岩石力学在地下工程中的应用也经历了一个发展的过程。本章就各时期各阶段具有代表性的内容，包括应用极为广泛的新奥法作一介绍。

岩石地下工程在力学上和结构上有如下主要特点：

1）岩石在组构与力学性质上与其他材料存在不同点，如具有节理和塑性段的扩容（剪胀）现象等。

2）地下工程是先受力（原岩应力）即先加荷，后开挖（开巷）即后卸荷。

3）深埋巷道属于无限域问题，影响圈内自重可以忽略。

4）大部分较长巷道可作为平面应变问题处理。

5）围岩与支护相互作用，共同决定着围岩的变形及支护所受的荷载与位移。

6）地下工程结构允许超负荷时具有可缩性。

7）地下工程结构在一定条件下出现周岩抗力。

8）几何不稳定结构在地下可以是稳定的。

7.1　围岩二次应力状态的基本概念

在掌握了岩体的力学性质、岩体的初始应力状态后，如何分析经人工开挖后洞室围岩的二次应力状态是本章着重解决的问题之一。

围岩是指由于人工开挖使岩体的应力状态发生了变化，而这部分被改变了应力状态的岩体称作围岩。围岩范围的大小与岩体的自身特性有关。那么，围岩的二次应力状态就是指经开挖后岩体在无支护条件下经应力调整后的应力状态。顾名思义，若将初始应力看作是一次应力状态，那么二次应力状态是经人工开挖而引起的、在无支护的条件下，经应力重新分布后的应力状态。显然，分析围岩的二次应力状态，必须掌握两个条件：一是岩体自身的力学性质；二是岩体的初始应力状态。由大量的工程实践中所观察到的结果，并结合弹塑性理论分析结果可知，围岩的二次应力状态其分布的主要特征可分为以下两种：

第一，围岩二次应力的弹性分布。岩体经人工开挖洞室之后，洞壁的部分应力被释放，使洞室周围的岩体发生应力重新调整。由于岩体自身强度比较高或者作用于岩体的初始应力比较低，使得洞室周边的应力状态都在弹性应力的范围内。因此，这样的围岩二次应力状态被称作弹性分布。这种类型的洞室，从理论上说，不进行支护即可保持稳定。

第二，围岩的二次应力状态为弹塑性分布。与上述的弹性分布不同，由于作用岩体的初始应力较大或岩体自身的强度比较低，洞室开挖后，洞周的部分岩体应力超出了岩体的屈服应力，岩体进入塑性状态。随着与洞壁的距离增大，最小主应力也随之增大，进而提高了岩体的强度，并促使岩体的应力转为弹性状态。因此，这种弹塑性应力并存的状态被称为围岩二次应力的弹、塑性分布。

分析上述两种不同的应力分布状态，主要采用弹塑性理论的方法。然而，利用弹塑性理论分析洞室围岩的二次应力状态，必将遇到有关岩体介质的假设条件问题。众所周知，岩体中存在着许多规模不等的不连续面，但除了规模较大的断层以及软弱夹层以外，可将不连续面的分布近似地认为是随机的，它对岩体的影响从整体上分析并不是很大。因此，在进行二次应力分布时，大都仍将岩体看成是均质的、各向同性体，可以满足弹塑性力学中对介质的基本假设条件。然而，对于特殊的、局部的岩体不连续面，由于其规模大、或产状不利或强度极低等原因，应该将其作为特殊的问题，采用专门的方法(如剪裂区计算等)进行稳定性评价。

7.2 深埋圆形洞室围岩二次应力状态的弹性分析

7.2.1 侧压力系数 $\lambda = 1$ 时的深埋圆形洞室围岩的二次应力状态

1. 基本假设

在深埋岩体中开挖一圆形洞室，可利用弹性力学的理论分析该洞室围岩二次应力的弹性应力分布状态。对于岩体这一介质而言，除了要满足弹性力学中的基本假设条件(即视围岩为均质、各向同性、线弹性，无流变行为)以外，就侧压力系数 $\lambda = 1$ 时深埋圆形洞室的二次应力分析，还必须作一些补充的假设条件：

(1) 对于深埋($z \geq 20R_0$)圆形洞室，取计算单元为一无自重的单元体，不计由于洞室开挖而产生的重力变化，并将岩体的自重作为作用在无穷远处的初始应力状态(图7-1)。

(2) 对于深埋($z \geq 20R_0$)圆形洞室，岩体的初始应力状态在不作特殊说明时，仅考虑岩体的自重应力，且侧压力系数按弹性力学中 $\lambda = \nu/(1-\nu)$ 计算，本小节取 $\lambda = 1$。

这样，原问题就简化为荷载与结构都是轴对称的平面应变圆孔问题，如图7-2所示。

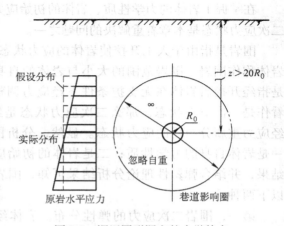

图7-1 深埋圆形洞室的力学特点

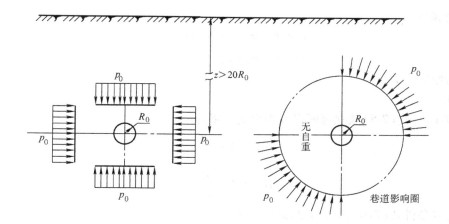

图 7-2　轴对称圆形洞室的条件

2. 基本方程

用弹性力学求解上述问题时，通常先根据计算简图（图7-3 和图7-4）建立反映简图中单元体的静力平衡方程和位移的几何方程，通过本构方程建立应力与应变之间的关系式，求得用应变表示（或应力表示）的微分方程，在求得该微分方程的通解之后，再利用洞室开挖后的圆形边界条件确定其积分常数，求出最终的位移、应力、应变的表示式。

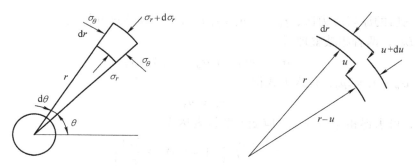

图 7-3　微元体受力状态　　　　图 7-4　微元体位移图

静力平衡方程

$$\frac{\mathrm{d}\sigma_r}{\mathrm{d}r} + \frac{\sigma_r - \sigma_\theta}{r} = 0 \tag{7-1}$$

几何方程

$$\varepsilon_r = \frac{\mathrm{d}u}{\mathrm{d}r} \tag{7-2}$$

$$\varepsilon_\theta = \frac{u}{r} \tag{7-3}$$

式中，ε_θ、ε_r 分别为洞室围岩的切向应变和径向应变。

本构方程（平面应变问题）

$$\varepsilon_r = \frac{1 - \nu^2}{E}\left(\sigma_r - \frac{\nu}{1-\nu}\sigma_\theta\right) \tag{7-4}$$

$$\varepsilon_\theta = \frac{1 - \nu^2}{E}\left(\sigma_\theta - \frac{\nu}{1-\nu}\sigma_r\right) \tag{7-5}$$

5 个未知数，即 σ_r、σ_θ、ε_r、ε_θ、ν，5 个方程，故问题可解。

3. 边界条件

$$r = R_0, \sigma_r = 0\,(\text{不支护}) \tag{7-6}$$

$$r \to R_0, \sigma_r = p_0 \tag{7-7}$$

式中，p_0 为原岩应力。

4. 结果

由式(7-1)~式(7-5)联立可解得方程组的通解为

$$\sigma_\theta = A - \frac{B}{r^2} \tag{7-8a}$$

$$\sigma_r = A + \frac{B}{r^2} \tag{7-8b}$$

根据边界条件式(7-6)、式(7-7)确定积分常数，得

$$A = p_0, B = -p_0 R_0^2$$

将 A、B 代入式(7-8)，得切向应力与径向应力的解析表达式为

$$\left. \begin{array}{c} \sigma_\theta \\ \sigma_r \end{array} \right\} = p_0 \left(1 \pm \frac{R_0^2}{r^2} \right) \tag{7-9}$$

根据广义 Hooke 定律有

$$\varepsilon_z = \frac{1}{E}[\sigma_z - \nu(\sigma_r + \sigma_\theta)]$$

则在巷道开挖后的原岩应力区，$p_0 = \nu(p_0 + p_0) + E\varepsilon_z$，在巷道开挖之后的弹性应力区 $\sigma_z = \nu(\sigma_r + \sigma_\theta) + E\varepsilon_z$，两者相减整理得

$$\sigma_z = \nu(\sigma_r + \sigma_\theta - 2p_0) + p_0$$

由式(7-9)，$\sigma_\theta + \sigma_r = 2p_0$，代入上式得

$$\sigma_z = p_0 \tag{7-10}$$

类似地，可求得相应的位移、应变的解析表达式为

$$\left. \begin{array}{l} u = \dfrac{1 + \nu}{E} p_0 \left[(1 - 2\nu)r + \dfrac{R_0^2}{r} \right] \\[2mm] \varepsilon_r = \dfrac{1 + \nu}{E} p_0 \left[(1 - 2\nu) - \dfrac{R_0^2}{r^2} \right] \\[2mm] \varepsilon_\theta = \dfrac{1 + \nu}{E} p_0 \left[(1 - 2\nu) + \dfrac{R_0^2}{r^2} \right] \end{array} \right\} \tag{7-11}$$

5. 讨论

（1）巷道围岩的二次应力分布规律

1）式(7-9)和式(7-10)表示开巷(孔)后的应力重分布的结果，即二次应力场的应力分布。

2）σ_r、σ_θ、σ_z 的分布与角度无关，皆为主应力，即径向与切向平面均为主平面，这说明二次应力场仍为轴对称的。

3）应力 σ_r 和 σ_θ 的大小与弹性常数 E、ν 无关，而应力 σ_z 的大小与弹性常数 ν 有关。

4）周边处，$r = R_0$，$\sigma_r = 0$，$\sigma_\theta = 2p_0$。周边切向应力为最大应力，且与巷道半径无关。

5）定义应力集中系数

$$K = \frac{\text{开巷后应力}}{\text{开巷前应力}} = \frac{\text{二次应力}}{\text{原岩应力}} \tag{7-12}$$

周边处 $K = 2p_0/p_0 = 2$，为二次应力场的最大应力集中系数。

6）若定义以 σ_θ 高于 $1.05p_0$ 或 σ_r 低于 $0.95p_0$ 为巷道影响圈边界，则由式(7-9)有

$$\sigma_\theta = 1.05p_0 = p_0\left(1 + \frac{R_0^2}{r^2}\right) \tag{7-13}$$

从而得 $r \approx 5R_0$。工程上，有时以 10% 作为影响边界，则同理可得影响半径 $r \approx 3R_0$。

应力解除试验，可以 $3R_0$ 作为影响半径边界。有限元计算常取 $5R_0$ 的范围作为计算域。上述情况就是其粗略的定量依据。

（2）巷道围岩的径向位移　由于开挖的圆形洞室和荷载对称，使得洞室的切向位移为零，仅有径向位移存在，其表达式为

$$u = \frac{1 + \nu}{E}p_0\left[(1 - 2\nu)r + \frac{R_0^2}{r}\right]$$

从上式可知，圆形洞室的径向位移由两部分组成，一部分是与开挖洞室的半径有关，而另一部分则与洞室半径无关。

若令 $R_0 = 0$（其物理意义表示洞室尚未开挖），则上式为

$$u_0 = \frac{1 + \nu}{E}p_0(1 - 2\nu)r \tag{7-14}$$

根据 u_0 的物理意义可知，这部分位移是由于初始应力 p_0 的作用，在未开挖前已产生的位移。那么，这部分位移在开挖前早已完成，因此，它并不是实际工程中所给予关心的位移。而与工程直接有关的开挖后所产生的位移 Δu，可由下式求得

$$\Delta u = u - u_0 = \frac{1 + \nu}{E}p_0\frac{R_0^2}{r} \tag{7-15}$$

由于开挖了圆形洞室，岩体经过应力调整后使围岩所产生的位移增量为 Δu，这不仅取决于岩体的弹性常数 E、ν，还与岩体的初始应力 p_0 以及洞室半径 R_0 和分析点距洞室轴线的距离 r 有关。

（3）巷道围岩的应变　圆形洞室周边围岩的应变特性与位移特性比较接近。由式(7-11)可知，也可将应变分成两部分，一部分为开挖前的应变，公式中不包含 R_0 的一项，同样，这部分应变是由于初始应力的作用而产生的，在开挖前已经完成，其表达式如下

$$\varepsilon_{r_0} = \varepsilon_{\theta_0} = \frac{(1 + \nu)(1 - 2\nu)}{E}p_0 \tag{7-16}$$

两个方向上的应变值相等，表明在开挖前岩体在初始应力作用下仅产生体积压缩。而由于开挖所产生的应变可按下式求得

$$\left.\begin{array}{l}\Delta\varepsilon_r = \varepsilon_r - \varepsilon_{r_0} = -\dfrac{1 + \nu}{E}p_0\dfrac{R_0^2}{r^2} \\[3mm] \Delta\varepsilon_\theta = \varepsilon_\theta - \varepsilon_{\theta_0} = \dfrac{1 + \nu}{E}p_0\dfrac{R_0^2}{r^2}\end{array}\right\} \tag{7-17}$$

由式(7-17)可知，切向应变与径向应变的绝对值大小相等，符号相反，切向应变是压应变，径向应变是拉应变。表明在 $\lambda = 1$ 且为弹性分布的条件下，巷道围岩的体积不发生变化。

（4）洞室围岩的稳定性评价　对于洞室围岩的稳定性分析与评价，必须根据屈服准则来判断。侯公羽（2009 年）的研究结果表明，巷道围岩是否稳定即是否进入塑性，与原岩应力 p_0 及岩石的基本力学参数 C、φ 有关。基于 M-C 准则、D-P 准则和 H-B 准则的围岩开始屈服时的原岩应力

$$p_0^{\text{M-C}} = \frac{C\cos\varphi}{1 - \sin\varphi} \quad (\text{M-C 准则}) \tag{7-18}$$

$$p_0^{\text{D-P}} = \frac{k}{1 - 3\alpha} \quad (\text{D-P 准则}) \tag{7-19}$$

$$p_0^{\text{H-B}} = 0.5\sqrt{S}\sigma_c \quad (\text{H-B 准则}) \tag{7-20}$$

式中，α、k 为根据 D-P 屈服条件进行判断时，与岩石内摩擦角和内聚力有关的实验常数，

且 $\alpha = \dfrac{2\sin\varphi}{\sqrt{3}(3 - \sin\varphi)}$，$k = \dfrac{6C\cos\varphi}{\sqrt{3}(3 - \sin\varphi)}$；$S$ 为 H-B 准则的参数。

（5）巷道周边有作用力 p^* 作用的弹性解　切向应力与径向应力的解析表达式为

$$\begin{aligned} \sigma_\theta &= p_0\left(1 \pm \frac{R_0^2}{r^2}\right) \mp p^* \frac{R_0^2}{r^2} \end{aligned} \tag{7-21}$$

与工程直接有关的开挖后所产生的径向位移 Δu 为

$$\Delta u = \frac{1 + \nu}{E}(p_0 - p^*)\frac{R_0^2}{r} \tag{7-22}$$

由于开挖所产生的应变可按下式求得

$$\left. \begin{aligned} \Delta\varepsilon_r &= \varepsilon_r - \varepsilon_{r0} = -\frac{1 + \nu}{E}(p_0 - p^*)\frac{R_0^2}{r^2} \\ \Delta\varepsilon_\theta &= \varepsilon_\theta - \varepsilon_{\theta0} = \frac{1 + \nu}{E}(p_0 - p^*)\frac{R_0^2}{r^2} \end{aligned} \right\} \tag{7-23}$$

7.2.2　侧压力系数 $\lambda \neq 1$ 时的深埋圆形洞室围岩的二次应力状态

当侧压力系数 $\lambda \neq 1$ 时，深埋圆形洞室的二次应力计算，通常将其计算简图分解成两个较为简单的计算模式，然后将两者叠加而求得。其计算简图如图 7-5 所示。情况 I 作用着 $P = (1 + \lambda)p_0/2$ 的初始应力，并且垂直应力与水平应力相等。而情况 II 作用着 $Q = (1 - \lambda)p_0/2$ 的初始应力，其中垂直应力是压应力，而水平应力是拉应力。若将两种情况作用的外荷载相加，其外荷载为垂直应力 p_0，水平应力为 λp_0。根据弹性力学的解将两者叠加而求得任意一点的应力状态为

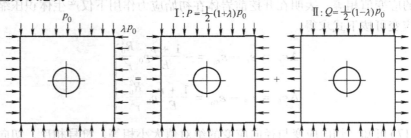

图 7-5　$\lambda \neq 1$ 时圆形洞室二次应力的计算简图

$$\sigma_r = \frac{p_0}{2}\Big[\big(1+\lambda\big)\Big(1-\frac{R_0^2}{r^2}\Big)-\big(1-\lambda\big)\Big(1-4\frac{R_0^2}{r^2}+3\frac{R_0^4}{r^4}\Big)\cos2\theta\Big]$$

$$\sigma_\theta = \frac{p_0}{2}\Big[\big(1+\lambda\big)\Big(1+\frac{R_0^2}{r^2}\Big)+\big(1-\lambda\big)\Big(1+3\frac{R_0^4}{r^4}\Big)\cos2\theta\Big] \tag{7-24}$$

$$\tau_{r\theta} = -\frac{p_0}{2}\Big[\big(1-\lambda\big)\Big(1+2\frac{R_0^2}{r^2}-3\frac{R_0^4}{r^4}\Big)\sin2\theta\Big]$$

而其位移计算公式为

$$u_r = \frac{(1+\nu)p_0}{2E}\cdot\frac{R_0^2}{r}\Big\{(1+\lambda)+(1-\lambda)\Big[2(1-2\nu)+\frac{R_0^2}{r^2}\Big]\cos2\theta\Big\}$$

$$u_\theta = \frac{(1+\nu)p_0}{2E}\cdot\frac{R_0^2}{r}\Big\{(1-\lambda)\Big[2(1-2\nu)+\frac{R_0^2}{r^2}\Big]\sin2\theta\Big\} \tag{7-25}$$

  显然，上述的公式要比 $\lambda=1$ 时的计算公式复杂得多，不仅作用着切应力而且存在切向位移。式(7-25)仅为因开挖而产生的洞室周边围岩的径向位移 u_r 和切向位移 u_θ。

  由于公式比较复杂，在此仅讨论 $r=R_0$ 时（即洞室周边处的应力和位移特性）的情况。首先，分析应力状态。由式(7-25)可知，洞室围岩的应力状态不仅与计算点到洞轴线中心的距离 r 有关，且与计算点到中轴连线与 x 轴的夹角 θ 以及侧压力系数 λ 有关。为了分析其所具有的特点，先简化公式(7-24)。当 $r=R_0$ 时，应力公式可简化为

$$\sigma_\theta = p_0\big[(1+2\cos2\theta)+\lambda(1-2\cos2\theta)\big]$$

$$\sigma_r = 0,\tau_{r\theta} = 0$$

  若设 $1+2\cos2\theta=K_z$，$1-2\cos2\theta=K_x$，则上式可改写成

$$\sigma_\theta = (K_z+\lambda K_x)p_0 = Kp_0$$

$$\sigma_r = 0,\tau_{r\theta} = 0 \tag{7-26}$$

式中，K 为开挖后围岩的总应力集中系数；K_z、K_x 分别为垂直和水平应力集中系数。

  由式(7-26)可知，围岩的总应力集中系数 K 是 θ、p_0 及 λ 的函数，将受到这三个因素的影响。图 7-6 表示了洞壁应力 σ_θ 的总应力集中系数 K 受 θ 及不同 λ 的变化状态。图 7-6 采用了一种比较特殊的坐标，其坐标原点随 θ 的变化而变化，设置在每个 θ 的径线与 $r=R_0$ 的洞壁的交点上，且通过洞轴中心点的射线，在洞壁上向外为正向，洞内为负值，并取某点的应力值除以初始应力 p_0 为其比例尺。由图 7-6 可知，当 $\lambda=1$ 时，洞壁的应力值为 $2p_0$。由于此时的切向应力 σ_θ 与 θ 角无关，都为初始应力的两倍。因此，总应力集中系数 K 在图中表现为半径为 $3R_0$ 的圆（因为 $r=R_0$，为所有不同 θ 角的坐标原点）。当 $\lambda=0$ 时，其洞壁的应力分布为最不利状态。此时，洞顶（$\theta=90°$）的切向应力 $\sigma_\theta=-p_0$，将承受拉应力；而在洞的侧壁

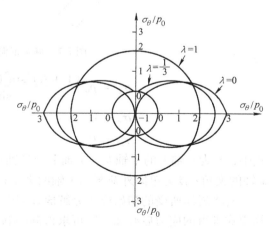

图 7-6 洞壁应力 σ_θ 总应力集中系数变化图

中腰($\theta = 0°$)将承受最大的压应力 $\sigma_0 = 3p_0$。$\lambda = 1/3$ 是洞顶是否出现拉应力的分界值；若 $\lambda <$ 1/3，则洞顶将产生拉应力；若 $\lambda > 1/3$，洞顶将表现为压应力；若 $\lambda = 1/3$，则 $\sigma_0 = 0$。

位移状态的表达式要比应力复杂得多。在此仅讨论当 $r = R_0$ 时，洞壁的位移、位移公式经简化后，表示如下

$$\left.\begin{array}{l} u_r = \dfrac{1+\nu}{2E}p_0R_0\big[(1+\lambda) + (1-\lambda)(3-4\nu)\cos2\theta\big] \\[3mm] u_\theta = \dfrac{1+\nu}{2E}p_0R_0\big[(1-\lambda)(3-4\nu)\sin2\theta\big] \end{array}\right\} \tag{7-27}$$

影响洞壁位移的因素很多，有岩体的弹性常数 E、ν，初始应力状态 p_0，开挖洞室的半径 R_0。由于 $\lambda \neq 1$，位移与径向夹角 θ 也有一定的关系。此外，从量级来说，径向位移要比切向位移稍大些，因此径向位移对洞室的稳定性来说，仍起着主导作用。

7.2.3 深埋椭圆形洞室的二次应力状态

1. 洞壁应力计算公式

地下工程中经常采用椭圆形的洞室截面。图 7-7 所示为单向应力作用时椭圆形洞室的计算简图。按此计算简图的求解结果，当 $r = R_0$ 时，洞壁的应力为

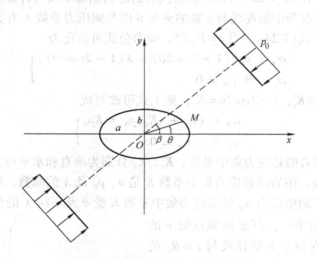

图 7-7　椭圆形洞室单向受力计算简图

$$\left.\begin{array}{l} \sigma_\theta = p_0 \dfrac{(1+K)^2\sin^2(\theta+\beta) - \sin^2\beta - K^2\cos\beta}{\sin^2\theta + K^2\cos^2\theta} \\[3mm] \sigma_r = 0 \\[2mm] \tau_{r\theta} = 0 \end{array}\right\} \tag{7-28}$$

式中，K 为 y 轴上的半轴 b 与 x 轴上的半轴 a 的比值，即 $K = b/a$；θ 为洞壁上任意一点 M 与 x 轴的夹角；β 为单向外荷载与 x 轴的夹角；p_0 为初始应力值。

若将岩体所受的初始应力分解成 $\beta = 0°$($P = \lambda p_0$)和 $\beta = 90°$($P = p_0$)两种状态，按上述计算模式求得的应力后叠加，即可求得椭圆洞室的二次应力分布状态，洞壁的应力计算公式为

$$\sigma_\theta = \frac{(1+K)^2\cos^2\theta - 1 + \lambda\left[(1+K)^2\sin^2\theta - K^2\right]}{\sin^2\theta + K^2\cos^2\theta}p_0 \left.\right\}$$

$$\sigma_r = 0$$

$$\tau_{r\theta} = 0$$

$$(7\text{-}29)$$

2. 洞壁应力分布特点分析

洞壁的切向应力不仅与初始应力 p_0 与 λ 有关，而且还取决于任意点与 x 轴的夹角 θ 和半轴比 K 的大小。表7-1列出了几种特殊条件组合情况下的结果。由表7-1可知，$\lambda=0$ 时为最不利条件，侧壁的 σ_θ 为最大压应力其值为 $(2+K)p_0/K$，而洞顶为最大拉应力，其值为 $-p_0$；且当 $\lambda < 1/(1+2K)$ 时，洞顶将出现拉应力。这是在工程中应予极为重视的问题。

表 7-1 切向应力 σ_θ 的变化特征

	$\lambda=0$	$\lambda=1$	λ
$\theta=0°$	$\dfrac{2+K}{K}$	$\dfrac{2}{K}$	$\dfrac{2+K(1-\lambda)}{K}$
$\theta=45°$	$\dfrac{K^2+2K-1}{1+K^2}$	$\dfrac{4K}{1+K^2}$	$\dfrac{K^2+2K-1+\lambda\ (1+2K-K^2)}{1+K^2}$
$\theta=90°$	-1	$2K$	$\lambda\ (1+2K)\ -1$

3. 最佳椭圆截面尺寸

洞室的最佳截面尺寸通常应满足三个条件：首先，洞室周边的应力分布应该是均匀应力，且在同一半径上其应力相等；第二，洞室周边的应力应该都为压应力，在洞壁处不出现拉应力；第三，其应力值应该是各种截面中最小的。满足上述条件的椭圆洞室称为谐洞。若已知侧压力系数 λ，设半轴比 $K=b/a=1/\lambda$，并将此假设条件代入式(7-29)，即

$$\sigma_\theta = p_0\frac{(1+K)^2\cos^2\theta - 1 + \lambda\left[(1+K)^2\sin^2\theta - K^2\right]}{\sin^2\theta + K^2\cos^2\theta}$$

$$= p_0\frac{\left(1+\dfrac{1}{\lambda}\right)^2\cos^2\theta - 1 + \lambda\left[\left(1+\dfrac{1}{\lambda}\right)^2\sin^2\theta - \dfrac{1}{\lambda^2}\right]}{\sin^2\theta + \dfrac{1}{\lambda^2}\cos^2\theta}$$

$$= p_0\frac{\lambda^3\sin^2\theta + \lambda^2\sin^2\theta + \lambda\cos^2\theta + \cos^2\theta}{\lambda^2\sin^2\theta + \cos^2\theta}$$

$$= p_0\frac{\lambda(\lambda^2\sin^2\theta + \cos^2\theta) + \lambda^2\sin^2\theta + \cos^2\theta}{\lambda^2\sin^2\theta + \cos^2\theta}$$

$$= (1+\lambda)p_0$$

$$(7\text{-}30)$$

得出的结果很理想。其洞室周边的切向应力 σ_θ 的值与 θ 角无关，并且在 $\lambda\neq1$ 时 σ_θ 也为均匀的压应力，且其应力值小于圆形洞室 $\lambda=1$ 时的洞室周边切向应力值。

7.2.4 深埋矩形洞室的二次应力状态

矩形洞室一般采用旋轮线代替4个直角，利用级数求解其应力状态。其结果可简化成下式（$r=R_0$，洞室周边应力）

$$\left.\begin{array}{l} \sigma_\theta = (K_z + \lambda K_x)p_0 \\ \sigma_r = 0 \\ \tau_{r\theta} = 0 \end{array}\right\} \tag{7-31}$$

表7-2列出了洞壁不同 θ 角所对应的应力集中系数。表中 $\beta=0$、$\beta=\pi/2$ 下的系数分别为水平应力集中系数 K_x 和垂直应力集中系数 K_z，a，b 分别为在 x，y 轴的宽度和高度。实际应用时可查得相应的系数乘以水平初始应力和垂直初始应力，经叠加后即可求得各点的应力值。图7-8是这一计算的实例。矩形洞室的角点上的应力远远大于其他部位的应力值。当 $\lambda=1$ 时，矩形洞室的周边均为正应力，而图中的虚线则是按 $\lambda = \nu/(1-\nu)$ 计算而得的结果，此时顶板处将出现拉应力。

表7-2　矩形洞室周边应力的数值

$\theta°$	$a:b=5$ $\beta=0$	$a:b=5$ $\beta=\dfrac{\pi}{2}$	$a:b=3.2$ $\beta=0$	$a:b=3.2$ $\beta=\dfrac{\pi}{2}$	$a:b=1.8$ $\beta=0$	$a:b=1.8$ $\beta=\dfrac{\pi}{2}$	$a:b=1$ $\beta=0$	$a:b=1$ $\beta=\dfrac{\pi}{2}$
0	-0.768	2.420	-0.770	2.152	-0.833 6	2.030 0	-0.808	1.472
10	—	—	-0.807	2.520	-0.835 4	2.179 4		
20	-0.152	8.050	-0.686	4.257	-0.757 3	2.699 6		
25	2.692	7.030	—	6.207	-0.598 9	5.260 9		
30	2.812	1.344	2.610	5.512	-0.041 3	3.704 1		
35	—	—	3.181	—	1.159 9	3.872 5	-0.268	3.366
40	1.558	-0.644	2.392	-0.193	2.762 8	2.723 6	0.980	3.860
45					3.351 7	0.820 5	3.000	3.000
50					2.953 8	-0.324 8	3.860	0.980
55					—		3.366	-0.268
60					1.983 6	-0.875 1		
65					—			
70					1.485 2	-0.867 4		
80					1.263 6	-0.819 7		
90	1.192	-0.940	1.342	-0.980	1.199 9	-0.801 1	1.472	-0.808

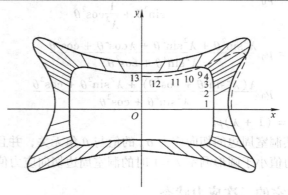

图7-8　矩形洞室（$a/b=1.8$）周边应力分布图

7.2.5　群洞围岩的弹性应力计算

在实际工程中，群洞是非常普遍的。如高速公路穿越山岭隧道，矿山运输巷道，水电工程中地下厂房等，经常会有两条甚至数条巷道平行、交错。根据上述开挖造成的弹性应力分布理论，每条巷道在挖掘后将对周围 3~5 倍半径范围的围岩产生影响，如果相邻巷道位于这个影响区内，它们就会相互影响，给巷道的使用和维护带来困难。这就需要在设计中考虑相邻巷道的作用，设计合理的巷道间岩柱宽度，尽量减少相互的应力叠加效应。

Howland 于 1934 年给出了无限介质中一排平行等间距的圆孔的应力分布，图 7-9 为其中的两个圆孔。为便于阅读原文献，这里初始水平应力和垂直应力表示为 σ_x 和 σ_y。

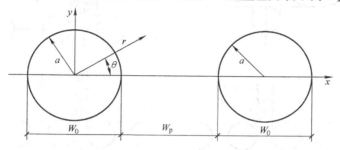

图 7-9　无限介质中的等间距圆孔

在竖向（与圆孔圆点连线垂直）虚力作用下，巷道间距与直径相等时，巷道围岩的应力集中系数分布如图 7-10 所示，图中应力分布曲线分别为：A 表示洞周；B 表示沿水平中线；C 表示两条巷道中间岩柱的铅垂线。与单孔圆形巷道相比（$\lambda = 0$），由于相邻巷道的作用，最大切向应力由 3 增加到 3.26。

图 7-11 所示为外加应力沿着水平方向时的应力分布，其他条件与上图相同，图中曲线 D 为沿着水平中线巷间岩柱的切向应力分布。与单孔条件下的应力分布相比，洞壁最大应力集中系数由 3 降为 2.16（曲线 A），曲线 D 的下降更为明显，最大的径向应力已不超过 $0.14\sigma_x$。由此可见，沿着水平方向加载，巷道之间存在"屏蔽"作用，即巷道之间的岩柱应力明显降低。从图中还可以推断，相邻巷道的影响范围仅为一倍巷道直径的范围。巷道间岩柱的形状和尺寸对于岩柱中的应力分布有直接的影响。

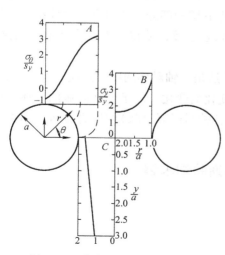

图 7-10　隧道围岩集中系数分布

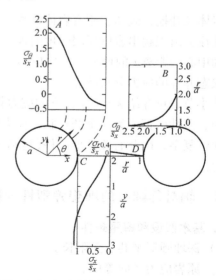

图 7-11　水平方向加载时的围岩应力分布

Obert 和 Duvall 用光弹试验的方法研究了巷道间岩柱尺寸对应力分布的影响，图 7-12 给出了岩柱应力分布特征。图中，σ_p 为平均应力，σ_b 为洞壁切向应力，$p_z = p_0$。从图中可以看出，岩柱的平均应力随着岩柱宽度的减小而增加，但 σ_b / σ_p 却降低了。

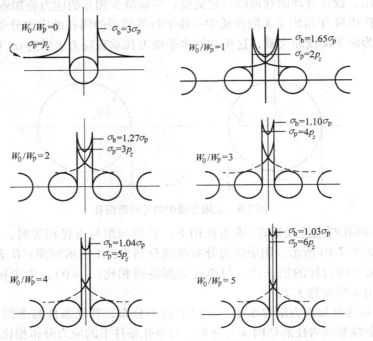

图 7-12　巷道间岩柱尺寸和形状对岩柱应力分布的影响

7.3　深埋圆形洞室围岩二次应力状态的弹塑性分析

岩体经开挖，破坏了原有岩体自身的应力平衡，促使岩体进行应力调整。经重新分布的应力往往会出现超出岩体屈服强度的现象，这时接近洞壁的部分岩体将进入塑性状态，随着距洞轴中心的距离 r 的增大，二次应力逐渐向弹性状态过渡，使得二次应力状态将出现弹、塑性状态并存的应力分布特点。

本小节着重介绍 $\lambda = 1$ 条件下的应力状态，由于这是个轴对称问题，且应力与 θ 角无关，使得弹、塑性区都成为一个圆环状，应力随着 r 的变化而变化。由于塑性区域的存在，计算公式比较复杂，因此有关其他条件（包括 $\lambda \neq 1$ 以及各种洞截面形状）的应力分析，不作进一步讨论。

7.3.1　轴对称圆巷的理想弹塑性分析——卡斯特纳求解

1. 基本假设和解题条件

1）深埋圆形平巷、无限长。

2）原岩应力各向等压。

3）原岩为理想弹塑性体，本构关系如图 7-13 所示。

4）原岩为不可压缩材料。

5）巷道埋深 $z \geqslant 20R_0$。

侯公羽（2008 年）对围岩—支护相互作用发生的起因进行的详细分析表明，在卡斯特纳方程求解中，对支护反力进行的力学简化处理没有真实地反映出支护反力的产生及其支护时机、加载路径等物理意义，因此，为区别起见，本书这里使用巷道周边处有作用力 p^* 作用的解。

当洞室周边的二次应力超出岩体的屈服应力，则洞室周边围岩将产生塑性区。就岩石的力学特性而言，多数的岩石属脆性材料，其屈服应力的大小不太容易求得。因此，近似地采用 M-C 准则作为进入塑性状态的判据。

轴对称圆巷的力学模型如图 7-14 所示。

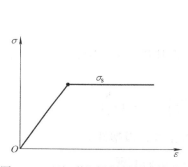

图 7-13　理想弹塑性材料的本构关系

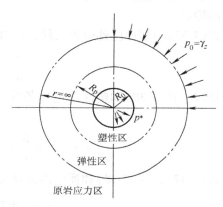

图 7-14　力学模型

2. 基本方程

弹性区：积分常数待定的弹性应力解为

$$\begin{matrix} \sigma_r \\ \sigma_\theta \end{matrix} = A \pm \frac{B}{r^2} \tag{7-32}$$

塑性区：轴对称问题的平衡方程为

$$\frac{d\sigma_r}{dr} + \frac{\sigma_r - \sigma_\theta}{r} = 0 \tag{7-33}$$

强度准则方程——M-C 准则

$$\sigma_\theta = \frac{1 + \sin\phi}{1 - \sin\phi}\sigma_r + \frac{2C\cos\phi}{1 - \sin\phi} \tag{7-34}$$

塑性区内有两个未知应力 σ_θ、σ_r，两个方程，故不必借用几何方程就可以解题。这类方程又称为刚塑性或极限平衡方程。

3. 边界条件

弹性区：外边界，$r \to \infty$，$\sigma_r = \sigma_\theta = p_0$；内边界（与塑性区的交界面），$r = R_p$（塑性区半径）

$$\begin{matrix} \sigma_r^e \\ \sigma_\theta^e \end{matrix} = A \pm \frac{B}{R_p^2} \tag{7-35}$$

塑性区：外边界（弹塑性区的交界面），$r = R_p$，$\sigma_r^p = \sigma_r^e$，$\sigma_\theta^p = \sigma_\theta^e$（上角标"e"、"p"分别表示弹、塑性区的量）。内边界（周边），$r = R_0$，$\sigma_r = 0$（无作用力），$\sigma_r = p^*$（有作用力）。

4. 解题

由式(7-33)和式(7-34)联解，并用塑性区的内边界条件，得

$$\sigma_r^p = C\cot\phi\left[\left(\frac{r}{R_0}\right)^{\frac{2\sin\phi}{1-\sin\phi}} - 1\right] \tag{7-36}$$

把式(7-36)代入式(7-34)，整理得

$$\sigma_\theta^p = C\cot\phi\left[\frac{1+\sin\phi}{1-\sin\phi}\left(\frac{r}{R_0}\right)^{\frac{2\sin\phi}{1-\sin\phi}} - 1\right] \tag{7-37}$$

由式(7-36)和式(7-37)可知，当 $r = R_0$ 时，$\sigma_r = 0$，$\sigma_\theta = 2C\cos\phi/(1-\sin\phi) = \sigma_c$，即恰好等于岩石的单轴抗压强度。并且，$\sigma_r$、$\sigma_\theta$ 与 p_0 无关，只取决于强度准则。这是极限平衡问题的特点。

由式(7-32)与塑性区外边界条件，可得

$$\begin{aligned}\sigma_r^e \\ \sigma_\theta^e\end{aligned} = p_0 \pm \frac{B}{r^2} \tag{7-38}$$

由式(7-36)、式(7-38)和塑性内边界条件，解得 B，将其代入式(7-32)，整理得弹性区应力为

$$\begin{aligned}\sigma_r^e \\ \sigma_\theta^e\end{aligned} = p_0\left(1 \mp \frac{R_p^2}{r^2}\right) \pm C\cot\phi\left[\left(\frac{R_p^2}{r^2}\right)^{\frac{2\sin\phi}{1-\sin\phi}} - 1\right]\frac{R_p^2}{r^2} \tag{7-39}$$

由式(7-37)、式(7-38)和弹塑性边界关于 σ_θ 相等条件，得塑性区半径为

$$R_p = R_0\left[\frac{(p_0 + C\cot\phi)(1-\sin\phi)}{C\cot\phi}\right]^{\frac{1-\sin\phi}{2\sin\phi}} \tag{7-40}$$

5. 结果

（1）弹性区应力

$$\left.\begin{aligned}\sigma_\theta^e &= p_0 \pm (C\cos\phi + p_0)\left[\frac{(p_0 + C\cot\phi)(1-\sin\phi)}{C\cot\phi}\right]^{\frac{1-\sin\phi}{2\sin\phi}}\left(\frac{R_0}{r}\right)^2 \\ \sigma_r^e & \\ \sigma_z^e &= p_0\end{aligned}\right\} \tag{7-41}$$

（2）塑性区应力

$$\left.\begin{aligned}\sigma_\theta^p &= C\cot\phi\left[\left(\frac{r}{R_0}\right)^{\frac{2\sin\phi}{1-\sin\phi}} - 1\right] \\ \sigma_r^p &= C\cot\phi\left[\frac{1+\sin\phi}{1-\sin\phi}\left(\frac{r}{R_0}\right)^{\frac{2\sin\phi}{1-\sin\phi}} - 1\right] \\ \sigma_z^p &= \frac{(\sigma_\theta^p + \sigma_r^p)}{2} = C\cot\phi\left[\frac{1}{1-\sin\phi}\left(\frac{r}{R_0}\right)^{\frac{2\sin\phi}{1-\sin\phi}} - 1\right]\end{aligned}\right\} \tag{7-42}$$

（3）塑性区半径

$$R_p = R_0\left[\frac{(p_0 + C\cot\phi)(1-\sin\phi)}{C\cot\phi}\right]^{\frac{1-\sin\phi}{2\sin\phi}} \tag{7-43}$$

应当指出，原卡斯特纳求解的弹性区应力、塑性区应力中不包括对 σ_z^e、σ_z^p 的求解，对 σ_z^e、σ_z^p 的详细求解见文献 [19]。

弹塑性区的应力分布如图 7-15 所示。塑性区的径向应力和切向应力都随着 r 的增大而增大，并且两者是极限状态应力，只与围岩的强度参数（C、ϕ、σ_c）有关，而与原岩应力 p_0 无关。

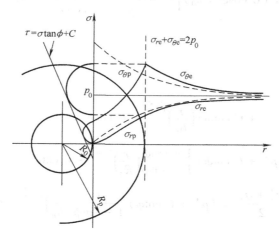

图 7-15　弹塑性区的应力分布

6. 巷道周边支护力 p^* 情况下的弹塑性求解

众多文献在讨论到此问题时，都会考虑用塑性区边界有支护的边界条件来决定积分常数，仿前求得有支护反力情况下的弹塑性区应力、塑性区半径——即著名的卡斯特纳（H. Kastner，1951 年）方程。

侯公羽（2008 年）详细地分析了卡斯特纳方程求解的力学模型的缺陷，在不考虑开挖面空间效应的条件下，认为：

1）模型视支护力 p_1 与原岩应力 p_0 是同时作用的，即开挖体被取出后立即有 p_1 作用到巷道周边上，p_1 与 p_0 是同步加载的，这与工程实际不符。

2）模型视支护力 p_1 为主动支护力、一次性加载，与工程实际不符。

3）主动支护力与被动支护反力的区别是显著的，区分两者在物理和力学意义上的不同之处非常重要。

4）从弹塑性变形经历的时间历程上看，因为巷道围岩弹塑性变形是立即发生并完成的，支护反力根本赶不上围岩弹塑性变形。因此，本书在围岩的弹塑性求解中未考虑支护力 p_1 的作用。

如果考虑开挖面的空间效应的影响，在巷道周边可以将这种影响简化为虚拟支护力 p_2^* 的作用。如果支护结构能在开挖面空间效应的影响范围之内架设，那么，支护结构就可以受到围岩的挤压并进而对围岩产生支护反力 p_1。为了使读者搞清楚围岩与支护的相互作用关系，这里使用"在巷道周边有作用力 p^* 作用"的概念，以示区别于其它教材直接使用支护力 p_1。在开挖面的空间效应的影响下，p^* 主要是指 p_2^*，亦包括开挖面空间效应影响范围之内的 p_1，详见文献［20］。因此，在巷道周边有作用力 p^* 作用的弹塑性解为

（1）弹性区应力

$$\left.\begin{aligned}
\sigma_\theta^e &= p_0 \pm (C\cos\phi + p_0)\left[\frac{(p_0 + C\cot\phi)(1 - \sin\phi)}{p^* + C\cot\phi}\right]^{\frac{1-\sin\phi}{2\sin\phi}}\left(\frac{R_0}{r}\right)^2 \\
\sigma_r^e &= \\
\sigma_z^e &= p_0
\end{aligned}\right\} \quad (7\text{-}44)$$

（2）塑性区应力

$$\left.\begin{aligned}
\sigma_\theta^p &= (p^* + C\cot\phi)\left(\frac{r}{R_0}\right)^{\frac{2\sin\phi}{1-\sin\phi}} - C\cot\phi \\
\sigma_r^p &= (p^* + C\cot\phi)\frac{1 + \sin\phi}{1 - \sin\phi}\left(\frac{r}{R_0}\right)^{\frac{2\sin\phi}{1-\sin\phi}} - C\cot\phi \\
\sigma_z^p &= \frac{\sigma_\theta^p + \sigma_r^p}{2} = (p^* + C\cot\phi)\frac{1}{1 - \sin\phi}\left(\frac{r}{R_0}\right)^{\frac{2\sin\phi}{1-\sin\phi}} - C\cot\phi
\end{aligned}\right\} \quad (7\text{-}45)$$

（3）塑性区半径

$$R_p = R_0\left[\frac{(p_0 + C\cot\phi)(1 - \sin\phi)}{p^* + C\cot\phi}\right]^{\frac{1-\sin\phi}{2\sin\phi}} \quad (7\text{-}46)$$

应当指出，式（7-44）～式（7-46）与卡斯特纳的求解在形式上是一样的，但需注意，这里的 p^* 是巷道周边处的作用力，与直接使用支护结构的支护反力 p_1 的意义是不同的。

7. 讨论

1）R_p 与 R_0 成正比，与 p_0 成正变关系，与 C、ϕ 成反变关系。

2）塑性区内各应力点与原岩应力 p_0 无关，且其应力圆均与强度曲线相切（此为联立方程求解时应用屈服准则即极限平衡问题的特点之一）。

3）指数 $(1 - \sin\phi)/2\sin\phi$ 的物理意义，可以近似理解为"拉压强度比"。

如图 7-16 所示，斜直线与横轴交点为莫尔圆的点圆，代表三轴等拉抗压强度，即 $C\cot\phi$；而单轴抗压强度 $\sigma_c = 2C\cos\phi/(1 - \sin\phi)$；两者之比即为 $(1 - \sin\phi)/2\sin\phi$。

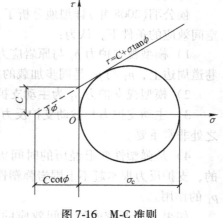

图 7-16　M-C 准则

7.3.2　塑性区半径处的应力

将塑性区半径 R_p 的表达式（7-43）代入塑性区内应力的计算公式（7-42），即可求得塑性区边界上的应力计算式，经整理后其式为

$$\left\{\begin{aligned}
\sigma_\theta^p &= p_0(1 - \sin\phi) - C\cos\phi \\
\sigma_r^p &= p_0(1 + \sin\phi) + C\cos\phi
\end{aligned}\right. \quad (7\text{-}47)$$

当 $r = R_p$ 时，式（7-47）是一个特定的值，它的大小将影响弹性区内应力和位移。

7.3.3 塑性区的位移

井巷围岩的弹塑性位移，量级较大，通常以厘米计，这是支护应予以重点解决的问题。

（1）基本假设　基本假设与上述轴对称弹塑性应力问题相同，符合一般理想塑性材料的体积应变为零的假设，不考虑剪胀效应。

（2）弹塑性边界位移　弹塑性边界的位移由弹性区的岩体变形引起。弹性区的变形可按外边界趋于无穷、内边界为 R_p 的厚壁圆筒处理。根据式（7-41），可写出弹塑性边界的位移公式

$$u_p = \frac{1+\nu}{E}R_p(p_0 - \sigma_r^{R_p}) \tag{7-48}$$

式中，$\sigma_r^{R_p}$ 为弹塑性边界上的径向应力。

也可以注意到在弹塑性边界上有 $\sigma_r^e + \sigma_\theta^e = \sigma_r^p + \sigma_\theta^p = 2p_0$，且两个应力满足强度条件，即

$$\sigma_\theta^{R_p} = \frac{1-\sin\phi}{1+\sin\phi}\sigma_r^{R_p} + \frac{2C\cos\phi}{1-\sin\phi}$$

所以，可得

$$\sigma_r^{R_p} = (1-\sin\phi)p_0 - C\cos\phi \tag{7-49}$$

将式（7-49）代入式（7-48），即可得

$$u_p = \frac{R_p}{2G}\sin\phi(p_0 + C\cos\phi) \tag{7-50}$$

根据塑性区体积不变的假设，由图 7-17 有

$$R_p^2 - (R_p - u_p)^2 = R_0^2 - (R_0 - u_0)^2 \tag{7-51}$$

于是，可以写出

$$u_0 = (R_p/R_0)u_p$$

最终，可以得到巷道周边的位移公式

$$u_0 = \frac{\sin\phi}{2GR_0}(p_0 + C\cot\phi)R_p^2 \tag{7-52}$$

式中，$G = \dfrac{E}{2(1+\nu)}$。

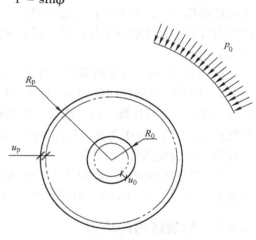

图 7-17　塑性区体积不变假设条件下
的轴对称圆巷周边位移

巷道围岩弹塑性位移也可以通过塑性力学中弹塑性小变形理论获得。因为，假设条件是一样的，所以结论也相同。

7.3.4 深埋圆形洞室二次应力状态的弹塑性分布特性小结

1）在 $\lambda = 1$ 的条件下，塑性区是一个圆环。塑性区内的应力 σ_r^p、σ_θ^p 将随 r 的增大而增大，且塑性区内的应力 σ_r^p、σ_θ^p 应该满足 M-C 准则。

2）在 $r = R_p$ 处为塑性区的边界，塑性区边界上的径向应力将影响弹性区的应力、位移、应变的计算。

3）当 $r > R_p$ 时，围岩进入弹性区。由于塑性区的存在将限制弹性区内的应力、位移、应变的发生，因此，与无塑性区的二次应力状态相比较，各计算式中增加了由于弹、塑性区边界上的径向应力 $\sigma_r^{R_p}$ 的作用所引起的增量。但是，其分布规律与纯弹性分布大致相同，而仍可用 $\sigma_\theta^e + \sigma_r^e = 2p_0$ 来校核计算结果。

7.4 节理岩体中深埋圆形洞室的剪裂区及应力分析

在以上几节中所讨论的二次应力都是以连续、均质、各向同性的介质这一假设条件为基础的。当岩体在某些特殊的条件下（如层状岩体），与这些假设条件有着很大的差别。就岩体的强度而言，由于这些不连续面的存在，往往会出现由节理强度控制岩体的强度，最终产生岩体剪切滑移破坏的现象，这时的二次应力分布状态将出现剪裂区。所谓剪裂区，是指节理岩体由于开挖产生沿节理剪切滑移破坏的区域。由于节理岩体的强度随节理的产状明显地呈各向异性。因此，剪裂区并不像前两节所讨论的结果那样呈环状分布，而是在洞周呈类似猫耳状的分布形态。本节主要介绍剪裂区范围以及剪裂区内应力分析等内容。

7.4.1 剪裂区分析的基本假设

剪裂区的计算分析仍然采用前述的弹性力学的分析方法。由于要表征剪裂区沿节理面发生剪切滑移破坏，在整个计算过程中，除了必须要满足以前所介绍的当 $\lambda = 1$ 时圆形洞室二次应力计算的基本假设条件以外，还必须按以下的假设条件去分析剪裂区的应力以及范围等状态。

1）岩体中仅具有单组节理，并不计节理间距所给予的影响。

2）剪裂区内的径向应力 σ_r^p 与 $\lambda = 1$ 条件下纯弹性分布的 σ_r 相等，且可按公式 $\sigma_r^p = p_0(1 - R_0^2/r^2)$ 进行计算。这一假设条件的成立，可由图 7-15 作出验证。由图 7-15 可知，塑性区内的 σ_r^p 随 r 的变化曲线与纯弹性应力分布曲线（图中的虚线）非常接近。因此，为了简化计算，而设此条件。

3）剪裂区内的切向应力受节理面的强度控制，即在剪裂区内，岩体的二次应力都满足节理面的强度公式(4-19)。剪裂区外的应力可由 $\lambda = 1$ 时纯弹性分布的计算公式确定。

7.4.2 剪裂区内的应力

图 7-18 所示为剪裂区应力分析的计算简图。图中各符号的含义如下：β_0 为层状节理与 x 轴的夹角。θ 为任意一点的单元体径向线与 x 轴的夹角。β 为节理与单元体径向线的夹角（即为单元体的破坏角）。根据几何关系可知，$\beta = \beta_0 - \theta$。由于节理的存在，β 的方向是单元体中强度最为薄弱的方向，即可能会沿此方向产生剪切滑移。σ_θ、σ_r分别为作用在单元体上的切向应力和径向应力。由于 $\lambda = 1$，因此 σ_θ 为最大主应力，而 σ_r 为最小主应力。根据假设条件可知，剪裂区内的应力应

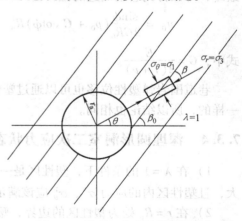

图 7-18　剪裂区应力计算简图

满足节理面的强度条件。由于剪裂区已发生沿节理的剪切滑移破坏，因此，应力符号采用 σ_r^p 和 σ_θ^p 以区别于弹性区内的应力，即

$$\left.\begin{array}{l} \sigma_r^p = p_0\left(1 - \dfrac{R_0^2}{r^2}\right) \\[3mm] \sigma_\theta^p = \dfrac{p_0\left(1 - \dfrac{R_0^2}{r^2}\right)\cos(\beta - \phi_j)\sin\beta + c_j\cos\phi_j}{\sin(\beta - \phi_j)\cos\beta} \end{array}\right\} \tag{7-53}$$

式中，$\beta = \beta_0 - \theta$。

在以上公式中，影响 σ_r^p、σ_θ^p 的因素很多，剪裂区内的应力不仅与洞室岩体的初始应力 p_0，节理面的强度参数 c_j、ϕ_j 值有关，而且与开挖洞室的半径和任意一点距离 r 的比值有关；更主要的还取决于影响节理破坏角 β 的 β_0 和 θ。由于 β_0 和 θ 的变化，将使处在剪裂区内的应力状态发生变化，即使在相同的距离 r 上，因 θ 的不同其应力值也将不相等。当圆形洞室的二次应力小于节理面的强度时，岩体的二次应力为弹性分布，而弹性分布的应力 σ_θ、σ_r 仍按弹性应力计算公式(7-9)求解。

7.4.3　剪裂区范围的计算

如前所述，所谓的剪裂区是指岩体将沿节理面产生剪切滑移破坏的区域。根据本计算方法的假设条件和剪裂区内应力的分布特性，剪裂区范围是指岩体中二次应力必须满足 $\lambda = 1$ 条件的弹性应力，又必须是节理面的抗剪强度的应力点轨迹线所围成的区域。为了形象方便地说明剪裂区，虽然它们的分布形状并非是圆形，仍将剪裂区边界至开挖洞室的中心点的距离 r_p 称为剪裂区半径。由上一小节分析结果可知，剪裂区内的应力即使在相同的距离 r 处，由于 θ 的不同，其应力也不相同。可见剪裂区并非是个圆环，剪裂区半径的大小将随 θ 的变化而变化。根据上述条件，利用 $\lambda = 1$ 时弹性应力和剪裂区内的应力计算公式，可求得剪裂区半径 r_p 的大小。

当 $r = r_p$ 时，$\sigma_{\theta p} = \sigma_{\theta e}$，$\sigma_{rp} = \sigma_{re}$。根据式（7-9）和式（7-53）可求得剪裂区半径为

$$r_p = R_0\sqrt{\dfrac{p_0\sin(2\beta - \phi_j)}{p_0\sin\phi_j + c_j\cos\phi_j}} \tag{7-54}$$

由式(7-54)可知，该公式的特点类似于剪裂区的应力计算公式，剪裂区半径 r_p 的大小，在外界条件已确定的情况下，主要取决于 β，即 β_0 和 θ 以及洞室半径 R_0 的影响。当 $r_p = R_0$ 时，其含意为剪裂区的半径与洞室半径重合，即无剪裂区。只有按式(7-54)求得的 $r_p > R_0$ 时，才可能存在着剪裂区。由此可推得，当

$$p_0 > \dfrac{C_j\cos\phi_j}{\sin(2\beta - \phi_j) - \sin\phi_j} \tag{7-55}$$

时，开挖洞室的周边才会出现剪裂区。当式(7-55)为等式时，表明 $r_p = R_0$，恰好剪裂区处在洞壁上。按这条件可求得剪裂区的起始点 θ 的角度，从而确定洞室可能出现的剪裂区范围。由于三角函数的多值性，通常洞周将出现四个剪裂区。对于岩石工程来说，剪裂区的出现表示岩体将失稳，因此必须采取有效的加固措施。而剪裂区的最大半径和它所处的位置是设计加固措施所必需的数据。由式(7-54)可知，当等号右边根号中求得最大值，即为剪裂区半径的最大值。经分析发现，$\sin(2\beta - \phi_j)$ 是一个小于或等于 1 的数值，要取最大值，令其为 1 即可。

令 $\sin(2\beta - \phi_j) = 1$，可得

$$2\beta - \phi_j = 90°$$

$$\beta = 45° + \frac{\phi_j}{2} \tag{7-56}$$

按上式，并将已知的 β_0 和 $\theta = \beta_0 - \beta$ 代入，求出最大剪裂区半径所处的位置，而最大剪裂区半径可由下式求得

$$r_{pmax} = R_0 \sqrt{\frac{p_0}{p_0 \sin\phi_j + C_j \cos\phi_j}} \tag{7-57}$$

以上应用 $\lambda = 1$ 条件下，纯弹性应力的分析结果和节理面强度呈各向异性的特征，分析了存在于节理岩体中可能出现的剪裂区以及剪裂区内的应力分布。由上述的分析结果可知，这些分析仅在某些特定的条件下才会成立的，并且是一个近似的计算结果。

7.5 围岩压力成因及影响因素

7.5.1 围岩压力的基本概念

前几节介绍的围岩二次应力状态，无论是洞壁的二次应力小于岩体强度的弹性状态，还是洞壁的二次应力超出岩体的强度呈弹塑性状态，都是在无支护的前提下进行讨论的，可以说，这是一种比较理想的状态。在实际工程中，很少有不进行支护就使用的洞室工程。而在进行支护设计时，作用在支护上的荷载是设计中必不可少的参数。这就引出了围岩压力这一概念。对于围岩压力的认识类似于对岩体的认识一样，也经历了一个逐渐发展、不断完善的过程。最初，人们将围岩压力看成是一个很简单的概念，认为支护是一种构筑物，而岩体的围岩压力是荷载，两者是相互独立的系统。在这基础上围岩压力的概念即为开挖后岩体作用在支护上的压力（也被称作狭义的围岩压力）。随着人们对岩体的认识的不断提高，尤其是经过现场量测试验，积累了大量的成果，发现实际工程情况并非如此。实践证明，岩体本身就是支护结构的一部分，它将承担部分二次应力的作用。支护结构应该与岩体是一个整体，两者应成为一个系统，来共同承担由于开挖而引起的二次应力作用。因此，对围岩压力的定义又可理解为：二次应力的全部作用（广义的围岩压力）。在广义的围岩压力概念中，最具特色的是支护与围岩的共同作用。洞室开挖后，围岩的应力调整、洞周位移的变化也说明了围岩与支护一起，发挥各自所具有的强度特性，共同参与了这一应力重分布的整个过程。

由于地下洞室围岩压力是作用于支护或补砌上的重要荷载，所以对围岩压力的正确估算将直接关系到支护和衬砌结构设计合理与否，是确保地下洞室顺利施工及安全运营的关键之一。因此，关于地下洞室围岩压力方面的课题备受国内外工程界或岩体力学工作者的强烈关注，已做了一系列的科研工作，基于多种力学理论建立了不少计算公式。尽管如此，由于地下洞室工程的隐蔽性，加之复杂的地质背景及场地条件等，决定了对围岩压力的正确估计仍然存在较大难度及某些不确定因素，所以到目前为止，关于围岩压力课题在许多方面尚没有获得圆满解决。因此，以下所介绍的围岩压力理论及计算公式均是在一定简化条件下得到的，是近似的，只在特定条件下是正确的，必须通过实践逐步加以完善，切勿不切合工程实际地套搬引用。

7.5.2 围岩压力成因

关于地下洞室围岩压力成因机理及其随时间变化过程，前苏联学者拉勃蔡维奇曾对其作过解释，如图 7-19 所示，仅考虑围岩中最大压力为竖向情况，围岩压力随时间的发展过程包括下述三个阶段：

第一阶段：如图 7-19a 所示，由于洞室开挖引起围岩变形，在周壁产生挤压作用，同时在左、右两侧围岩中形成楔形岩块，这两个楔块具有向洞内移动的趋势，从而洞室两侧又产生压力，并且由此过渡到第二阶段。这种楔形岩块是由于洞室两侧围岩剪切破坏产生的。

第二阶段：如图 7-19b 所示，当洞室左、右两侧围岩中的侧向楔形岩块发生移动及变形之后，洞室的跨度似乎增大了。因此，在围岩内形成一个椭圆形高压力区。在椭圆形高压力区曲线（边界线）与洞室周界线（周壁）之间的岩体发生松动。

第三阶段：如图 7-19c 所示，位于洞顶和洞底的松动岩体开始发生变形，并且向着洞内移动，其中洞顶松动岩体在重力作用下有掉落到洞内的危险。围岩压力逐渐增加。

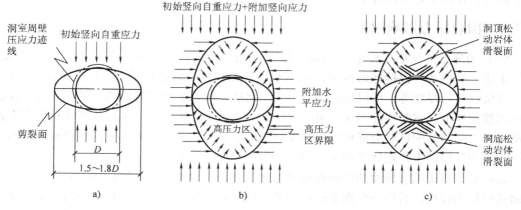

图 7-19　地下洞室围岩压力成因机理及变化过程

a）第一阶段　b）第二阶段　c）第三阶段

由此可见，地下洞室围岩压力的形成是与洞室开挖后围岩的变形、破坏及松动分不开的。由于围岩变形而产生对支护及衬砌的压力称为变形压力，由于围岩破坏与松动而对支护及衬砌产生的压力称为松动压力。围岩变形量的大小及破坏与松动程度就决定着围岩压力的大小。对于岩性及结构不同的围岩，由于其变形和破坏的性质及程度不同，所产生围岩压力的主要原因也就不同，经常碰到以下三种情况：

1）在坚硬而完整的岩体中，由于洞室围岩应力一般是小于岩体强度的，所以岩体只发生弹性变形而无塑性流动，岩体没有破坏及松动。又因为岩体弹性变形在洞室开挖后即已结束，所以这种岩体中的洞室不会发生坍塌等失稳现象。如果在开挖后对洞室进行支护或设置衬砌，则支护及衬砌上将没有围岩压力。

2）在相对不坚硬，并且发育有结构面的岩体中（中等质量岩体），由于洞室围岩变形较大，不仅发生弹性变形，而且伴有塑性流变，尚有少量岩石破碎作用，加之围岩应力重新分布需要一定时间，所以在设置支护或衬砌之后，围岩变形将受到支护及衬砌的约束，于是便产生对支护及衬砌的压力。因此，在这种情况下，支护或衬砌的设置时间及结构刚度对于围岩压力的大小影响较大。在这类岩体中,压力主要是由围岩较大的变形引起的,而岩体的破坏、松动及塌落很小。也就是说,这类岩体中主要是变形压力,而较少产生松动压力。

3) 在软弱而破碎的岩体中,由于岩体结构面极为发育,并且强度很低,在洞室开挖结束后或开挖过程中,重新分布的应力很容易超过岩体强度而引起围岩破坏、松动与坍落。因此,在这类岩体中,破坏和松动是产生围岩压力的主要原因,松动压力占主导地位,而变形压力则是次要的。若不及时设置支护或衬砌,围岩变形与破坏的范围将不断扩展,以致造成洞室失稳,有的甚至在施工过程中就出现坍塌事故。支护或衬砌的主要作用是支承坍落岩块的重量,并且阻止围岩变形与破坏的进一步扩大。在这类岩体中开挖洞室,若支护或衬砌设置较晚,当岩体变形与破坏发展到一定程度时,由于围岩压力太大,将给支护或衬砌设置带来很大困难,轻则抬高工程造价,重则将无法支护而导致工程被迫放弃。

最后需要指出的是,在地应力高度集中地区,地应力将对地下洞室围岩压力产生强烈影响。这种情况下,在地下洞室设计之前,首先必须做系统的地应力研究工作。而在洞室施工过程中,应加强地应力的测量,并据此调整施工方案及进度,为及时设置支护及衬砌提供依据。此外,在洞室运营过程中进行安全监测,也需对围岩地应力变化进行长期考察分析。

7.5.3 围岩压力影响因素

(1) 场地条件及地质构造　场地条件及地质构造对于围岩压力的影响是十分重要的。一般来说,场地条件包括地形地貌、地下水、地热梯度、岩体组成(指不同岩石类型)及松散覆盖层性质与厚度等,所以场地条件对于围岩压力的影响是多方面的。例如,沿河谷斜坡或山坡修建地下洞室时往往出现严重的偏压现象,地下水的流动经常对支护或衬砌产生较大的动水压力,较高的地热会降低围岩的屈服强度,由不同类型岩石组成的围岩将产生不均匀的压力,而较厚的上覆松散堆积又会增大围岩的竖向荷载等。

地质构造对于围岩压力的影响有时显得相当突出,地质构造简单地区的岩体中无软弱结构面或结构面较少,岩体完整而无破碎现象,围岩稳定而压力小;相反,地质构造复杂,岩体不完整而较为发育各种软弱结构面,围岩便不稳定,围岩压力也就大,并且往往不均匀。以上所说的地应力高度集中一般是地质构造作用的结果,因地质构造产生的高水平地应力将引起较高的围岩压力而对工程造成很大危害,高水平地应力分布状态对于工程设计及施工方案的选择有时起决定性作用。在断层带或断裂破碎带及褶皱构造发育的地区,洞室围岩压力一般均很大,因为在这些地段岩体中开挖地下洞室时,即使在施工过程中也会引起较大范围的崩塌,从而造成很高的松动压力。此外,如果岩层倾斜(图7-20a),结构面不对称(图7-20b,包括结构面性质、密度、宽度及延伸长度等)及斜坡(图7-20c)等,均能引起不对称围岩压力(即偏压)。所以在估算地下洞室围岩压力时不可忽视场地条件及地质构造的影响。

(2) 洞室形状及大小　洞室形状不仅对围岩应力重分布产生一定的影响,而且还影响围岩压力大小。一般情况下,断面为圆形、椭圆形及拱形洞室等围岩应力集中程度较小,岩体破坏轻而较稳定,围岩压力也就较小。而矩形断面洞室围岩的应力集中程度较大,拐角处应力集中程度尤其突出,所以围岩压力较其他断面形状洞室围岩压力要大些。

虽然洞室围岩应力与断面大小无关,但是围岩压力与洞室断面大小关系密切。一般而言,随着洞室跨度增加,围岩压力也就增大。现有的某些围岩压力计算公式一般表示为,围

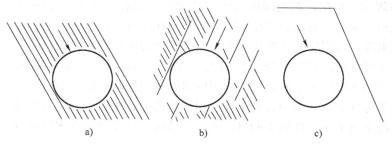

图 7-20　地下洞室偏压成因示意图(箭头表较高压力方向)

岩压力与洞室跨度呈线性正比例关系。但是，工程实践表明，对于跨度较大的洞室来说，情况并非如此。跨度很大的洞室，由于容易发生局部坍塌和偏压现象，致使围岩压力与跨度之间不一定成正比例关系。据我国铁路隧道调查资料，当单线隧道及双线隧道的跨度相差80%时，它们的围岩压力仅相差50%。所以，在工程上，对于大跨度洞室，在支护或衬砌结构设计时仍然采用围岩压力与跨度之间的线性正比例关系时，将显得过于保守，从而导致支护或衬砌材料浪费。此外，在结构面较发育而稳定性较差的岩体中开挖洞室，实际的围岩压力往往较按常规方法估算出的围岩压力大得多。例如在图 7-21 中，岩体结构面相当发育，破碎程度很大，当按照图中虚线所示的尺寸开挖较小的洞室时，被结构面切割而趋于向洞内坍落岩块较少，则围岩压力较小；相反，如果按照图中实线所示的尺寸开挖较大的洞室时，将有大量的岩块向洞内方向滑动与坍落，从而围岩实际压力将远大于由正比例关系估算出的压力值。

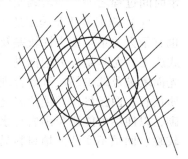

图 7-21　不同断面尺寸洞室围岩压力大小对比示意图

（3）衬砌或支护形式及刚度　地下洞室围岩压力有松动压力与变形压力之分。当松动压力作用时，衬砌或支护的作用就是承受松动岩体或塌落岩体的重力。当变形压力作用时，衬砌或支护作用即为阻止或限制围岩的变形。一般情况下，衬砌或支护可能同时起这两种作用。在地下洞室工程中，经常采用两种支护形式：其一是外部支护，也叫普通支护或老式支护，将支护结构设置于围岩外部(洞室内而靠近周壁处)，依靠支护结构自身的承载能力来承担围岩压力，当支护结构紧靠洞室周壁时或者在支护结构与周壁之间回填密实情况下，此时的支护结构则起到限制围岩变形及维持围岩稳定的双重作用；其二是内承支护或自承支护，是近代发展起来的一类新型支护形式，实质是通过化学灌浆或水泥灌浆、喷混凝土支护，以及普通锚杆或预应力锚杆支护等方式，加固围岩，使围岩处于自稳定状态，即围岩自身阻止变形及承担自重力。一般来说，第二种支护形式较经济，但是技术要求较高。

衬砌或支护结构刚度及支护时间的早晚(即洞室开挖后围岩暴露时间长短)直接影响围岩压力的大小。支护结构刚度越大，支护结构可变量越小，则允许围岩的变形量也就越小，围岩压力便越大；反之，围岩压力也就越小。洞室开挖过程中围岩就开始发生变形，并且一直延续到开挖结束之后一段时间。研究表明，在围岩一定的变形范围内，支护结构上的围岩压力随着支护设置之前围岩变形量增加而减小。长期以来，往往采用的薄层混凝土衬砌或具有一定柔性的外部支护，均能够充分利用围岩的自承能力，以减少支护结构上的围岩压力。

（4）洞室埋深 目前，洞室埋深与围岩压力的关系在认识上尚未统一。就现有的围岩压力估算公式形式来看，有的公式显示围岩压力与埋深有关，而有的公式显示围岩压力与埋深无关。一般来说，当围岩处于弹性状态时，围岩压力应与埋深无关；而当围岩中出现塑性变形区时，由于埋深对围岩应力分布及侧压力系数 λ 有影响，从而影响塑性变形区的形状及大小，由此影响围岩压力。研究表明，当围岩处于塑性状态时，洞室埋深越大，围岩压力也就越大。对于深埋洞室，因围岩处于高压塑性状态下，所以围岩压力将随着埋深增加而增大，在这种情况下宜采用柔性较大的衬砌或支护结构，以充分发挥围岩的自承能力，从而降低围岩压力。

（5）时间 由于围岩压力主要是因为岩体的变形与破坏所致，而岩体的变形和破坏均是有时间历程的，所以围岩压力也就与时间有关。在洞室开挖期间及开挖结束最初阶段，围岩变形及位移较快，围岩压力迅速增长。而洞室开挖结束一般时间之后，围岩变形将结束，围岩压力也随之趋于稳定。围岩压力随时间变化的主要原因在于，除了围岩变形和破坏有一定时间过程之外，围岩蠕变也起重要作用。

（6）施工方法及施工速率 工程实践表明，围岩压力大小与洞室施工方法及施工速率也有很大关系。在岩性较差及岩体结构面较发育（岩体破碎较强烈）地段，如果采用爆破方式施工，尤其是放大炮掘进，将会引起围岩强烈破坏而增加围岩压力。而采用掘岩机掘进、光面爆破及减少超挖量等合理的施工方法均可以降低围岩压力。在灰岩、泥灰岩、泥岩、泥质页石、白云母及其他片岩之类的易风化岩体中开挖洞室，需要加快施工速度且及时迅速衬砌，以便尽可能避免围岩与水接触而减轻风化，从而阻止围岩压力增长。施工时间长、衬砌较晚、回填不实或回填材料易压缩等均会引起围岩压力增大。

7.6 地下洞室围岩压力及稳定性验算

由于地下洞室围岩压力是否超出其强度，以及围岩是否破坏与失稳等直接关系到对围岩压力的正确估算，所以在对围岩压力估算之前应首先进行围岩压力及稳定性验算。对于较软弱及破碎岩体已没有必要进行围岩压力及稳定性验算，因为在这种岩体中开挖洞室无疑会产生围岩压力。经常需要作围岩压力及稳定性验算的岩体有完整而坚硬岩体、水平层状岩体及倾斜层状岩体等三种类型。

7.6.1 完整而坚硬岩体之围岩压力及稳定性验算

对于坚硬而完整岩体来说，由于其结构面很少且规模小、强度大、无塑性变形、弹性变形完成迅速等，可以假定岩体为各向同性且均匀的连续弹性体，所以验算洞室周壁上切应力是否超过岩体强度即可，一般不需要进行围岩压力计算，也即验算

$$\sigma_\theta < [\sigma_c] \tag{7-58}$$

其中，σ_θ 为洞室周壁上切向应力（压应力）；$[\sigma_c]$ 为岩体许可抗压强度。

考虑到在长期荷载作用下洞室围岩强度也许降低。所以，岩体许可抗压强度 $[\sigma_c]$ 一般采用以下数值

$$\left. \begin{array}{l} \text{无裂缝坚硬岩体} \quad [\sigma_c] = 0.6\sigma_c \\ \text{有裂缝坚硬岩体} \quad [\sigma_c] = 0.5\sigma_c \end{array} \right\} \tag{7-59}$$

其中，σ_c 为岩体浸湿抗压强度。

切向应力 σ_θ 可以采用前几节内容所述的方法进行计算获得。工程中，往往存在直墙拱形洞室。迄今为止，尚无有效的直墙拱形洞室围岩压力计算式，一般是通过试验或有限元法获取这种类型洞室的围岩压力。既往经验表明，若洞室高跨比为 $h/B = 0.67 \sim 1.5$ 时，就可以将直墙拱形洞室作为椭圆形或圆形断面洞室处理，此时的围岩切向应力 σ_θ 近似计算式为

$$\left.\begin{aligned} \text{拱顶切向应力} \quad \sigma_\theta &= \left[\left(\frac{2b}{a} + 1 \right) \frac{\nu}{1 - \nu} - 1 \right] p_0 \\ \text{拱角切向应力} \quad \sigma_\theta &= \left[\frac{2b}{a} - \frac{\nu}{1 - \nu} + 1 \right] p_0 \end{aligned}\right\} \tag{7-60}$$

式中，p_0 为计算点的初始竖向地应力；ν 为岩体泊松比；a 为洞室跨度之半；b 为洞室高度之半；$p_0 = \gamma H$，H 为洞室轴线埋深，γ 为岩体重度。

对于其他断面形状的洞室，尤其是矩形断面洞室，在拐角处应力集中系数往往很大，应特别注意由于局部应力集中而超过岩体强度的情况。但是，工程实践表明，这种局部应力集中不至于影响围岩稳定，所以一般不予考虑。

如果洞室周壁切向应力 σ_θ 即为拉应力，则应验算以下条件

$$|\sigma_\theta| < [\sigma_t] \tag{7-61}$$

其中，$[\sigma_t]$ 为岩体许可抗拉强度。

如果应力验算不满足式（7-58）或式（7-61）时，则应采取适当工程加固措施，如设置衬砌、支护及锚杆等。

7.6.2 水平层状岩体之围岩压力及稳定性验算

靠近洞室顶壁的水平层状岩体，尤其是薄层状岩体，有脱离围岩主体而形成独立梁的趋势。但是，一般情况下，除非有锚杆或排架结构及时支撑，否则这种位于洞室顶壁的薄层状岩体有可能塌落下来。

图 7-22 所示为一个位于洞室顶壁的水平薄层状岩体坍塌过程示意图。首先，洞室顶壁水平薄层状态岩体与其之上的岩体脱开而向下（洞内）弯曲，如图 7-22a、b、c 所示，并且在其两端上表面及中部下表面形成张性裂隙，其中位于端部的张性裂隙首先形成。端部倾斜的应力轨迹线导致张性裂缝在对角线方向上逐步展开。最后，造成该位于洞室顶壁的水平薄层状岩体坍塌，如图 7-22d 所示。这种水平层状岩体坍落后留下一对悬臂梁，可能成为其上水平层状岩体（梁）的基座。因此，随着水平层状岩体坍落作用由洞壁开始向洞顶之上围岩内部逐层发生，洞顶之上水平层状岩体梁的跨度将逐渐减小。这些水平状岩体梁的连续破坏与坍落，最后会形成一个稳定的梯形洞室，这也就是为什么在水平层状岩体中修建梯形洞室的原因所在。

位于洞室顶壁之上的水平层状岩体可以看作为两端固定的水平梁。而这种梁的最大拉应力 σ_{max} 出现于两端的顶面处，其值为

$$\sigma_{max} = \frac{\gamma L^2}{2t} \tag{7-62}$$

式中，L 为梁长度（洞室跨度）；t 为梁厚度（高度）；γ 为岩体重度。

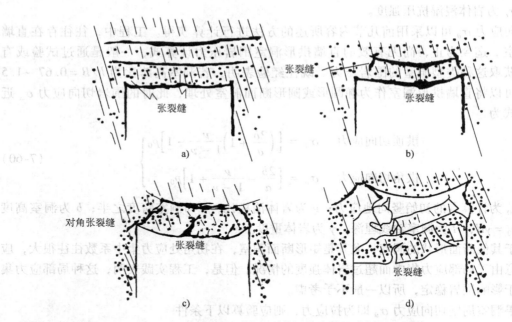

图 7-22　位于洞室顶壁水平薄层状岩体逐步坍塌过程图

若水平层状岩体梁两端受到水平地应力 σ_h 作用，则该梁上拉应力可以降低。此时，最大拉应力 σ_{max} 为

$$\sigma_{max} = \frac{\gamma L^2}{2t} - \sigma_h \tag{7-63}$$

取用水平地应力 σ_h 时一般限制在欧拉屈服应力 $(\pi^2 E t^2)/(3L^2)$ 的 1/2 之内，即

$$\sigma_h < \frac{\pi^2 E t^2}{3L^2} \times \frac{1}{2} \tag{7-64}$$

其中，E 为岩体弹性模量。

位于水平层状岩体梁中心处的最大拉应力 σ'_{max} 一般为式（7-63）的一半，即

$$\sigma'_{max} = \frac{\gamma L^2}{4t} - \frac{\sigma_h}{2} \tag{7-65}$$

梁的最大挠度为

$$U_{max} = \frac{\gamma L^4}{32 E t^2} = \frac{\gamma t L^4}{32 E t^3} \tag{7-66}$$

为安全起见，可以保守地假定 σ_h 为零，则由式（7-62）算出的最大拉应力 σ_{max} 若小于岩体抗拉强度，那么便是安全的；否则，洞室将失稳，必须采取一定的结构加固措施。

如果洞室顶壁上围岩为由不同物理力学性质与厚度的多种水平层状岩体组成，如由两种水平岩层组成，其弹性模量、重度及厚度分别为 E_1、γ_1、t_1 及 E_2、γ_2、t_2，可以把这种岩层视为两端固定的"异型材料复合梁"进行验算，假定较薄的梁在上、较厚的梁在下，荷载便从较薄梁传递到较厚梁，其中较厚梁的应力及挠度仍然可以根据式（7-62）或式（7-63）、式（7-66）计算，但是式中的重度 γ 应该用最大重度 γ_a 来代替，即有

$$\gamma_a = \frac{E_1 t_1^2 (\gamma_1 t_1 + \gamma_2 t_2)}{E_1 t_1^3 + E_2 t_2^3} \tag{7-67}$$

　　式(7-67)可以推广到几个不同材料岩层组成的"异型材料复合梁"，其厚度自下而上逐渐递减。

　　如果较薄的梁在下，较厚的梁在上，那么下面的梁就有与原梁脱开分离的趋势。若采用锚杆加固，则锚杆设计要允许岩层分离，荷载通过锚杆传递。在这种情况下，假定锚杆提供的应力为 Δq，则厚梁单位面积上荷载为 $\gamma_1 t_1 + \Delta q$，薄梁单位面积上荷载为 $\gamma_2 t_2 - \Delta q$。利用这两个值代替式(7-66)中的 γt，并且令这两根梁最大挠度相等，则得

$$\frac{(\gamma_1 t_1 + \Delta q) L^4}{32 E_1 t_1^3} = \frac{(\gamma_2 t_2 - \Delta q) L^4}{32 E_2 t_2^3} \tag{7-68}$$

　　由式(7-68)解得

$$\Delta q = \frac{\gamma_2 t_2 E_1 t_1^3 - \gamma_1 t_1 E_2 t_2^3}{E_1 t_1^3 + E_2 t_2^3} \tag{7-69}$$

　　这两种岩层内最大拉应力由下式确定

$$\sigma_{max} = \frac{(\gamma t \pm \Delta q) L^2}{2 t^2} \tag{7-70}$$

　　这种形式的荷载传递称为"悬挂"效应。锚杆的另一作用是，防止岩层间滑动，增加梁的抗剪强度，下面讨论这一问题。

　　假定 x 为水平坐标轴，坐标原点在梁的一端，则梁内单位宽度剪力 Q 为

$$Q = \gamma t \left(\frac{L}{2} - x \right) \tag{7-71}$$

　　在任何截面 x 处的最大切应力 τ 为

$$\tau = \frac{3Q}{2t} = \frac{3\gamma}{2} \left(\frac{L}{2} - x \right) \tag{7-72}$$

　　最大切应力发生在梁两端，即 $x = 0$，$x = L$ 处

$$\tau_{max} = \pm \frac{3\gamma L}{4} \tag{7-73}$$

　　考虑梁是由 $\gamma_1 = \gamma_2$ 和 $E_1 = E_2$ 的两个岩层组成的。设岩层间内摩擦角和内聚力分别为 ϕ_j、C_j，并且在不同岩层间滑动情况下，梁近似为均质体。锚杆间距设计要求使它们在每一 x 处提供的平均单位面积上的力 p_b 满足下式

$$p_b \tan\phi_j \geqslant \frac{3\gamma}{2} \left(\frac{L}{2} - x \right) \tag{7-74}$$

　　这就是摩擦效应。如果同时考虑摩擦效应及悬挂效应，并且锚杆间距均匀，那么锚杆系统所提供的平均单位面积上的力至少应为

$$p_b = \frac{3\gamma L}{4\tan\phi_j} + \Delta q \tag{7-75}$$

7.7　松散岩体的围岩压力计算

　　节理密集和非常破碎的岩体的力学性能与无内聚力的松散地层相似，经开挖洞室后所产生的围岩压力主要表现为松动压力。围岩压力的松散体理论是在长期观察地下洞室开挖后的破坏特性的基础上而建立的。浅埋的地下洞室，开挖后洞室顶部岩体往往会产生较大的沉

降，有的岩体甚至会出现塌落、冒顶等现象。基于这样一种破坏形式，建立了以应力传递、岩柱重力等计算方法。而在深埋的地下洞室，开挖后往往仅发生洞室部分岩体的塌落，在这一塌落过程中，上部岩体应力重新分布而形成了自然平衡拱，作用在支护上的荷载即为平衡拱内的岩体自重。本小节根据松散岩体的特殊性质介绍类似于上述基本思想的围岩松动压力的计算方法。

7.7.1 浅埋洞室的围岩松动压力计算

1. 泰沙基的围岩压力计算方法

泰沙基（Terzaghi）围岩压力计算方法是比较典型的应力传递法。其计算简图与岩柱法相同（图 7-23）。在进行公式推导时，必须分析单元体的应力状态，并利用静力平衡方程，求出计算松散岩体的围岩压力表达式。

（1）泰沙基理论的基本假设 泰沙基在进行应力分析时，建立了如下的假设条件：

1）认为岩体是松散体，但存在着一定的内聚力，其强度服从莫尔-库仑强度理论，即

$$\tau = C + \sigma_h \tan\phi$$

2）洞室开挖后，将产生图 7-23 所示的两个滑动面，滑动面与洞室侧壁的夹角为 $45° - \phi/2$。地面作用着附加荷载 q。

（2）泰沙基围岩压力公式 根据图 7-23 所示，取一微元体，并利用静力平衡方程，可得

$$(\sigma_h + d\sigma_v)2a_1 - 2a\sigma_v + 2\tau_s dz - 2a_1\gamma dz = 0 \tag{a}$$

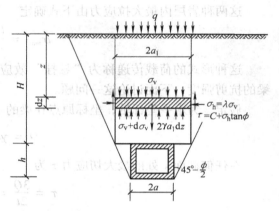

图 7-23 垂直地层压力计算简图

式中，σ_v 为作用在微元体上部的围岩压力；σ_h 为作用在微元体侧向的水平应力，按初始应力状态的分析原理，$\sigma_h = \lambda\sigma_v$ 确定；τ_s 为作用于微元体两侧的切应力，根据其假设条件，微元体将沿这两侧面发生沉降而产生剪切破坏，故切应力 τ_s 可按莫尔-库仑强度理论求得，即 $\tau_s = C + \sigma_h \tan\phi$；$z$ 为微元体上覆岩层的厚度；dz 为微元体的厚度；H 为开挖洞室的埋深；h 为洞室的高度；q 为作用在地面的附加荷载。

将上述的各应力分量代入式（a），并加以整理得

$$d\sigma_v = -\frac{1}{a_1}(a_1\gamma - C - \lambda\sigma_v\tan\phi)dz \tag{b}$$

对上式进行变形，有

$$\frac{d(a_1\gamma - C - \lambda\sigma_v\tan\phi)}{a_1\gamma - C - \lambda\sigma_v\tan\phi} = \frac{\lambda\tan\phi}{a_1}dz \tag{c}$$

解微分方程得

$$a_1\gamma - C - \gamma\sigma_v\tan\phi = Ae^{-\frac{\lambda\tan\phi}{a_1}z} \tag{d}$$

根据边界条件 $z = 0$，$\sigma_v = q$，其积分常数为

$$A = a_1\gamma - C - \lambda q\tan\phi \tag{e}$$

代入通解，并令 $z = H$，得作用在洞顶的围岩压力公式

$$p_v = \frac{a_1\gamma - C}{\lambda\tan\phi}\left[1 - \exp\left(-\frac{\lambda\tan\phi}{a_1}H\right)\right] + q\exp\left(-\frac{\lambda\tan\phi}{a_1}H\right) \qquad (7\text{-}76)$$

作用在侧壁的围岩压力仍然假设为一梯形，而梯形上部、下部的围岩压力可按下式计算

$$\begin{cases} e_1 = p_v\tan^2\left(45° - \dfrac{\phi}{2}\right) \\ e_2 = e_1 + \gamma h\tan^2\left(45° - \dfrac{\phi}{2}\right) \end{cases} \qquad (7\text{-}77)$$

上述公式中，γ 为岩体的重度；$a_1 = a + h\tan(45° - \phi/2)$；$\lambda$ 为岩体的侧压力系数，一般取 $\lambda = 1$。

由式（7-76）可知，当 $H \to \infty$ 时，$p_v = a_1\gamma - C/\tan\phi$。在一般情况下，当 $H > 50\text{m}$ 时，指数项的数值约为 0.1%，这项对围岩压力的影响已可忽略不计。

2. 浅埋山坡处洞室围岩压力的计算

当洞室处在图 7-24 所示的情况时，围岩压力将产生偏压。而其计算原理同岩柱法。考虑岩柱两侧摩擦力的作用，衬砌上的垂直压力的总和等于岩柱 ABB_0A_0 的重力减去两侧破裂面（AB 和 A_0B_0）上的摩擦力。

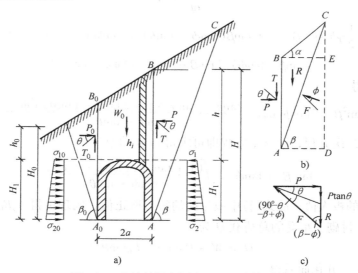

图 7-24　山坡处洞室围岩压力的计算简图

岩柱两侧面上的摩擦力，可由岩柱侧面 AB 和滑动面 AC 所形成的岩体，在力的平衡条件下求得。设 θ 为岩柱两侧面的摩擦角，ϕ 为岩体的内摩擦角，β 为滑动面与水平面的夹角。α 为地面的坡角。根据该计算简图上作用力的平衡条件，可作出力多边形。岩柱 ABC 的重力 R 为

$$R = \frac{\gamma}{2}H\,\overline{AD} \qquad (\text{a})$$

其中

$$\overline{AD} = \frac{\overline{CD}}{\tan\beta} = \frac{\overline{CE}}{\tan\alpha}$$

$$H = \overline{CD} - \overline{CE} = \overline{AD}(\tan\beta - \tan\alpha)$$

将上式代入式（a）得

$$R = \frac{\gamma H^2}{2}\frac{1}{\tan\beta - \tan\alpha} \qquad (\text{b})$$

在力三角形中，根据正弦定理得

$$\frac{P/\cos\theta}{\sin(\beta - \phi)} = \frac{R}{\sin(90° - \theta - \beta + \phi)} \tag{c}$$

由此可得

$$P = \frac{R\sin(\beta - \phi)\cos\theta}{\cos(\theta + \beta - \phi)} \tag{d}$$

上式的分子和分母中同乘以 $\cos(\beta - \phi)$，并将式（b）中的 R 值代入上式，简化后得

$$P = \frac{\gamma h^2}{2} \frac{1}{\tan\beta - \tan\alpha} \frac{\tan\beta - \tan\phi}{1 + \tan\beta(\tan\phi - \tan\theta) + \tan\phi\tan\theta} \tag{e}$$

设

$$\lambda = \frac{1}{\tan\beta - \tan\alpha} \frac{\tan\beta - \tan\phi}{1 + \tan\beta(\tan\phi - \tan\theta) + \tan\phi\tan\theta}$$

$$P = \frac{1}{2}\gamma h^2\lambda \tag{f}$$

在式（e）中岩柱滑动面与水平面夹角 β 为未知的，它可由 P 有极大值的条件

$$\frac{\mathrm{d}P}{\mathrm{d}\beta} = 0 \tag{g}$$

$$\frac{\mathrm{d}P}{\mathrm{d}\beta} = \frac{1}{2}\gamma h^2\sec^2\beta\{[1 + \tan\beta(\tan\phi - \tan\theta) + \tan\phi\tan\theta](\tan\phi - \tan\alpha) - \tag{h}$$

$$(\tan\beta - \tan\phi)(\tan\beta - \tan\alpha)(\tan\phi - \tan\theta)\}$$

将式（h）化简后得

$$\tan^2\beta - 2\tan\phi\tan\beta - \frac{\tan\phi - \tan\alpha + \tan^2\phi\tan\theta - \tan\alpha\tan^2\phi}{\tan\phi - \tan\theta} = 0 \tag{i}$$

式（i）为 $\tan\beta$ 的二次方程，解这个方程即可求得 $\tan\beta$ 的值

$$\tan\beta = \tan\phi \pm \sqrt{\frac{(1 + \tan^2\phi)(\tan\phi - \tan\alpha)}{\tan\phi - \tan\theta}} \tag{j}$$

需要求得 β 的极大值，故式（j）中根号前的符号取正值。同理可得 A_0B_0 面上的 P_0，λ_0，$\tan\beta_0$ 的表达式。衬砌上承受的总荷载 Q 为

$$Q = W - P\tan\theta - P_0\tan\theta \tag{k}$$

将式（f）代入上式，并化简后得

$$Q = W\left[1 - \frac{\gamma\tan\theta}{2} \frac{H^2\lambda + H_0^2\lambda_0}{W}\right] \tag{l}$$

衬砌上承受的荷载强度可表示为

$$q_i = \gamma h_i\left[1 - \frac{\gamma\tan\theta}{2} \frac{H^2\lambda + H_0^2\lambda_0}{W}\right] \tag{7-78}$$

其中

$$\lambda = \frac{1}{\tan\beta - \tan\alpha} \frac{\tan\beta - \tan\phi}{1 + \tan\beta(\tan\phi - \tan\theta) + \tan\phi\tan\theta}$$

$$\lambda_0 = \frac{1}{\tan\beta_0 - \tan\alpha} \frac{\tan\beta_0 - \tan\phi}{1 + \tan\beta_0(\tan\phi - \tan\theta) + \tan\phi\tan\theta}$$

$$\tan\beta = \tan\phi + \sqrt{\frac{(1 + \tan^2\phi)(\tan\phi - \tan\alpha)}{\tan\phi - \tan\theta}}$$

$$\tan\beta_0 = \tan\phi + \sqrt{\frac{(1 + \tan^2\phi)(\tan\phi + \tan\alpha)}{\tan\phi - \tan\theta}}$$

式中，γ 为岩体的重度；h_i 为计算点处衬砌顶上的岩柱高度；W 为每单位长度洞室顶部岩柱总重力，$W = \gamma a(h + h_0)$；λ、λ_0 为侧压力系数；β、β_0 为滑动面与水平面所夹之角；α 为地表面的坡角；ϕ 为岩体的内摩擦角；θ 为岩柱两侧的摩擦角，对于岩石，$\theta = (0.7 \sim 0.8)\phi$，对于土，$\theta = (0.3 \sim 0.5)\phi$，对于淤泥、流砂等松软土，$\theta = 0$。

衬砌侧墙上的水平侧压力可按下式计算

$$\left.\begin{array}{l} \sigma_1 = \gamma h\lambda, \sigma_2 = \gamma(h + H_1)\lambda \\ \sigma_{10} = \gamma h_0\lambda_0, \sigma_{20} = \gamma(h_0 + H_{10})\lambda_0 \end{array}\right\} \tag{7-79}$$

水平侧压力的分布图形为梯形（图7-24）。

最后尚须指出，式（7-78）只适用于采用矿山法施工的隧洞。若隧洞采用明挖法施工，则按式（7-78）计算得的荷载值将比实际的偏小，这时须采用不考虑岩柱摩擦力的方法来计算衬砌上的荷载。

7.7.2 深埋洞室的松散体围岩压力计算——普氏理论

在深埋洞室的松动围岩压力计算中，最常用的是普氏理论，这是由俄国学者普罗托奇雅科诺夫在1907年提出的。普氏经过长期观察发现，深埋洞室开挖之后，由于节理的切割，洞顶的岩体产生塌落。当塌落到一定程度之后，岩体会形成一个自然平衡拱，此时，即使不作支护、洞室的顶部也将保持自我平衡。因此，也将普氏理论称为自然平衡拱理论。

（1）普氏理论的基本假设　普氏在自然平衡拱的理论基础上，作了如下假设，以便从理论上进行计算：

1）岩体由于节理的切割，经开挖后形成松散岩体，但仍具有一定的内聚力。

2）洞室开挖后，洞顶岩体将形成一自然平衡拱。在洞室的侧壁处，沿与侧壁夹角为 $45° - \phi/2$ 的方向产生两个滑动面，其计算简图如图7-25所示。作用在洞顶的围岩压力仅是自然平衡拱内的岩体自重。

3）采用坚固系数 f 来表征岩体的强度。其物理意义为 $f = \tau/\sigma = C/\sigma + \tan\phi$。但在实际应用中，普氏采用了一个经验计算公式，可方便地求得这坚固系数 f 的值，即

$$f = \frac{\sigma_c}{10} \tag{7-80}$$

式中，σ_c 为岩石的单轴抗压强度（MPa）；f 是一个量纲为1的经验系数，在实际应用中，同时还得考虑岩体的完整性和地下水的影响。

4）形成的自然平衡拱的洞顶岩体只能承受压应力不能承受拉应力。

（2）普氏理论的计算公式

1）自然平衡拱拱轴线方程的确定。为了求得洞顶的围岩压力，首先必须确定自然平衡拱拱轴线方程的表达式，然后求出洞顶到拱轴线的距离，以计算平衡拱内岩体的自重。先假设拱轴线是一条二次曲线，如图7-26所示。在拱轴线上任取一点 $M(x, y)$，根据拱轴线不能承受拉力的条件，则所有外力对 M 点的弯矩应为零，即

$$\sum M = 0, Ty - \frac{Qx^2}{2} = 0 \tag{a}$$

式中，Q 为拱轴线上部岩体的自重所产生的均布荷载；T 为平衡拱拱顶截面的水平推力；x，y 为分别为 M 点的 x，y 轴坐标。

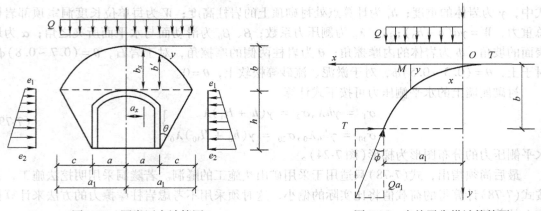

图 7-25　围岩压力计算图　　　　　　　　图 7-26　自然平衡拱计算简图

上述方程中有两个未知数，还需建立一个方程才能求得其解。由静力平衡方程可知，上述方程中的水平推力 T 与作用在拱脚的水平推力数值相等、方向相反，即 $T = T'$，由于拱脚很容易产生水平位移而改变整个拱的内力分布，因此普氏认为拱脚的水平推力 T' 必须满足下列要求

$$T' \leqslant Q a_1 f \qquad\qquad (b)$$

即作用在拱脚处的水平推力必须要小于或者等于垂直反力所产生的最大摩擦力，以便保持拱脚的稳定。此外，普氏为了安全，又将这最大摩擦力降低了一半值，$T' = Q a_1 f / 2$。将上式代入原方程式（a）可得拱轴线方程为

$$y = \frac{x^2}{a_1 f} \qquad\qquad (7\text{-}81)$$

显然，拱轴线方程是一条抛物线。根据此式可求得拱轴线上任意一点的高度。当 $x = a_1$，$y = b$ 时，可得

$$b = \frac{a_1}{f} \qquad\qquad (7\text{-}82)$$

式中，b 为拱的矢高，即为自然平衡拱的最大高度；a_1 为自然平衡拱最大跨度的一半，如图 7-26 所示，可按下式计算

$$a_1 = a + h\tan\left(45° - \frac{\phi}{2}\right)$$

根据上式，可以很方便地求出自然平衡拱内的最大围岩压力值。

2）围岩压力的计算。普氏认为：作用在深埋松散岩体洞室顶部的围岩压力，仅为拱内岩体的自重。据此，洞顶最大围岩压力可按下式进行计算

$$q = \gamma b = \frac{\gamma a_1}{f} \qquad\qquad (7\text{-}83)$$

根据式（7-76）可很方便地求得任意点拱高所对应的围岩压力。但是，在工程中通常为了方便，将洞顶的最大围岩压力作为均布荷载，不计洞轴线的变化而引起的围岩压力变化。普氏围岩压力理论计算侧向压力，可按下式进行

$$
\left. \begin{array}{l}
e_1 = \gamma b \tan^2\left(45° - \dfrac{\phi}{2}\right) \\[2mm]
e_2 = \gamma(b + h)\tan^2\left(45° - \dfrac{\phi}{2}\right)
\end{array} \right\} \tag{7-84}
$$

普氏理论计算围岩压力的公式概念清晰、计算方便，成为二十世纪五六十年代隧道建设中常用的计算方法，但是在应用过程中必须要注意几个问题：

1）洞室的埋深。普氏理论要求，岩体经开挖后能够形成一个自然平衡拱，这是其计算的关键。由许多工程实例说明若上覆岩体的厚度不大（一般认为洞室埋深小于 $2 \sim 3$ 倍的 b 值时），洞顶不会形成平衡拱，岩体往往会产生冒顶的现象。因此，在应用普氏理论分析围岩压力时，应该注意所开挖的洞室必须具有一定的埋深。

2）坚固系数 f 值的确定。在实际应用中，除了按式（7-80）求得 f 值以外，还必须根据施工现场、地下水的渗漏情况、岩体的完整性等，给予适当地修正，使坚固系数更全面地反映岩体的力学性能。因此，在二十世纪五六十年代也有人将其作为岩体分类的一种方法，直接应用于某些规模较小的岩石隧道工程中，为设计提供参数。

7.8 新奥法简介

7.8.1 新奥法要点

新奥法（NATM）是"新奥地利隧道施工法（New Austrain Tunnelling Method）"的简称，是 1964 年由拉布谢维茨（L. V. Rabcewicz）教授总结一批奥地利工程师在软岩中进行隧道施工的经验后命名创立的，包括隧道的设计、施工方法、现场监测等各个环节的隧道建设系统，用以区别旧的比利时隧道施工法（Belgium Tunnelling Method）。新奥法的提出，使隧道建设进入了全新的阶段。

以往软岩隧道施工做法的弱点是：不注意立即封闭岩面，不注意封底，盲目加厚拱墙，提高配筋率；更谈不上注意监控，通过不断变化的实际情况，动态地修改支护设计。

新奥法的主要原则和做法见表7-3。

表7-3 新奥法的主要原则和做法

序 号	主要原则	主要做法
1	充分发挥围岩强度、发挥围岩的自承能力	立即（越早越好）喷适当厚度的混凝土，封闭岩面，防止围岩松动、风化或膨胀，必要时加适量锚杆和钢拱架约束围岩松动，使围岩形成自身有一定承载能力的承载拱
2	正确运用围岩－支护共同作用原理，恰当利用岩石蠕变发展规律	采用二次支护方案。初期围岩变形速度较大，初次支护属于临时支护的性质，用喷层、锚杆及适量钢拱架构成初次支护，主要起抑制围岩变形的作用，允许支护有一定程度的变形，据监测情况局部加固
3	把监测作为必要手段，始终监测支护位移及压力变化	用收敛计监测表面的水平与垂直方向的收敛量；用多点位移计监测岩体内部位移；用压力计监测喷层径向及切向压力；用监测锚杆监测锚杆变形；用水准仪监测岩体表面绝对位移

（续）

序　号	主要原则	主要做法
4	强调封底的重要性，务必封底	底板不稳，底臌严重变形，必然牵动侧墙及顶部支护不稳，故应尽快封底，以形成完整的岩石承载拱并保持拱墙支护稳定
5	施工、监测、设计三合一	施工同时必须监测，根据监测资料，调整一次支护参数，科学设计二次支护方案

图 7-27 所示为新奥法的典型施工顺序。图 7-28 所示为新奥法的典型检测布置。图 7-29 所示为检测锚杆结构，该锚杆只在内部端部锚固，孔口附近杆体上贴有亮箔，可以直观看出杆体伸长变化情况，一般认为杆体伸长量不能超过杆体长度的 2% ~3%，否则杆体将屈服，应该采取加强措施。图 7-30 所示为某隧道监测的隧道表面与岩体内部位移量随时间的变化曲线，明显看出，修筑反拱后，位移速度趋于缓慢。

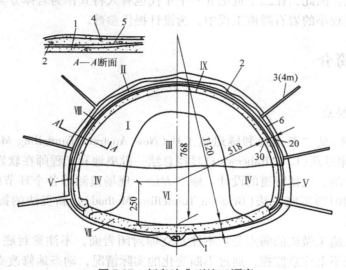

图 7-27　新奥法典型施工顺序

1—混凝土　2—喷射混凝土　3—锚杆　4—金属网　5—U 形钢可塑性支架　6—聚能止水膜

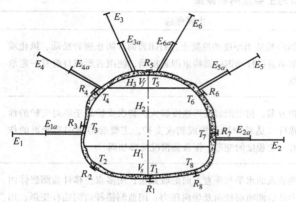

图 7-28　新奥法典型检测端面布置

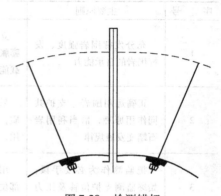

图 7-29　检测锚杆

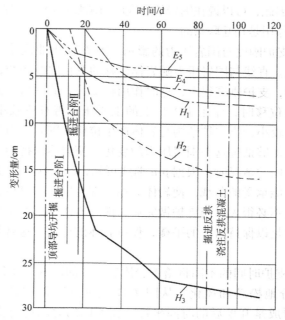

图 7-30 某隧道监测的表面与岩体内部位移量随时间的变化曲线

7.8.2 新奥法的基本原理

新奥法运用了比较先进的岩体力学观点，分析了地下隧道开挖后，岩体与支护结构的共同作用的现象，并且利用了现场监测的手段，使隧道建设更趋合理、完善。

1）运用围岩-支护共同作用的理论，充分发挥围岩的自承能力。洞室开挖后所产生的围岩压力由岩体与支护结构共同承担，而且从某种意义上来说，岩体承担了围岩压力的主要部分。新奥法运用共同作用理论作为隧道建设的指导思想，合理地利用岩体作为支护结构的一部分，摒弃了过去将岩体作为对支护结构的荷载和采用厚衬砌的传统做法。因此可以说这一点是新奥法的精髓。

岩体的失稳是由于洞室的开挖产生了围岩应力，调整和加剧了结构面对岩体的切割，促使洞周的岩体松动而引起的。因此，早期进行岩体加固是避免岩体松动，防止岩体进一步风化，保持岩体稳定的有效手段。

从理论上分析，围岩压力应是塑性形变压力和塑性松动压力的组合。其随径向位移变化的曲线如图 7-31 所示。根据图示的曲线特征，即可分析支护刚度、支护时间对围岩压力的影响。前文介绍了塑性形变压力和塑性松动压力的特点，两者随塑性圈的增大前者将减小，而后者将增大。塑性圈半径 R_p 的大小，从其变化特性而言，与径向位移和时间成正比关系。应力调整过程中随着时间的增长，其径向位移将不断地产生，而径向位移的增长又促使塑性圈继续扩大，直至达

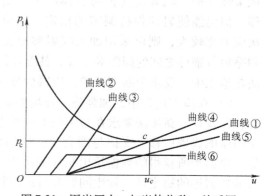

图 7-31 围岩压力 p 与岩体位移 u 关系图

到岩体新的应力平衡。因此，可以说在围岩的二次应力调整过程中，时间、岩体径向位移、塑性圈半径等三者之间的作用是相互联系的。

2）柔性支护——支护刚度对围岩压力的影响。图 7-31 中曲线③、④、⑤的斜率表示三个大小不同的支护刚度。直线与围岩压力随岩体位移的变化曲线相交，表示了各支护所承担的围岩压力值。曲线③，支护刚度很大，这时作用在支护上的围岩压力也很大。当支护结构与岩体产生少量地径向位移时，作用于支护上的围岩压力将有所减小，但围岩压力仍然很大。曲线④，支护刚度较小，当支护结构与岩体产生位移，围岩压力仍将逐渐减少，但支护结构所具有的承载能力能够抵抗这一围岩压力的变化，使岩体保持稳定。曲线⑤，支护刚度很小，当发生与前者相同的情况时，根据 p-u 曲线可知，作用在支护上的围岩压力将随之增大，超出了支护结构所能承受的荷载，使岩体失稳。综合以上的分析，显然曲线④是最佳情况。所设计的支护刚度不必很大，当支护做完后，能与岩体一起产生少量的位移，释放掉部分能量，但又能使支护足以保持岩体的平衡，保持岩体的稳定。这就是新奥法所采用柔性支护的理论依据。

3）早期支护——支护时间的不同将给予岩体稳定性的影响。在 2）中曾强调要尽早进行支护，以防止岩体过分地松动和风化。从图 7-31 的曲线中能够获得其相应的理论依据。图 7-31 的横坐标也可看成是开挖后的时间坐标。在不同的时间进行支护，即使是相同的支护刚度，但所得到的围岩压力是不同的。若将三条不同支护刚度直线平移至 u_c 点，则原先最合理的柔性支护也将与曲线交之于后半段，从而失去应有的作用。

因此，新奥法提出了柔性支护、早期支护，利用岩体与支护共同承担应力调整过程中的所有作用，这些都为隧道建设创建了一种比较先进的、合理的思想，进而使隧道建设比以前的施工方法更加经济，更加完善。

4）新奥法中建议采用图 7-32 所示的隧道截面形式，支护结构为一闭合环。支护结构所采用的基本形式是金属网、锚杆和喷射混凝土，通常称为喷锚结构。采用这种支护形式的目的是消除传统支护与岩体不能紧密地贴在一起，使支护与岩体形成一个整体的弊端。此外，喷锚结构喷射混凝土的厚度一般为 15cm 左右，在其上金属网形成柔性支护，能够使支护与岩体产生一定量的位移，但仍能使岩体保持洞室的稳定。如果围岩二次应力比较大，则可采用加大喷射混凝土的厚度

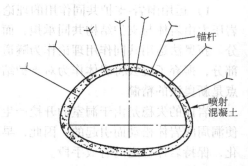

图 7-32　新奥法建议的隧道断面以及支护形式

和缩短各锚杆之间的间距等手段，甚至在洞内加设钢拱肋的方法，以确保洞室的稳定。新奥法在施工中，要求全断面开挖，以减少分级开挖而引起的多次扰动。

5）在施工过程中，加强施工现场的监测，并以现场监测所得的数据作为反馈信息，进行补充设计。新奥法要求在整个施工过程中进行全面的现场监测，监测的主要内容通常是洞室内壁的收敛位移、支护与围岩交接处的压力、锚杆所受的应力以及洞周岩体的各点位移等。由监测所获得的数据绘出相应的曲线（如收敛位移与时间的曲线），经长期累积后，即可分析岩体的稳定性。发生问题及时进行补充设计，保持洞室岩体的稳定。

新奥法是能较好地利用岩体的力学特性，充分发挥岩体自身的承载能力，合理地设计支

护结构,更完善、更经济地进行隧道建设。因此,获得了工程技术界的好评。

7.9 立井围岩压力计算

在某些岩体工程中,往往需要开挖圆形断面竖井。对于断面直径及深度均较大的竖井来说,其围岩应力及稳定性问题在设计中备受关注,在场地条件复杂、地应力集中地区尤其如此。以下仅就较为简单情况讨论竖井围岩应力计算基本原理。

1. 竖井围岩为完整、连续岩石介质的压力计算

如图7-33a、b所示,在坚硬而无裂缝的岩体中开挖一个横断面为圆形的竖井,断面半径为a,岩体重度为γ,侧压力系数为k_0。若竖井深度较其断面直径大得多时,可以作为平面问题处理,并且在一般情况下能够采用弹塑性力学理论导出围岩应力计算式子。

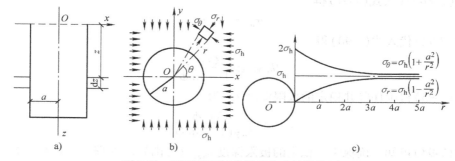

图7-33 圆形断面竖井围岩应力计算简图

建立空间柱坐标系,竖直向下为z轴正方向,xOy面为平面极坐标系(r表示极径,θ表示极角)。极角θ自水平坐标轴Ox正方向算起按逆时针方向为θ角正方向。坐标轴Oz为竖井轴线,空间柱坐标系坐标原点O落于水平面上,现在,考虑距地表z处岩体水平薄层$\mathrm{d}z$的应力。作用在该水平薄层上的竖向地应力σ_v为

$$\sigma_v = \gamma z (初始地应力) \tag{7-85}$$

则作用于该水平薄层上的水平地应力σ_h为

$$\sigma_h = k_0 \gamma z (初始地应力) \tag{7-86}$$

由于在岩体中开挖竖井将引起围岩地应力重新分布,若假定半径为a的圆井在地表下深度z处水平薄层围岩$\mathrm{d}z$属于平面应力问题的话,那么其重分布后的径向应力σ_r及切向应力σ_θ可以近似表示为

$$\left. \begin{aligned} \sigma_r &= \sigma_h \left(1 - \frac{a^2}{r^2} \right) \\ \sigma_\theta &= \sigma_h \left(1 + \frac{a^2}{r^2} \right) \end{aligned} \right\} \quad (r \geqslant a) \tag{7-87}$$

由式(7-86)可知,σ_h是深度z的线性递增函数,所以σ_r及σ_θ也随着深度z的递增而增大。所以,当深度z增大到某一值致使$\sigma_\theta - \sigma_r$满足莫尔屈服条件时,水平薄层围岩$\mathrm{d}z$将发生塑性流动而失稳,即有

$$\sin\phi = \frac{\sigma_\theta - \sigma_r}{\sigma_\theta + \sigma_r + 2C \cot\phi} \tag{7-88}$$

式中，C、ϕ 为围岩的内聚力、内摩擦角。

井壁处围岩是最危险的，所以考虑井壁围岩的破坏与否便足以评价竖井围岩整体稳定性。在井壁上，当 $r = a$ 时，$\sigma_r = 0$，所以式(7-88)变为

$$\sin\phi = \frac{\sigma_\theta}{\sigma_\theta + 2C \cot\phi} \tag{7-89}$$

由式(7-89)得井壁破坏依据为

$$\sigma_\theta \geqslant \frac{2C \cos\phi}{1 - \sin\phi} \tag{7-90}$$

当 $r = a$ 时，式(7-87)第二式变为

$$\sigma_\theta = \sigma_h\left(1 + \frac{a^2}{r^2}\right) = 2\sigma_h \tag{7-91}$$

将式(7-86)代入式(7-91)得

$$\sigma_\theta = 2k_0\gamma z \tag{7-92}$$

将式(7-92)代入式(7-90)得

$$2k_0\gamma z \geqslant \frac{2C\cos\phi}{1 - \sin\phi} \tag{7-93}$$

由式(7-93)得确保竖井稳定的极限深度 z_{max} 为

$$z_{max} = \frac{C\cos\phi}{k_0\gamma(1 - \sin\phi)} \tag{7-94}$$

由式(7-94)可知，确保竖井稳定的极限深度 z_{max} 只与围岩的物理力学性质指标有关，而与竖井断面大小无关。

2. 竖井围岩中存在水平软弱夹层所引起的破坏分析

如图7-34a 所示，在深度 z 处存在厚度为 dz 的水平软弱夹层。假定岩体中初始地应力场为静水压力式，即 $\sigma_x = \sigma_y = \sigma_z = \sigma_0 = \gamma z$（$\gamma$ 为岩体重度，z 为埋深）。因此，对于厚度为 dz 的水平软弱夹层而言，无论是弹性变形区，还是塑性变形区，下式均成立

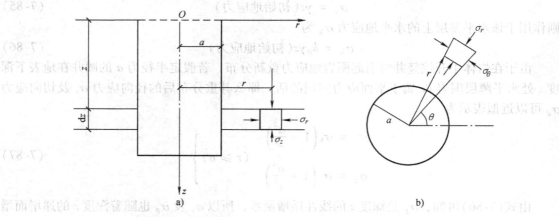

图7-34 竖井围岩存在水平软弱夹层时应力计算简图

a) 竖井竖向剖面图 b) 水平软弱夹层 dz 径向应力 σ_r 及切向应力 σ_θ 分布图

$$\frac{\mathrm{d}\sigma_r}{\mathrm{d}r} - \frac{\sigma_\theta - \sigma_r}{r} = 0 \text{(竖井开挖后)} \tag{7-95}$$

因为在静水压力式初始地应力场中，总有下式成立

$$\begin{cases} \sigma_r = \sigma_0 \left(1 - \dfrac{R_0^2}{r^2}\right) \\ \sigma_\theta = \sigma_0 \left(1 + \dfrac{R_0^2}{r^2}\right) \end{cases}$$

由于软弱夹层强度较低，所以当竖井开挖引起地应力重新分布时，围岩中应力易于超过软弱夹层的屈服极限而使之发生塑性流动，从而导致竖井破坏。因此，竖井开挖后，软弱夹层的应力状态，对于评价竖井稳定性将显得十分重要。软弱夹层塑性区的变形按以下原则确定

$$\varepsilon_z = \varepsilon_z^e + \varepsilon_z^p \tag{7-96}$$

式中，ε_z 为总变形量；ε_z^e、ε_z^p 分别为弹性变形量及塑性变形量。

由广义胡克定律得

$$\varepsilon_z^e = \frac{1}{E}[\sigma_z - \mu(\sigma_\theta + \sigma_r)] \tag{7-97}$$

对于塑性变形，根据其变形特征，假定塑性应变计算式子如下

$$\varepsilon_z^p = D[\sigma_z - 0.5(\sigma_\theta + \sigma_r)] \tag{7-98}$$

式中，$D = (\sigma, \varepsilon)$，与塑性变形强度有关。

将式(7-97)及式(7-98)代入式(7-96)得

$$\varepsilon_z = \frac{1}{E}[\sigma_z - \mu(\sigma_\theta + \sigma_r)] + D[\sigma_z - 0.5(\sigma_\theta + \sigma_r)] \tag{7-99}$$

对于厚度为 $\mathrm{d}z$ 的软弱夹层来说，可以近似认为 $\varepsilon_z = 0$，则由式(7-99)解得

$$\sigma_z = \frac{\dfrac{\mu}{E} + \dfrac{D}{2}}{\dfrac{1}{E} + D}(\sigma_\theta + \sigma_r) \tag{7-100}$$

若仅为弹性变形，则 $D = 0$，式(7-100)变为

$$\sigma_z^e = \sigma_\theta^e + \sigma_r^e \tag{7-101}$$

若仅为塑性变形，则 $E = \infty$，$1/E = 0$，式(7-100)变为

$$\sigma_z^p = 0.5(\sigma_\theta^p + \sigma_r^p) \tag{7-102}$$

若软弱夹层中应力 σ_z、σ_θ、σ_r 满足下式的塑性变形条件时，才发生塑性流动，即有

$$(\sigma_1 - \sigma_2)^2 + (\sigma_2 - \sigma_3)^2 + (\sigma_3 - \sigma_1)^2 = 2\sigma_y^2 \tag{7-103}$$

可以认为

$$\left.\begin{array}{l} \sigma_1 = \sigma_\theta^p \\ \sigma_2 = \sigma_z^p = 0.5(\sigma_\theta^p + \sigma_r^p) \\ \sigma_3 = \sigma_r^p \end{array}\right\} \tag{7-104}$$

将式(7-104)代入式(7-103)得

$$\sigma_\theta^p - \sigma_r^p = \frac{2}{\sqrt{3}}\sigma_y \tag{7-105}$$

式(7-105)为软弱夹层发生塑性变形的屈服条件，σ_y 为软弱夹层的屈服应力，σ_r^p，σ_θ^p 分别为软弱夹层发生塑性变形时的径向应力及切向应力。联立式(7-95)和式(7-105)可以解得软弱夹层塑性变形区的径向应力 σ_r^p 及切向应力 σ_θ^p 分别为

$$\left.\begin{aligned} \sigma_r^p &= \frac{2}{\sqrt{3}}\sigma_y \ln\frac{r}{R_0} \\ \sigma_\theta^p &= \frac{2}{\sqrt{3}}\sigma_y\left(1 + \ln\frac{r}{R_0}\right) \end{aligned}\right\} \tag{7-106}$$

塑性变形区之外的弹性变形区的径向应力 σ_r^e 及切向应力 σ_θ^e 分别为

$$\left.\begin{aligned} \sigma_r^e &= k_0\gamma z\left(1 - \frac{R_0^2}{r^2}\right) + \sigma_r^p\left(\frac{R_p}{r}\right)^2 \\ \sigma_\theta^e &= k_0\gamma z\left(1 + \frac{R_0^2}{r^2}\right) - \sigma_r^p\left(\frac{R_p}{r}\right)^2 \end{aligned}\right\} \tag{7-107}$$

其中，R_p 为塑性变形区半径；σ_r^p 为弹、塑性变形区分界上径向应力；z 为软弱夹层埋深；γ 为上覆岩层重度；r 为计算点半径；k_0 为岩体侧压力系数；R_0 为竖井半径。

在弹、塑性变形区分界上有

$$\sigma_r^e + \sigma_\theta^e = \sigma_r^p + \sigma_\theta^p \tag{7-108}$$

将式(7-106)、式(7-107)代入式(7-108)得

$$R_p = R_0 \exp\left(k_0\gamma z\frac{\sqrt{3}}{2\sigma_y} - \frac{1}{2}\right) \tag{7-109}$$

将 $R_p = R_0$ 代入式(7-109)便可解得确保软弱夹层不发生塑性流动的极限深度，即

$$z_{max} = \frac{\sigma_y}{\sqrt{3}k_0\gamma} \tag{7-110}$$

若软弱夹层的埋深小于式(7-110)中的 z_{max}，则软弱夹层将不破坏，能够承受上覆岩层的压力或自重荷载；相反，如果软弱夹层的埋深超过式(7-110)中的 z_{max}，那么由于软弱夹层的塑性流动，将导致井壁破坏或失稳。若软弱夹层中应力 σ_r、σ_θ 满足式(7-88)的屈服条件(塑性变形条件)，则联立式(7-88)和式(7-95)可以解出另一种形式塑性变形区的径向应力 σ_r 及切向应力 σ_θ 表达式，即

$$\left.\begin{aligned} \sigma_r^p &= \frac{1 - \sin\phi}{2r\sin\phi} - C\cot\phi \\ \sigma_\theta^p &= \frac{1 + \sin\phi}{2r\sin\phi} - C\cot\phi \end{aligned}\right\} \tag{7-111}$$

最后应当指出，如果初始地应力场在水平面内的两个分量不相等，则竖井围岩应力可以近似按式(7-110)计算。

7.10 斜巷围岩压力计算

斜巷地压现象介于平巷与立井之间。倾角较小时，地压和平巷差不多。如图 7-35 所示，沿重力方向作用的 Q_d 有两个分量：$N = Q_d\cos\alpha$，作用于支架平面内，对构件造成内力；$T = Q_d\sin\alpha$，沿巷道倾向(轴向)作用，引起支架倾覆。

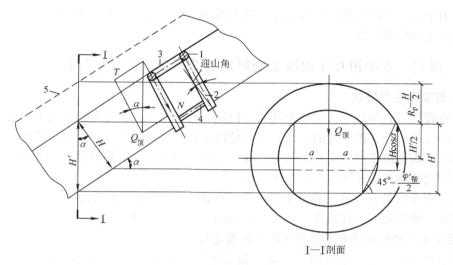

图 7-35　斜巷地压计算图

1—梁　2—柱　3—顶撑　4—底撑　5—顶板破裂带边缘

架设斜巷支架时，常朝上方偏斜 5°～12°，称为迎山角。支架架设后，由于 T 力的作用，使支架逐渐转向垂直顶底板的位置，对支架稳定性有利。

随着倾角增大，N 减少，T 增加。支架结构应加强抵抗 T 力的倾覆作用，如加用顶撑、底撑等。

α 角很大时，地压和支架结构都和立井的情况近似。

因 α 角的中间值很多，为便于计算，通常规定如下：$\alpha \leqslant 45°$时，按平巷公式计算总顶压 Q_d，然后据 α 计算 N、T 分力的值；$45° < \alpha < 80°$时，一律按 45°计算 Q_d、N 和 T 值（因为 $\alpha > 45°$以后，N 很小，为保证支架有一定承载能力，取 $\alpha = 45°$时的 N 值，作为支架计算荷载）；$\alpha \geqslant 80°$时，按立井地压公式计算。

应注意到：当 $\alpha \leqslant 45°$时，地压的计算断面取 $2a \times H'$，而不按 $2a \times H$ 计算，其中 $H' = H/\cos\alpha$。

7.11　围岩－支护相互作用流变变形机制的概念模型建立与分析

本节的讨论是在没有考虑开挖面空间效应条件下得出的结论。

7.11.1　基于流变变形特性的完整围岩支护的基本原则

应用岩石流变力学解决岩石地下工程的支护问题时，应当注意产生流变的阈值问题，即流变下限。该下限值视围压情况均可由流变试验具体确定。当围岩的应力水平达到或超过流变下限值时，就将产生流变效应；反之，如围岩的应力水平小于其流变下限值，则不会产生流变。

据此，侯公羽（2008 年）提出对完整围岩进行支护的基本原则是：不论是软岩还是硬岩，当围岩的应力水平达到或超过其流变下限值时，都将可能产生流变效应，应该按照岩石流变力学特性（围岩流变特性曲线）进行支护设计，这时的支护目的主要是通过支护结构对围岩提供支护反力来改善围岩的应力状态进而控制围岩的流变变形；反之，则不会产生流变，可以不进行力学意义上的支护，但为了控制围岩的进一步劣化，应进行维护意义上的支护，如及时喷混凝土封闭围岩等。

7.11.2 围岩－支护相互作用流变变形机制的概念模型建立与新认识

1. 岩石流变性质概述

几乎所有的岩石都具有流变变形性质，但是工程中的围岩是否发生流变变形决定于围岩应力水平的大小以及支护反力的大小。岩石的流变性质包含：蠕变、松弛、弹性后效和黏性流动。通常，岩石流变变形主要是指岩石蠕变变形。因此，以下提到蠕变、蠕变变形等除特别需要说明之处均统一使用流变、流变变形。

岩石流变变形具有三阶段和三水平特性，如图 7-36 所示。Ⅰ 阶段为初期流变，Ⅱ 阶段为稳定流变，Ⅲ 阶段为加速流变。应力水平越高，流变变形越大。

2. 围岩－支护相互作用流变变形机制的概念模型建立

根据上述分析，本文建立围岩－支护相互作用的流变变形机制的概念模型，如图 7-37 所示。其中，围岩的流变（主要考虑蠕变）特性曲线如图 7-37 的右半部分即 $u-t$ 坐标系所示，支护特性曲线如图 7-37 的左半部分即 $p-u$ 坐标系所示。

同一围岩在极高、高、中、低等不同应力水平作用下的径向流变位移变形如图 7-37 中曲线 d、c、b、a 所示。

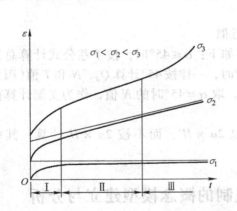

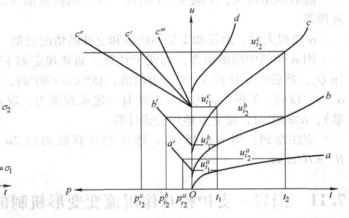

图 7-36 侧向约束条件下的岩石侧向流变性质 　图 7-37 围岩－支护相互作用流变力学机制

应当指出，图 7-37 的纵坐标为洞室周边径向流变位移变形，该流变位移与图 7-36 的流变应变是有区别的，两者之间存在换算关系，最简单的是线性关系。

为了简单、明了地说明围岩－支护相互作用的流变力学机制，本文仅考虑围岩洞室周边的径向流变位移变形与该围岩的岩石单轴压缩侧向流变应变的关系为线性关系。显然，这样的选取并不改变岩石蠕变三阶段和三水平的特性。

3. 围岩－支护相互作用流变变形机制的新认识

假定支护结构在图 7-37 中 t_1 时刻开始支护，与围岩开始发生相互作用。在 t_1 时刻，围岩流变特性曲线 a、b、c 的流变位移变形分别为 $u_{t_1}^a$、$u_{t_1}^b$ 和 $u_{t_1}^c$，支护特性曲线 a'、b'、c' 的变形均为零。

随着围岩流变变形继续增加，支护结构因被动地被挤压而发生收敛变形，进而对围岩施加不断增长的支护反力，如图 7-37 中支护特性曲线 a'、b'、c' 所示。假定当围岩与支护结构的相互作用至 t_2 时刻时达到新的平衡状态，围岩的流变变形停止。在 t_2 时刻，围岩流变特性曲线 a、b、c 的流变位移变形分别为 $u_{t_2}^a$、$u_{t_2}^b$ 和 $u_{t_2}^c$。

在围岩与支护的相互作用时段 $t_2 - t_1$ 内，围岩相对于曲线 a、b、c 所完成的流变位移变形增量分别为 $(u_{t_2}^a - u_{t_1}^a)$、$(u_{t_2}^b - u_{t_1}^b)$ 和 $(u_{t_2}^c - u_{t_1}^c)$，如图 7-37 中 $u - t$ 关系所示。假定支护结构和围岩的相互作用是符合变形协调关系的，则支护结构的被动径向位移也分别为 $(u_{t_2}^a - u_{t_1}^a)$、$(u_{t_2}^b - u_{t_1}^b)$ 和 $(u_{t_2}^c - u_{t_1}^c)$。相应地，在 t_2 时刻，需要支护结构提供的支护反力分别为 $p_{t_2}^a$、$p_{t_2}^b$、$p_{t_2}^c$，如图 7-37 中 $p - u$ 坐标系所示，且有

$$\left.\begin{aligned} p_{t_2}^a &= k_c(u_{t_2}^a - u_{t_1}^a) \\ p_{t_2}^b &= k_c(u_{t_2}^b - u_{t_1}^b) \\ p_{t_2}^c &= k_c(u_{t_2}^c - u_{t_1}^c) \end{aligned}\right\} \tag{7-112}$$

7.11.3　基于围岩–支护相互作用流变变形机制的分析

1）通常第 Ⅰ 阶段的流变变形一般发生的较快，待现场工程进行支护时已经发生完成，能支护到的流变变形大部分在其第 Ⅱ 和第 Ⅲ 阶段。

2）岩石的流变试验表明，在应力水平适中时，岩石的流变变形存在稳定流变阶段，即第 Ⅱ 阶段。分析认为，对围岩流变变形进行控制的最佳、最有效的时机应该是在围岩流变变形的第 Ⅱ 阶段。在第 Ⅱ 阶段内，如果能使围岩与支护达到平衡，围岩的流变变形停止，围岩将是稳定的。如果过了第 Ⅱ 阶段，围岩与支护还未达到平衡，围岩的流变变形还未停止，围岩将进入加速流变的第 Ⅲ 阶段，这个阶段一般是无法再稳定围岩的。

3）围岩的应力水平对支护反力的影响很大。当围岩应力水平较低时即 a 曲线，其流变变形较小，达到平衡时需要的支护反力也较小，如曲线 a' 所示。当围岩应力水平较高时即 b 和 c 曲线，其流变变形也较大，达到平衡时需要的支护反力也较大，如曲线 b' 和 c' 所示。

4）支护刚度对支护反力的影响很大。支护刚度越大，达到平衡时需要的支护反力也越大，如曲线 c'' 所示。支护刚度越小，达到平衡时需要的支护反力也越小，如曲线 c''' 所示。

5）支护时机对支护效果的影响很大。一般地，支护时机越早越好。但在现场的施工条件下，至开始支护时，围岩流变变形一般已经处于第 Ⅱ 或第 Ⅲ 阶段。这时，如果支护时机过晚，支护结构无法在第 Ⅱ 阶段将围岩流变变形控制住，一旦围岩流变进入第 Ⅲ 阶段，将无法对围岩再进行有效的支护控制。

6）综合考虑支护的刚度和支护时机才能获得最佳的支护效果。如果支护刚度低，一般要求尽早进行支护。即使支护的时机较早，但如果支护刚度过低，也难以保证在围岩流变的第 Ⅱ 阶段内有效地控制住流变变形。如果支护刚度大，支护可以晚一些。但如果现场条件和工艺允许，也应该尽早进行支护，支护得越早支护效果越好。

7）对于应力水平极高的围岩，如曲线 d 所示，一般在现场环境下无法实施有效的支护，或者说支护极其困难。因为，首先，支护时机很有限，通常是来不及支护，或者说支护时机很难控制；其次，支护的代价可能非常大，因为流变变形大，所以要求支护结构提供的支护反力通常很大。高地应力和深部岩石力学的支护问题就属于围岩的应力水平极高（即

曲线 *d*）这种情况。

8）对软岩和中硬及以上岩石在流变变形阶段进行支护的初步认识。大量的流变试验表明：软岩在第 I 阶段和第 II 阶段的流变变形一般比中硬及以上岩石大，有的甚至大 10 倍以上；软岩在第 I 阶段和第 II 阶段完成其流变变形所需的时间也比中硬及以上岩石长，大部分在 2 倍以上。因此，结合图 7-37 的机制模型分析认为：

a. 对于软岩巷道的支护，必须让开其流变变形的第 I 阶段，以避免支护结构与围岩相互作用之后因围岩流变变形过大而迫使支护结构提供较大的支护反力。

b. 对于软岩巷道的支护，一般有充分的支护时间。因为，软岩在第 I 阶段变形时间一般有几天以上，而中硬及以上岩石在第 I 阶段变形时间一般只有约为一天。因此，中硬及以上岩石要及时进行二次支护（如果需要力学意义上的支护），软岩需要根据流变变形量测的结果再定，待其进入第 II 阶段再进行二次支护，不能太早。

c. 对于相同的支护结构来说，中硬及以上岩石的流变变形较小，相互作用之后需要支护结构提供的支护反力也较小。软岩的流变变形较大，而支护结构（通常较多使用的是浇注或喷射混凝土）能退让的变形有限，致使两者相互作用之后需要支护结构提供的支护反力也较大。这就是工程中的软岩巷道的支护经常失败、支护结构经常被挤坏，而中硬及以上岩石巷道的支护结构则较少发生破坏的真正原因。

9）关于新奥法及时封闭岩面问题。新奥法提倡及时封闭岩面，这是必要且正确的。但在现实中，大部分岩石地下工程只能在临时支护中做到，甚至也有一些做不到。待到进行永久支护时，变形已经发生了相当长的时间，弹塑性变形早已经发生并结束，围岩进入流变变形阶段。

因此，支护时机很重要。在不同的时间段进行支护，需要按照相应时间段的围岩变形特性进行计算、设计。从目前的支护技术来看，临时支护在弹塑性变形发生之后尽早支护是有可能的，这对封闭岩面、避免围岩进一步劣化是有益的。尽管不同的施工方法其支护时间间隔会相差较大，但对中硬及以上岩石如果需要力学意义上的支护则应尽可能早地进行永久支护，在现场条件下也是有可能实现的。

应当指出，在上述认识中，大部分的认识是工程实践总结的结果，用现有的围岩－支护相互作用机制解释不了，但用流变变形机制模型都可以解释。更重要的是，流变变形机制模型既具有理论意义又具有工程实践价值。

复习思考题

7-1 名词解释：围岩、二次应力场、围岩压力。

7-2 分析地下工程围岩应力的弹塑性分布特征。

7-3 简述地下工程围岩体的破坏机理。

7-4 简述地下工程脆性围岩、塑性围岩的破坏形式及产生的机制。

7-5 什么是新奥法？简述其要点。

7-6 简述普氏地压理论。

7-7 立井及斜巷的围岩压力的计算原理。

7-8 什么是围岩变形曲线和支护特性曲线？支护特性曲线的主要作用是什么？

7-9 简述围岩－支护相互作用的流变变形机理的概念模型及其对机理的认识。

7-10 在侧压系数 $\lambda = 1$ 的均质石灰岩体地表下 100m 深度处开挖一个圆形洞室，已知岩体的物理力学指标为：$\gamma = 25 \text{kN/m}^3$，$C = 0.3 \text{MPa}$，$\phi = 36°$，试问洞壁是否稳定？

第8章　岩石力学在边坡工程中的应用

8.1　岩质边坡的应力分布特征

边坡包括天然边坡和人工边坡，它具有一定的坡度和高度，在重力和其他地质应力作用下不断地发展变化着。自然界的山坡、谷壁、河岸等各种边坡的形成，正是这些地质应力作用的结果。人类工程活动也经常开挖出许多人工边坡，如路堑边坡，运河渠道、船闸、溢洪道边坡，房屋基坑边坡和露天矿坑的边坡等。典型的边坡如图 8-1 所示。

边坡的形成，使岩体内部原有应力状态发生变化，坡体应力重分布，主应力方向改变，还会产生应力集中。而且，其应力状态在各种自然应力及工程影响下，随着边坡的演变而又不断变化，使边坡岩体发生不同形式的变形与破坏。不稳定的天然边坡和人工边坡，在岩土体重力、水、振动及其他因素作用下，常常发生危害性的变形与破坏，导致交通中断、江河堵塞、塘库淤填，甚至酿成巨大灾害。所以，工程建筑必须保证工程地段的边坡有足够的稳定性。

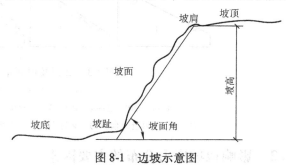

图 8-1　边坡示意图

8.1.1　边坡应力状态

边坡形成前，岩体中应力场为原始应力状态；成坡过程中，临空面周围的岩体发生卸荷回弹，引起应力重分布和应力集中等效应；成坡后，岩体的应力状态较成坡前发生以下几个主要方面的变化。

1）坡体中主应力方向发生明显偏转（图 8-2）。坡面附近的最大主应力 σ_1 与坡面近于平行，其最小主应力 σ_3 与坡面近于正交；坡体下部出现近于水平方向的切应力，且总趋势是由内向外增强，越近坡脚处越强，向坡体内部逐渐恢复到原始应力状态。

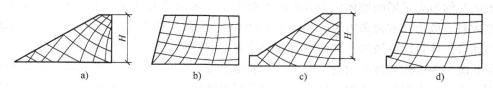

图 8-2　边坡主应力迹线示意图

a）$\alpha = 30°$，$W = 0$　b）$\alpha = 75°$，$W = 0$　c）$\alpha = 20°$，$W \geqslant 0.8H$　d）$\alpha = 75°$，$W \geqslant 0.8H$

注：α 为坡角，W 为谷底宽。

2）坡体中产生应力集中现象。坡脚附近形成明显的应力集中带，坡角越大，集中越明显。坡脚应力集中带的主要特点是最大主应力 σ_1 与最小主应力 σ_3 的应力差达到最大值，出现最大的切应力集中，形成一最大切应力增高带。

3）坡面的岩土体由于侧向压力近于零，实际上变为两向受力状态；而向坡体内部逐步变为三向受力状态。

4）坡面或坡顶的某些部位，由于水平应力明显降低而可能出现拉应力，形成张力带，如图 8-3 所示。

实际上，边坡应力分布远比上述复杂，它还受多种因素的影响。

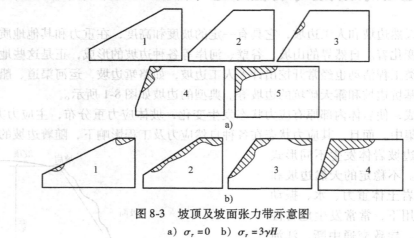

图 8-3　坡顶及坡面张力带示意图

a）$\sigma_r = 0$　b）$\sigma_r = 3\gamma H$

1—$\alpha = 30°$　2—$\alpha = 45°$　3—$\alpha = 60°$　4—$\alpha = 75°$　5—$\alpha = 90°$

注：σ_r 为构造残余应力，γ 为重度，H 为坡体高度（阴影部分为张力带）。

8.1.2　影响边坡应力分布的主要因素

边坡应力分布主要受原始应力状态、坡形和岩土体结构特征的影响。

边坡应力的特征，首先取决于未被开挖前岩土体的原始应力状态。任何边坡都毫无例外地处于一定历史条件下的地应力环境之中，特别是在新构造运动强烈的地区，往往存在较大的水平构造残余应力。因而在这些地区边坡岩体的临空面附近常常形成应力集中，主要表现为加剧应力分异现象。这在坡脚、坡面及坡顶张力带表现得最为明显（图 8-3b）。研究表明，水平构造残余应力越大，其影响越大，两者呈正比关系。与自重应力状态下相比，边坡变形与破坏的范围增大，程度加剧。

坡面几何形态是影响坡体应力分布的主要因素。表示坡面几何形态的主要要素是坡角。坡角增大时，坡顶及坡面张力带的范围扩大（图 8-3），坡脚应力集中带的最大应力也随之增高。谷底岩土体将因谷坡岩土体向下滑移的趋势而呈挤压状态，应力增高，变形加剧。谷坡的这种状况主要表现在坡脚附近。此外，凹坡使沿坡面走向的水平压应力（中间应力）增强，凸坡则水平压应力削弱，或出现拉应力。前者利于坡体稳定，而后者则相反。可见，陡坡与缓坡，窄谷边坡与单面边坡，凸坡与凹坡，前者比后者较易发生变形与破坏。

边坡变形与破坏的首要条件，在于坡体中存在着各种形式的脆弱结构面，其影响尤以岩质边坡最为显著。边坡岩体的结构特征对坡体应力场的影响相当复杂。其主要表现是，由于岩体的不均一和不连续，沿脆弱结构面周边出现应力集中或应力阻滞现象。因此，它构成了边坡变形与破坏的控制性条件，从而产生不同类型的边坡变形与破坏的机理。试验表明，坡体中平缓脆弱结构面的上盘应力值较高，下盘应力值较低，而软硬两种岩土交界面处，硬侧应力值急剧增高。可见，坡体中结构面的存在，使边坡应力不连续。

8.2　岩质边坡变形与破坏类型

边坡的变形与破坏，可以说是边坡发展演化过程中两个不同的阶段，变形属量变阶段，而破坏则是质变阶段，它们是一个累进破坏过程。这个过程对天然边坡来说时间往往较长，而对人工边坡来说时间则较短暂。

8.2.1　边坡变形的类型

边坡变形按其机制可分为拉裂、蠕滑和弯折倾倒三种基本形式。

1. 拉裂

在边坡岩土体内拉应力集中部位或张力带内，形成的张裂隙变形形式称为拉裂。这种现象在由坚硬岩土体组成的高陡边坡坡肩部位最常见，它往往与坡面近于平行，尤其当岩体中陡倾构造节理较发育时，拉裂将沿其发生、发展。拉裂的空间分布特点是上宽下窄，以至尖灭；由坡面向坡里逐渐减少。拉裂还可能由岩体初始应力释放而发生的卸荷回弹所致，这种拉裂通常称为卸荷裂隙。

拉裂使岩土体的完整性遭到破坏，为风化营力深入到坡体内部以及地表水、雨水下渗提供了通道。它们对边坡稳定均是不利的。

2. 蠕滑

边坡岩土体沿局部滑移面向临空方向的缓慢剪切变形称为蠕滑。蠕滑发生的部位，在均质岩土体中一般受最大切应力迹线控制，而当存在软弱结构面时，往往受缓倾坡外的弱面所控制。当边坡基座由很厚的软弱岩土体组成时，则坡体可能向临空方向溯流挤出，称之为深层蠕滑。当坡体内各局部剪切面（蠕滑面）贯通，且与坡顶拉裂缝也贯通时，即演变为滑坡。

蠕滑往往不易被人察觉，因为它不像拉裂变形那样暴露于地表，一般均产生于坡体内。所以要加强监测，并采取措施控制蠕滑，使之不向滑坡方向演化。

3. 弯折倾倒

由陡倾板（片）状岩石组成的边坡，当走向与坡面平行时，在重力作用下所发生的向临空方向同步弯曲的现象称为弯折倾倒。这种边坡变形现象在天然边坡或人工边坡中均可见到。

弯折倾倒的特征是：弯折角为 20°～50°，弯折倾倒程度由地面向深处逐渐减小，一般不会低于坡脚高程；下部岩层往往折断，张裂隙发育，但层序不乱，而岩层层面间位移明显；沿岩层面产生反坡向陡坎，其发展过程如图 8-4 所示。

弯折倾倒的机制，相当于悬臂梁在弯矩作用下所发生的弯

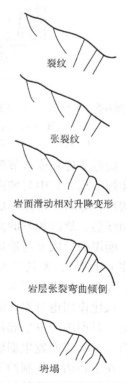

裂纹

张裂纹

岩面滑动相对升降变形

岩层张裂弯曲倾倒

坍塌

图 8-4　弯折倾倒发展过程图

曲。弯折倾倒发展下去，可形成崩塌、滑坡。

8.2.2 边坡破坏的类型

边坡破坏的形式主要为崩塌和滑坡。

1. 崩塌

边坡岩土体被陡倾的拉裂面破坏分割，突然脱离母体而快速位移、翻滚、跳跃和坠落，堆于崖下，即为崩塌。

崩塌按规模大小可分为山崩和坠石，按物质成分又可分为岩崩和土崩。

崩塌的特征是，一般发生在高陡边坡的坡肩部位，质点位移矢量铅直方向较水平方向要大得多，发生时无依附面，往往是突然发生的，运动快速。

崩塌一般发生在厚层坚硬脆性岩体中。这类岩体能形成高陡的边坡，边坡前缘由于应力重分布和卸荷等原因，产生长而深的拉张裂缝，并与其他结构面组合，逐渐形成连续贯通的分离面。在触发因素作用下发生崩塌（图 8-5）。组成这类岩体的岩石有砂岩、灰岩、石英岩、花岗岩等。此外，近于水平状产出的软硬相间岩层组成的陡坡，由于软弱岩层风化剥蚀形成凹龛或蠕变，也会形成局部崩塌（图 8-6）。

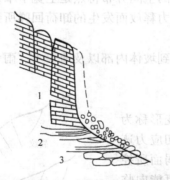

图 8-5　坚硬岩石组成的边坡前缘卸荷裂隙　　　图 8-6　软硬岩性互层的陡坡局部崩塌示意图
　　　　　导致崩塌示意图　　　　　　　　　　　　　　　1—砂岩　2—页岩
　　　1—灰岩　2—砂页岩　3—石英岩

构造节理和成岩节理对崩塌的形成影响很大。硬脆性岩体中往往发育有两组或两组以上的陡倾节理，其中与坡面平行的一组节理常演化为拉张裂缝。当节理密度较小，但延展性、穿切性较好时，常能形成较大体积的崩塌体。此外，大规模的崩塌（山崩）常发生在新构造运动强烈、地震频发的高山区。

崩塌的形成又与地形直接相关。崩塌一般发生在高陡边坡的前缘。发生崩塌的地面坡度往往大于 45°，尤其是大于 60°的陡坡，地形切割越强烈，高差越大，形成崩塌的可能性越大，并且破坏也越严重。

风化作用也对崩塌的形成有一定影响。因为风化作用能使边坡前缘各种成因的裂隙加深加宽，对崩塌的发生起催化作用。此外，在干旱、半干旱气候区，由于物理风化强烈，导致岩石机械破碎而发生崩塌；高寒山区的冰劈作用也有利于崩塌的形成。

在上述诸条件制约下，崩塌的发生还与短时的裂隙水压力以及地震或爆破振动等触发因素有密切关系。尤其是强烈的地震，常可引起大规模崩塌，造成严重祸灾。

湖北省远安县境内的盐池河磷矿灾难性山崩，是崩塌形成诸条件制约的典型实例。该磷矿位于某峡谷中，岩层为上震旦统灯影组（$Z_b dn$）厚层块状白云岩及上震旦统陡山沱组（$Z_b d$）。含磷矿层的薄至中厚层白云岩、白云质泥岩及砂质页岩。岩层中发育有两组垂直节理，使山顶部的灯影组厚层白云岩三面临空。地下采矿平巷使地表沿两组垂直节理追踪发展张裂缝。1980 年 6 月 8～10 日连续两天大雨的触发，使山体顶部前缘厚层白云岩沿层面滑出形成崩塌，体积约 100 万 m^3，造成生命财产的严重损失（图 8-7）。

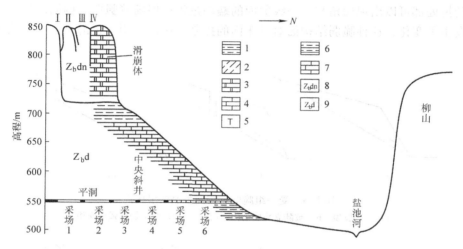

图 8-7　盐池河崩塌山体地质剖面图

2. 滑坡

边坡岩土体沿着贯通的剪切破坏面所发生的滑移现象，称为滑坡。滑坡的机制是某一滑移面上切应力超过了该面的抗剪强度所致。滑坡的规模有的很大，达数亿至数十亿立方米。

滑坡的特征是：通常是较深层的破坏，滑移面深入到坡体内部以至坡脚以下；质点位移矢量水平方向大于铅直方向；有依附面（即滑移面）存在；滑移速度往往较慢，且具有整体性。

滑坡是边坡破坏形式中分布最广，危害最为严重的一种。世界上不少国家和地区深受滑坡灾害之苦，如欧洲阿尔卑斯山区、高加索山区，南美洲安第斯山区，日本，美国和我国等。并且它经常与地震伴生。

滑坡的发生和发展，主要受滑床面形成机理的制约。有以下三种情况：滑床面的形成不受已有脆弱结构面的控制；滑床面的形成受已有脆弱结构面控制；滑床面的形成受软弱基座的控制。

在均质完整坡体或虽已有脆弱结构面但尚不成为滑动控制面的坡体中，滑床面的形成主要受控于最大切应力面，但在坡顶它与扩张性破裂面重合。因此，滑床面实际上与最大切应力面有一定的偏离（有一定夹角），其纵断面线近似于对数螺线。为研究方便，常把滑床面近似地视为弧。这种滑床面多出现在土质、半岩质（如泥岩、泥灰岩、凝灰岩）或强风化的岩质坡体之中，均由表层蠕动发展而成。

当坡体中已存在的脆弱结构面的强度较低，而又能构成一些有利于滑动的组合形式时，它将代替最大切应力面而成为滑动控制面。岩质边坡的破坏大都沿着边坡内已有的脆弱结构面而发生、发展。自然营力因素也常通过这种面产生作用。滑动控制面是由单一的或一组互相平行的脆弱结构面构成的滑床面，这些滑床面或者由此脆弱结构面直通坡顶，或者被另一组陡立脆弱结构面切断，或者在后缘与切层的弧形面相连（图8-8）。实践表明，倾向临空方向的脆弱结构面倾角在10°左右便有产生滑动的可能；在15°～40°内，滑动最多见。由两组以上的脆弱结构面构成的滑床面，其空间形态各样（图8-9），但滑床面的纵剖面线可归纳为直线形、折线形和锯齿形（图8-10）。应该说明，由多组脆弱结构面构成的锯齿形滑床面，在每一转折处都可以出现切角与次一级剪面的蠕动过程；但随着脆弱结构面的加密，使岩体整体性发生了变化，这种脆弱结构面对滑床面的控制作用已不明显，滑床面的总轮廓又转化为弧形。

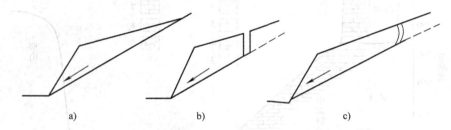

图8-8　受一组脆弱结构面控制的滑床面

a）直通坡顶　b）被陡立脆弱结构面切削　c）后缘与切层弧形面相连

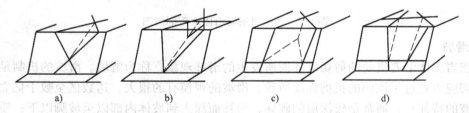

图8-9　受两组以上脆弱结构面控制的滑床面

a）锥形体　b）楔形体　c）菱形体　d）槽形体

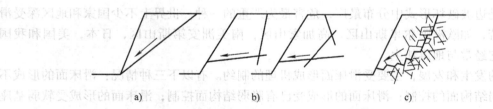

图8-10　滑床面沿滑动方向剖面线形态示意图

a）直线形　b）折线形　c）锯齿形

受软弱基座控制的滑床面，是由软弱基座的蠕动发展而成的。它可以分为两部分：软弱基座中的滑面，一般受最大切应力面控制；上覆岩体中的滑面，受断陷或解体裂隙或脆弱结构面控制。当上覆岩体已被分割解体而丧失强度时，滑动主要受软弱基座的控制，通常这种滑坡的滑动较缓慢（图8-11a）。当上覆岩体中裂隙仍具有较大强度时，一旦滑动，通常为突发而迅猛的崩滑，常见于软弱基座层很薄的条件下（图8-11b）。河谷侵蚀或挖方，可使软弱基座被揭露，易造成基座蠕动挤出。变形初期，往往出现一系列小的局部滑面，很少被注意。变形后期，局部滑面逐渐连成一连续滑床面，产生缓慢滑动；在一定条件下，也可沿该滑床面产生急剧滑动。安加拉河谷中的这种块体滑坡，延向边坡的距离达 1.5km，单个块体长度达 250~525m，解体裂隙总宽度竟达 115m。

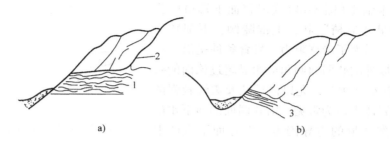

图 8-11　受软弱基座控制的滑床面示意图

1—软弱基座蠕动　2—沉降裂隙　3—单薄的软弱基座

8.2.3　边坡变形破坏的地质力学模式

根据岩体变形破坏的力学机制，边坡变形也可概括为下列几种基本的地质力学模式，即蠕滑（滑移）-拉裂（creep-sliding and fracturing）；滑移-压致拉裂（sliding and compression crack-ing）；弯曲-拉裂（bending and fracturing）；溯流-拉裂（plastic flowing and fracturing）和滑移-弯曲（sliding and bending）。

蠕滑（滑移）-拉裂导致边坡岩体向坡前临空方向发生剪切蠕变，其后缘发育自坡面向深部发展的拉裂，主要发育在均质或似均质体边坡中，倾向坡内的薄层状体坡中也可发生。变形发展过程中，坡内有可能发展为破坏面的潜在滑移面，它受最大切应力面分布状况的控制。该面以上实际上为一自坡面向下递减的剪切蠕变带。这类变形，以图 8-12 为例，演变过程可划分为三个阶段：表层蠕滑（图 8-12a）；后缘拉裂（图 8-12b）；潜在剪切面剪切扰动（图 8-12c）。

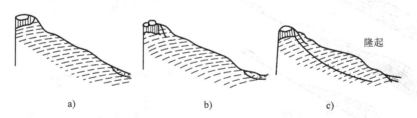

图 8-12　倾向坡内的薄层状体边坡中蠕滑-拉裂演变过程图

滑移-压致拉裂主要发育在坡度中等至陡的平缓层状体边坡中。坡体沿平缓结构面坡前临空方向产生缓慢的蠕变性滑移。滑移面的锁固点或错列点附近，因拉应力集中产生与滑移面近于垂直的拉张裂隙，向上（个别情况向下）扩展且其方向逐渐转成与最大主应力方向趋于一致（大体平行坡面），并伴有局部滑移。这种拉裂面的形成机制与压应力作用下格里菲斯裂纹的形成扩展规律近似，所以它应属压致拉裂。滑移和拉裂变形是由边坡内弱结构面处自下而上发展起来的（图 8-13）。这类变形演变过程可分为三个阶段：卸荷回弹阶段（图 8-13a）；压致拉裂面自下而上扩展阶段（图 8-13b、c）；滑移面贯通阶段（图 8-13d）。

滑移-弯曲发育在倾向坡外层状体边坡中。沿滑移面滑移的层状岩体，由于下部受阻，在沿顺滑移方向的压应力作用下发生纵弯曲变形。下部受阻的原因多因滑移面并未临空（图 8-14）或滑移面下端虽已临空，但滑移面呈"靠椅"状，上部陡倾，下部转为近于水平，显著增大了滑移阻力。发育条件是沿之产生滑移的倾向坡外的软弱面倾角应明显超过该面的残余摩擦角（一般大于 30°），尤以薄层状及柔性较强的碳酸盐类层状岩体中最为常见。沿软弱面的地下水的作用是促进这类变形的主导因素。滑移面平直的滑移-弯曲变形可划分为图 8-14 所示的三个演变阶段：

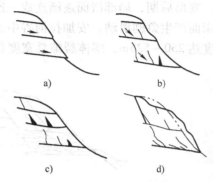

图 8-13　滑移-压致拉裂变形演变图

轻微弯曲阶段（图 8-14a）；强烈弯曲、隆起阶段（图 8-14b）；切出面贯通阶段，滑移面贯通并发展为滑坡（图 8-14c），多为崩滑。

弯曲-拉裂主要发育在由直立或陡倾坡内的层状岩体组成的边坡中，层面走向与边坡走向夹角应小于 30°。在方向近似与边坡平行的坡体内最大主应力作用下，坡体前缘部分陡倾的板状体，由前缘开始向临空方向作悬臂梁弯曲，逐渐向内发展。弯曲的板梁之间产生沿已有软弱面的互相错动，弯曲体后缘出现拉裂缝，造成平行于走向的反坡台和阶槽沟。板梁弯曲最剧烈的部位往往产生横切板梁的拉裂。

原层板梁演变可划分为图 8-15 所示的三个阶段：卸荷回弹陡倾面拉裂阶段；板梁弯曲，拉裂面深向扩展、后向推移阶段；板梁根部折裂、压碎阶段，一旦失去平衡，岩块转动、倾倒，则导致崩塌。

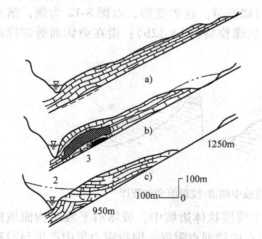
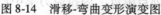

图 8-14　滑移-弯曲变形演变图

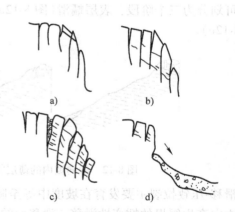

图 8-15　弯曲-拉裂（厚层板梁）演变图

溯流-拉裂主要发育在以软弱层（带）为基座的软弱基座型边坡中。软弱层（带）在上覆岩（土）体压力作用下产生压缩变形和向临空或减压方向的溯流挤出，导致上覆较硬的岩（土）层拉裂、解体和不均匀沉陷。在软弱基座产状平缓的坡体中，上覆硬层的拉裂起始于接触面，这是由于软层的水平位移变形远大于硬层所致，坡体前缘常出现局部坠落，变形进一步发展为缓滑型滑坡。当上覆层被下伏溯流层载驭整体向临空方向滑移，于其后缘产生拉裂造成陷落，其演变过程如图 8-16 所示。软弱基座倾向坡内的陡坡发生变形时表现为另一种形式，其演变过程依次为前缘溯流-拉裂变形和深部溯流-拉裂变形。

在同一边坡变形体中，也可能包含两种或多种变形模式，它们可以不同方式复合。同样，某一变形模式也可在演化过程中转化为另一种模式。

上述边坡变形地质力学模式，揭示了边坡发展变化内在的力学机制，并且在很大程度上确定了边坡岩体最终破坏的可能方式与特征，因而可按与破坏相联系的变形模式，对破坏类型作进一步分类，如蠕滑-拉裂式滑坡、滑移-拉裂式滑坡，弯曲-拉裂式崩塌，溯流-拉裂式滑坡和溯流-拉裂式扩离等。所以，也可称其为边坡变形破坏地质力学模式。

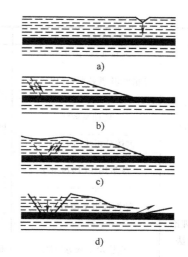

图 8-16　平缓软弱基座边坡溯流-拉裂演变图式

8.3　岩质边坡稳定性分析

在进行岩坡稳定性分析时，首先应当查明岩坡可能的滑动类型，然后对不同类型采用相应的分析方法。严格来说，岩坡滑动大多属空间滑动问题，但对只有一个平面构成的滑裂面，或者滑裂面由多个平面组成而这些面的走向又大致平行且沿着走向长度大于坡高时，也可按平面滑动进行分析，其结果将是偏于安全的。在平面分析中常常把滑动面简化为圆弧、平面、折面，把岩体看作刚体，按莫尔-库仑强度准则对指定的滑动面进行稳定验算。

目前，用于分析岩坡稳定性的方法有刚体极限平衡法、赤平投影法、有限元法以及模拟试验法等。但是比较成熟且在目前应用得较多的仍然是刚体极限平衡法。在刚体极限平衡法中，组成滑坡体的岩块视为刚体，然后运用理论力学原理分析岩块处于平衡态时必须满足的条件。本节主要讨论刚体极限平衡法。

8.3.1　边坡稳定性评价及预测方法汇总表

目前，进行边坡稳定性评价和预测的方法有多种，见表 8-1。

表 8-1　边坡稳定性评价及预测方法汇总表

方法类型与名称		应用条件和要点
刚体极限平衡计算法	瑞典条分法（1927 年）	圆弧滑面，定转动中心，条块间作用合力平行滑面
	毕肖普法（1955 年）	圆弧滑面，拟合滑弧与转心，条块间作用力水平，条间切向力 X 为零
	简布法（1956 年）	非圆弧滑面，精确计算按条块滑动平衡确定条间力，按推力线（约滑面以上 1/3 高处）定法向力 E 作用点；简化条间切向力 X 为零，再对稳定系数作修正

（续）

方法类型与名称		应用条件和要点
刚体极限平衡计算法	斯宾塞法（1976 年）	圆弧滑面，或拟合中心圆弧，X/E 为一给定常值
	摩根斯坦-普赖斯法（1965 年）	圆弧或非圆弧面，X/E 存在与水平方向坐标的函数关系（$X/E = \lambda(x)$）
	传递系数法	圆弧或非圆弧面，条块间合力方向与上一条块滑面平行（$X_i/E_i = \tan \alpha_{i-1}$）
	楔体分析法（1974 年）	楔型滑面，各滑面总抗滑力和楔体总体下滑力确定稳定系数
	萨尔玛法（1979 年）	复杂滑面，认为除平面和圆弧滑面外，滑体必须先破裂成相互错动的块体才能滑动，以保证块体处于极限平衡状态为原则确定稳定系数
弹塑性理论计算方法	塑性极限平衡分析法	适用于土质边坡，假定土体为理想刚塑性体，按莫尔-库仑屈服准则确定稳定系数
	点稳定系数分析法	适用于岩质边坡，用弹塑（粘）有限元等数值法，计算边坡应力分布状况，按莫尔-库仑破坏准则计算出破坏点和塑性区分布状况，据此确定稳定系数
破坏概率计算法	解析法	根据抗剪强度参数的概率分布，通过解析法计算稳定系数 K 的理论分布和可靠度指标
	蒙特卡洛模拟法	通过计算抗剪强度参数的均匀分布随机数，获得参数的正态分布抽样，进而模拟 K 值的分布，并计算 $K < 1$ 的概率
变形破坏判据计算法	变形起动判据分析法	按各类变形机制模式的起动判据，判定边坡所处变形发展阶段
	失稳判据分析法	按各类变形机制模式可能的破坏方式及其失稳判据进行计算，推求稳定系数
稳定图表法	泰勒（1937 年）和毕肖普（1960 年）等稳定图表法	根据土的物理力学参数及边坡高度和坡长，用图解法确定稳定系数 K，或给定 K 确定稳定坡比
稳定程度空间评价预报	因子叠加法	按在边坡变形破坏中作用大小，赋予每一因素（子）一定数值，根据叠加数据按一定标准评定区域边坡稳定性
	因子聚类法	将研究区划分为网格单元（规则或不规则），以单元内影响因素作为变量，抽样论证边坡稳定性与变量特征组合的关系，再按变量的相似程度对单元聚类，可用模糊聚类等方法
	综合因子法	将所有主要因子在边坡演化中的作用以一种综合参数表示，利用综合因子与其临界参数进行比较，判定地区边坡地危险程度。具体方法有系统模型法、逻辑信息法、消息量法、模糊信息法等

8.3.2 圆弧法岩坡稳定性分析

对于均质的以及没有断裂面的岩坡，在一定的条件下可看作平面问题，用圆弧法进行稳定分析。圆弧法是最简单的分析方法之一。

在用圆弧法进行分析时，首先假定滑动面为一圆弧（图 8-17），把滑动岩体视为刚体，求滑动面上的滑动力及抗滑力，再求这两个力对滑动圆心的力矩。抗滑动力矩 M_R 和滑动力矩 M_S 之比，即为该岩坡的稳定安全系数 F_S，即

$$F_S = \frac{抗滑力矩}{滑动力矩} = \frac{M_R}{M_S} \tag{8-1}$$

如果 $F_S > 1$，则沿着这个计算滑动面是稳定的；如果 $F_S < 1$，则是不稳定的；如果 $F_S = 1$，则说明这个计算滑动面处于极限平衡状态。

由于假定计算滑动面上的各点覆盖岩石重量各不相同，因此由岩石重量引起在滑动面上各点的法向压力也不同。抗滑力中的摩擦力与引起法向应力的力的大小有关，所以应当计算出假定滑动面上各点的法向应力。为此可以把滑弧内的岩石分条，用条分法进行分析。

如图 8-17 所示，把滑体分为 n 条，其中第 i 条传给滑动面上的重力 W_i，它可以分解为两个力：一是垂直于圆弧的法向力 N_i；另一是切于圆弧的切向力 T_i。

由图 8-17 有

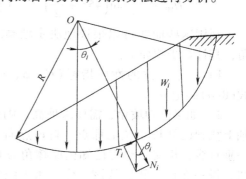

$$\left.\begin{array}{l} N_i = W_i \cos\theta_i \\ T_i = W_i \sin\theta_i \end{array}\right\} \tag{8-2}$$

式中，θ_i 表示该岩条底面中点的法线与竖直线的夹角。

图 8-17　圆弧法岩坡分析

N_i 通过圆心，N_i 可使岩条滑动面上产生摩擦力 $N_i \tan\phi_i$（ϕ_i 为该弧所在的岩体的内摩擦角），其作用方向与岩体滑动方向相反，故对岩坡起着抗滑作用。

此外，滑动面上的内聚力 C 也是起抗滑作用（抗滑力）的，所以第 i 条岩条滑弧上的抗滑力为

$$C_i l_i + N_i \tan\phi_i$$

因此第 i 条产生的抗滑力矩为

$$(M_R)_i = (C_i l_i + N_i \tan\phi_i)R$$

式中，C_i 为第 i 条滑弧所在岩层的内聚力（MPa）；ϕ_i 为第 i 条滑弧所在岩层的内摩擦角（°）；l_i 为第 i 条岩条的圆弧长度（m）。

对每一岩条进行类似分析，可以得到总的抗滑力矩

$$M_R = \left(\sum_{i=1}^{n} C_i l_i + \sum_{i=1}^{n} N_i \tan\phi_i \right)R \tag{8-3}$$

而滑动面上总的滑动力矩为

$$M_S = \sum_{i=1}^{n} T_i R \tag{8-4}$$

将式（8-3）及式（8-4）代入式（8-1），得到假定滑动面上的安全系数为

$$F_S = \frac{\sum_{i=1}^{n} C_i l_i + \sum_{i=1}^{n} N_i \tan\phi_i}{\sum_{i=1}^{n} T_i} \tag{8-5}$$

由于圆心和滑动面是任意假定的，因此要假定多个圆心和相应的滑动面作类似的分析进行试算，从中找到最小的安全系数即为真正的安全系数，其对应的圆心和滑动面即为最危险的圆心和滑动面。

根据用圆弧法的大量计算结果，有学者绘制出了图 8-18 所示的曲线。该曲线表示当一

定的任何物理力学性质时坡高与坡角的关系。在图上，横轴表示坡角 α，纵轴表示坡高系数 H'；H_{90} 表示均质垂直岩坡的极限高度，即坡顶张裂缝的最大深度，可用下式计算

$$H_{90} = \frac{2C}{\gamma}\tan\left(45° + \frac{\phi}{2}\right) \qquad (8-6)$$

利用这些曲线可以很快地决定坡高或坡角，其计算步骤如下：

1）根据岩体的性质指标（C、ϕ、γ）按式（8-6）确定 H_{90}。

2）如果已知坡角，需要求坡高，则在横轴上找到已知坡角位的那点，自该点向上作一垂直线，相交于对应已知内摩擦角 ϕ 的曲线，得一交点，然后从该点作一水平线交于纵轴，求得 H'，将 H' 乘以 H_{90} 即得所要求的坡高 H

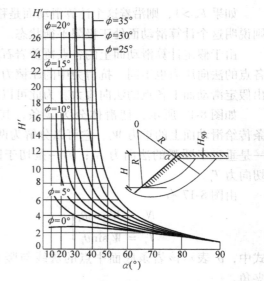

图 8-18　对于各种不同计算指标的均质岩坡高度与坡角的关系曲线

$$H = H'H_{90} \qquad (8-7)$$

3）如果已知坡高 H，需要确定坡角，则首先用下式确定 H'

$$H' = \frac{H}{H_{90}}$$

根据这个 H'，从纵轴上找到相应点，通过该点作一水平线相交于对应已知 ϕ 的曲线，得一交点，然后从该交点作向下的垂直线交于横轴，即求得坡角。

8.3.3　平面滑动岩坡稳定性分析

1. 平面滑动的一般条件

岩坡沿着单一的平面发生滑动，一般必须满足下列几何条件：

1）滑动面的走向必须与坡面平行或接近平行（约在 ±20°的范围内）。

2）滑动面必须在边坡面露出，即滑动面的倾角 β 必须小于坡面的倾角 γ。

3）滑动面的倾角 β 必须大于该平面的内摩擦角 ϕ。

4）岩体中必须存在对于滑动阻力很小的分离面，以定出滑动的侧面边界。

2. 平面滑动分析

大多数岩坡在滑动之前会在坡顶或坡面上出现张裂缝，如图 8-19 所示。张裂缝中不可避免地还充有水，从而产生侧向水压力，使岩坡的稳定性降低。这在分析中往往作下列假定：

1）滑动面及张裂缝的走向平行于坡面。

2）张裂缝垂直，其充水深度为 z_w。

3）水沿张裂缝底进入滑动面渗漏，张裂

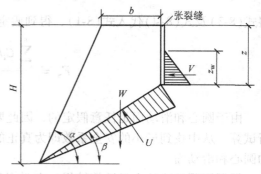

图 8-19　平面滑动分析简图

缝底与坡趾间的长度内水压力按线性变化至零(三角形分布),如图 8-19 所示。

4) 滑动块体重力 W、滑动面上水压力 U 和张裂缝中水压力 V 三者的作用线均通过滑体的重心,即假定没有使岩块转动的力矩,只是因滑动而破坏。一般而言,忽视力矩造成的误差可以忽略不计,但对于具有陡倾结构面的陡边坡要考虑可能产生倾倒的破坏。

潜在滑动面上的安全系数可按极限平衡条件求得。这时安全系数等于总抗滑力与总滑动力之比,即

$$F_S = \frac{CL + (W\cos\beta - U - V\sin\beta)\tan\phi}{W\sin\beta + V\cos\beta} \tag{8-8}$$

式中,L 为滑动面长度(每单位长度内的面积);

其余符号同前。

$$L = \frac{H - z}{\sin\beta} \tag{8-9}$$

$$U = \frac{1}{2}\gamma_w z_w L \tag{8-10}$$

$$V = \frac{1}{2}\gamma_w z_w^2 \tag{8-11}$$

W 按下列公式计算:

当张裂缝位于坡顶面时 $\quad W = \frac{1}{2}\gamma H^2\left\{\left[1 - (z/H)^2\right]\cot\beta - \cot\alpha\right\}$ $\tag{8-12}$

当张裂缝位于坡面上时 $\quad W = \frac{1}{2}\gamma H^2\left[(1 - z/H)^2\cot\beta(\cot\beta\tan\alpha - 1)\right]$ $\tag{8-13}$

当边坡的几何要素和张裂缝内的水深为已知时,用上述公式计算安全系数很简单。但有时需要对不同的边坡几何要素、水深、不同抗剪强度的影响进行比较,这时用上述方程式计算就相当麻烦,为了简化起见,可将式(8-8)重新整理成下列量纲为 1 的形式

$$F_S = \frac{(2C/\gamma H)P + [Q\cot\beta - R(P + S)]\tan\phi}{Q + RS\cot\beta} \tag{8-14}$$

式中

$$P = \frac{1 - z/H}{\sin\beta} \tag{8-15}$$

当张裂缝在坡顶面上时 $\quad Q = \left\{\left[1 - (z/H)^2\right]\cot\beta - \cot\alpha\right\}\sin\beta$ $\tag{8-16}$

当张裂缝在坡面上时 $\quad Q = (1 - z/H)^2\cot\beta(\cot\beta\tan\alpha - 1)$ $\tag{8-17}$

其他

$$R = \frac{\gamma_w}{\gamma} \times \frac{z_w}{z} \times \frac{z}{H} \tag{8-18}$$

$$S = \frac{z_w}{z} \times \frac{z}{H}\sin\beta \tag{8-19}$$

P、Q、R、S 均是量纲为 1 的量,它们只取决于边坡的几何要素,而不取决于边坡的尺寸大小。因此,当内聚力 $C = 0$ 时,安全系数 F_S 不取决于边坡的具体尺寸。

图 8-20、图 8-21 和图 8-22 分别表示各种几何要素的边坡的 P、Q、S 的值,可供计算使用。两种张裂缝的位置都包括在 Q 比值的图解曲线中,所以不论边坡外形如何,都不需检查张裂缝的位置就能求得 Q 值,但应该注意张裂缝的深度一律从坡顶面算起。

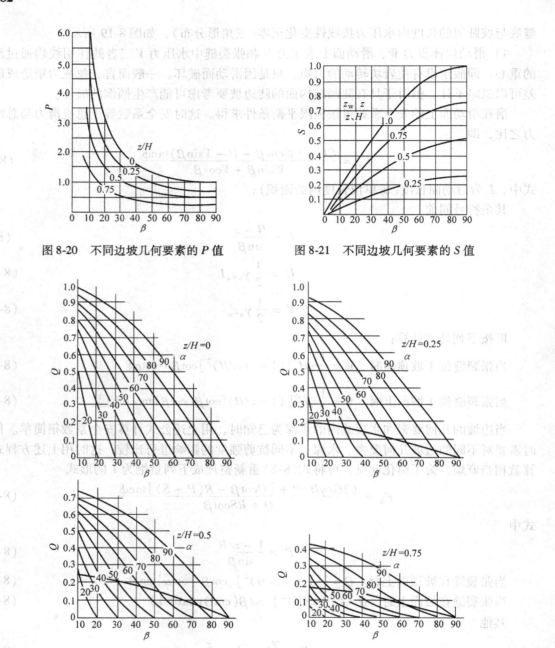

图 8-20　不同边坡几何要素的 P 值　　　图 8-21　不同边坡几何要素的 S 值

图 8-22　不同边坡几何要素的 Q 值

8.3.4　双平面滑动岩坡稳定性分析

　　如图 8-23 所示，岩坡内有两条相交的结构面，形成潜在的滑动面。上面的滑动面的倾角 α_1 大于结构面内摩擦角 ϕ_1，设 $C_1=0$，则其上岩块体有下滑的趋势，从而通过接触面将力传递给下面的块体，称上面的岩块体为主动岩块体。下面的潜在滑动面的倾角 α_2 小于结构面的内摩擦角 ϕ_2，它受到上面滑动块体传来的力，因而也可能滑动，称下面的岩块体为被动滑块体。为了使岩体保持平衡，必须对岩体施加支撑力 F_b，该力与水平线成 θ 角。假设主动块体与被动块体之间的边界面为垂直，对上、下两滑块体分别进行图 8-23 所示力系的分析，可以得到极限平衡所需施加的支撑力

$$F_b = \frac{W_1 \sin(\alpha_1 - \phi_1)\cos(\alpha_2 - \phi_2 - \phi_3) + W_2 \sin(\alpha_2 - \phi_2)\cos(\alpha_1 - \phi_1 - \phi_3)}{\cos(\alpha_2 - \phi_2 - \theta)\cos(\alpha_1 - \phi_1 - \phi_3)} \tag{8-20}$$

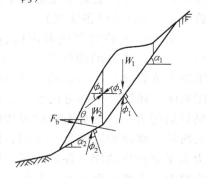

式中，ϕ_1、ϕ_2、ϕ_3 分别为上滑动面、下滑动面以及垂直滑动面上的内摩擦角；W_1、W_2 分别为单位长度主动和被动滑动块体的重力。

为了简单起见，假定所有的内摩擦角是相同的，即 $\phi_1 = \phi_2 = \phi_3 = \phi$。

如果已知 F_b、W_1、W_2、α_1 和 α_2 之值，则可以用下列方法确定岩坡的安全系数：首先用式（8-20）确定保持极限平衡而所需要的内摩擦角值 $\phi_{需要}$，然后将岩体结构面上的设计采用的内摩擦角值 $\phi_{实有}$ 与之比较，用下列公式确定安全系数

图 8-23　双平面抗滑稳定分析模型

$$F_b = \frac{\tan\phi_{实有}}{\tan\phi_{需要}} \tag{8-21}$$

在开始滑动的实际情况中，通过岩坡的位移测量可以确定出坡顶、坡趾以及其他各处的总位移的大小和方向。如果总位移量在整个岩坡中到处一样，并且位移的方向是向外的和向下的，则可能是刚性滑动的运动形式。于是总位移矢量的方向可以用来定出 α_1 和 α_2 的值，并且可用张裂缝的位置确定 W_1 和 W_2 的值。假设安全系数为 1，可以计算出 $\phi_{实有}$ 的值，此值即为式（8-20）的根。今后如果在主动区开挖或在被动区填方或在被动区进行锚固，均可提高安全系数。这些新条件下所需要的内摩擦角 $\phi_{需要}$ 也可从式（8-20）得出。在新条件下对安全系数的增加也就不难求得。

8.3.5　力多边形法岩坡稳定性分析

两个或两个以上多平面的滑动或者其他形式的折线和不规则曲线的滑动，都可以按照极限平衡条件用力多边形（分条图解）法来进行分析。下面说明这种方法。

如图 8-24 所示，假定根据工程地质分析，ABC 是一个可能的滑动面，将这个滑动区域（简称为滑楔）用垂直线划分为若干岩条，对于每一岩条都考虑到相邻岩条的反作用力，并绘制每一岩条的力多边形。

以第 i 条为例，岩条上作用着下列各力（图 8-24b）：W_i 为第 i 条岩条的重力（kN）；R' 为相邻的上面的岩条对 i 条岩条的作用力（kN）；Cl' 为相邻的上面的岩条与第 i 条岩条垂直界面之间的内聚力（kN）（这里 C 为单位面积内聚力，l' 为相邻交界线的长度）；R' 与 Cl' 组成合力 E'；R''' 为相邻的下面岩条对第 i 条岩条的反作用力（kN）；Cl''' 为相邻的下面岩条与第 i 条岩条之间的内聚力（l''' 为相邻交界线的长度）（kN）；R''' 与 Cl''' 组成合力 E'''（kN）；R'' 为第 i 条岩条底部的反作用力（kN）；Cl'' 为第 i 条岩条底部的内聚力（l'' 为第 i 条岩条底部的长度）（kN）。

根据这些力绘制力的多边形如图 8-24c 所示。在计算时，应当从上向下自第一块岩条一个一个地进行图解计算（在图中分为 6 条），一直计算到最下面的一块岩条。力的多边形可

以绘在同一个图上，如图 8-24d 所示。如果绘到最后一个力多边形是闭合的，则就说明岩坡刚好是处于极限平衡状态，也就是稳定安全系数等于1（图 8-24d 的实线）。

如果绘出的力多边形不闭合，如图 8-24d 左边的虚线箭头所示，则说明该岩坡是不稳定的，因为使图形闭合还缺少一部分内聚力。如果最后的力多边形如右边的虚线箭头所示，则说明岩坡是稳定的，因为为了多边形的闭合还可少用一些内聚力，亦即内聚力还有多余。

用岩体的内聚力 C 和内摩擦角 ϕ 进行上述分析，只能看出岩坡是稳定的还是不稳定的，但不能求出岩坡的稳定安全系数来。为了求得安全系数必须进行多次的试算。这时一般可以先假定一个安全系数，例如 $(F_s)_1$，把岩体的内聚力 C 和内摩擦系数 $\tan\phi$ 都除以 $(F_s)_1$，亦即得到

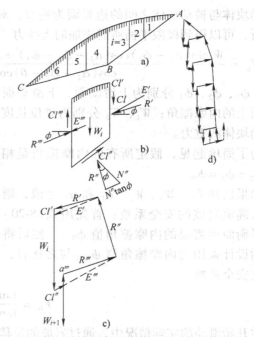

图 8-24 用力多边形进行岩坡稳定分析
a) 当岩坡稳定分析时对岩坡分块　b) 第 i 条岩块受力示意图
c) 第 i 条岩块的力多边形　d) 整个岩块的力多边形

$$\left.\begin{array}{l} \tan\phi = \dfrac{\tan\phi}{(F_s)_1} \\[3mm] C_1 = \dfrac{C}{(F_s)_1} \end{array}\right\} \tag{8-22}$$

然后用 C_1、ϕ_1 进行上述图解验算。如果图解结果，力多边形刚好是闭合的，则所假定的安全系数就是在这一滑动面下的岩坡安全系数；如果不闭合，则更新假定安全系数，直至闭合为止，求出真正的安全系数。如果岩坡有水压力、地震力以及其他的力也可在图解中把它们包括进去。

8.3.6　力的代数叠加法岩坡稳定分析

当岩坡的坡角小于45°时，采用垂直线把滑楔分条，则可以近似地作下列假定：分条块边界上反力的方向与其下一条块的底面滑动线的方向一致。如图 8-25 所示，第 i 条岩条的底部滑动线与下一岩条 $i+1$ 的底部滑动线相差 $\Delta\theta_i$ 角度，$\Delta\theta_i = \theta_i - \theta_{i+1}$。

在这种情况下，岩条之间边界上的反力通过分析用下列式子决定

$$E_i = \frac{W_i(\sin\theta_i - \cos\theta_i\tan\phi) - cl_i + E_{i-1}}{\cos\Delta\theta_i + \sin\Delta\theta_i\tan\phi} \tag{8-23}$$

当 $\Delta\theta$ 角减小时，上式分母就趋近于1。

如果采用式（8-23）中的分母等于1，并解此方程式则可以求出所有岩条上的反力 E_i，用

下列各式表示

$$E_1 = W_1(\sin\theta_1 - \cos\theta_1\tan\phi) - Cl_1$$
$$E_2 = W_2(\sin\theta_2 - \cos\theta_2\tan\phi) - Cl_2 + E_1$$
$$E_3 = W_3(\sin\theta_3 - \cos\theta_3\tan\phi) - Cl_3 + E_2 \qquad (8\text{-}24)$$
$$\vdots$$
$$E_n = W_n(\sin\theta_n - \cos\theta_n\tan\phi - Cl_n + E_{n-1})$$

式中，C 为岩石内聚力（MPa）；ϕ 为岩石内摩擦角（°）；l_1，l_2，$\cdots$，l_n 为各分条底部滑动线的长度（m）。

计算时，先算 E_1，然后再算 E_2，E_3，$\cdots$，E_n。如果算到最后

$$E_n = 0 \qquad (8\text{-}25)$$

$$\sum_{i=1}^{n} W_i(\sin\theta_i - \cos\theta_i\tan\phi) - \sum_{i=1}^{n} Cl_i = 0 \qquad (8\text{-}26)$$

则表明岩坡处于极限状态，安全系数等于 1。如果 $E_n > 0$，则岩坡是不稳定的；反之如果 $E_n < 0$，则该岩坡是稳定的。为了求安全系数，也可以采用上节的方法试算，即用 $C_1 = C_1/(F_S)_1$，$\tan\phi_1 = \tan\phi_1/(F_S)_1$，$\cdots$，代入式（8-24），求出满足式（8-25）和式（8-26）的安全系数。

用力的代数叠加法计算时，滑动面一般应为较平缓的曲线或折线。

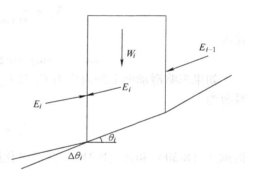

图 8-25　岩条受力图

8.3.7　楔形滑动岩坡稳定性分析

前面所讨论的岩坡稳定分析方法，都是适用于走向平行或接近于平行于坡面的滑动破坏。前已说明，只要滑动破坏面的走向是在坡面走向的 ±20° 范围以内，用这些分析方法就是有效的。本节讨论另一种滑动破坏，这时沿着发生滑动的结构软弱面的走向都交切坡顶面，而分离的楔形体沿着两个这样的平面的交线发生滑动，即楔形滑动，如图 8-26a 所示。

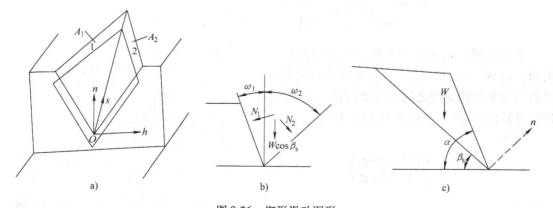

图 8-26　楔形滑动图形
a）立面视图　b）沿交线视图　c）正交交线视图

设滑动面 1 和 2 的内摩擦角分别为 ϕ_1 和 ϕ_2，内聚力分别为 C_1 和 C_2，其面积分别为 A_1 和 A_2，其倾角分别为 β_1 和 β_2，走向分别为 ψ_1 和 ψ_2，二滑动面的交线的倾角为 β_s，走向为 ψ_s，交线的法线 $\bar{n}$ 和滑动面之间的夹角分别为 ω_1 和 ω_2，楔形体重力为 W，W 作用在滑动面上的法向力分别为 N_1 和 N_2。楔形体对滑动的安全系数为

$$F_s = \frac{N_1 \tan\phi_1 + N_2 \tan\phi_2 + C_1 A_1 + C_2 A_2}{W \sin\beta_s} \tag{8-27}$$

其中，N_1 和 N_2 可根据平衡条件求得

$$N_1 \sin\omega_1 + N_2 \sin\omega_2 = W\cos\beta_s \tag{8-28}$$

$$N_1 \cos\omega_1 = N_2 \cos\omega_2 \tag{8-29}$$

从而可解得

$$N_1 = \frac{W\cos\beta_s \cos\omega_2}{\sin\omega_1 \cos\omega_2 + \cos\omega_1 \sin\omega_2} \tag{8-30}$$

$$N_2 = \frac{W\cos\beta_s \cos\omega_1}{\sin\omega_1 \cos\omega_2 + \cos\omega_1 \sin\omega_2} \tag{8-31}$$

式中

$$\sin\omega_i = \sin\beta_i \sin\beta_s \sin(\psi_s - \psi_i) + \cos\beta_i \cos\beta_s \tag{8-32}$$

如果忽略滑动面上的内聚力 C_1 和 C_2，并设两个面上的内摩擦角相同，都为 ϕ_j，则安全系数为

$$F_s = \frac{(N_1 + N_2)\tan\phi_j}{W\sin\beta_s} \tag{8-33}$$

根据式（8-30）和式（8-31），并经过化简，得

$$N_1 + N_2 = \frac{W\cos\beta_s \cos\dfrac{\omega_2 - \omega_1}{2}}{\sin\dfrac{\omega_1 + \omega_2}{2}}$$

因而

$$F_s = \frac{\cos\dfrac{\omega_2 - \omega_1}{2}\tan\phi_j}{\sin\dfrac{\omega_1 + \omega_2}{2}\sin\beta_s} = \frac{\sin\left(90° - \dfrac{\omega_2}{2} + \dfrac{\omega_1}{2}\right)\tan\phi_j}{\sin\dfrac{\omega_1 + \omega_2}{2}\sin\beta_s}$$

不难证明，$\omega_1 + \omega_2 = \xi$ 是两个滑动面间的夹角，而 $90° - \omega_2/2 + \omega_1/2 = \beta$ 是滑动面底部水平面与这夹角的交线之间的角度（自底部水平面逆时针转向算起），如图 8-27 的右上角。

因而

$$F_s = \frac{\sin\beta}{\sin\dfrac{1}{2}\xi}\left(\frac{\tan\phi_j}{\tan\beta_s}\right) \tag{8-34}$$

或写成

$$(F_s)_{楔} = K(F_s)_{平} \tag{8-35}$$

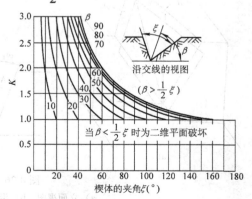

图 8-27 楔体系数 K 的曲线

式中，$(F_s)_{楔}$ 为仅有摩擦力时的楔形体的抗滑安全系数；$(F_s)_{平}$ 是坡角为 α、滑动面的倾角为 β_s 的平面破坏的抗滑安全系数；K 是楔体系数，它取决于楔体的夹角 ξ 以及楔体的歪斜角 β，图 8-27 上绘有对应于一系列 ξ 和 β 的 K 值，可供使用。

8.3.8 倾倒破坏岩坡稳定性分析

如图 8-28 所示，在不考虑岩体内聚力影响的情况下，当 $\alpha < \phi$ 及 $b/h < \tan\alpha$ 时，岩块将发生倾倒；当 $\alpha > \phi$ 及 $b/h < \tan\alpha$ 时，岩块将既会滑动又会倾倒。

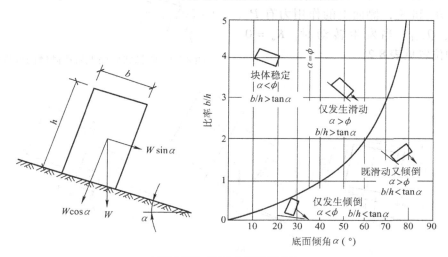

图 8-28 岩坡的倾倒破坏

根据破坏的形成过程，可将其细分为弯曲式倾倒、岩块式倾倒和岩块弯曲复合式倾倒（图 8-29），以及因坡脚被侵蚀、开挖等而引起的次生倾倒等类型。

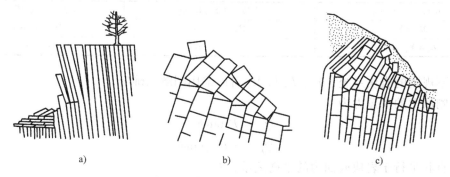

图 8-29 倾倒破坏的主要类型

a）弯曲式倾倒　b）岩块式倾倒　c）岩块弯曲复合式倾倒

在阶梯状底面上，岩块倾倒的极限平衡分析法为：设图 8-30 所示的岩块系统，边坡坡角为 θ，岩层倾角为 $90° - \alpha$，阶梯状底面总倾角为 β，图中的常量 a_1、a_2 和 b（假定为理想阶梯形）分别为

$$a_1 = \Delta x \tan(\theta - \alpha)$$

$$a_2 = \Delta x \tan\alpha$$

$$b = \Delta x \tan(\beta - \alpha)$$

式中，Δx 为各个岩块的宽度。

位于坡顶线以下的第 n 块岩块的高度为

$$Y_n = n(a_1 - b)$$

位于坡顶线以上的第 n 块岩块的高度为

$$Y_n = Y_{n-1} - a_2 - b$$

图 8-31a 表示一典型岩块，其底面上的作用力有 R_n 和 S_n，侧面上的作用力有 P_n、Q_n、P_{n-1}、Q_{n-1}。当发生转动时，$K_n = 0$。M_n、L_n 的位置见表 8-2。

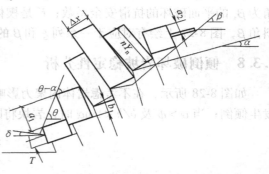

图 8-30　阶梯状底面上岩块倾倒的分析模型

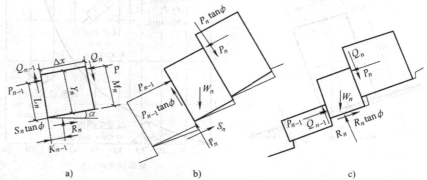

图 8-31　第 n 块岩块倾倒与滑动的极限平衡条件

a) 作用于第 n 块岩块上的力　b) 第 n 块岩块的倾倒　c) 第 n 块岩块的滑动

表 8-2　第 n 块岩块作用力 P_n、P_{n-1} 的位置表达式

岩块位于坡顶以下	岩块位于坡顶线处	岩块位于坡顶以上
$M_n = Y_n$	$M_n = Y_n - a_2$	$M_n = Y_n - a_2$
$L_n = Y_n - a_1$	$L_n = Y_n - a_1$	$L_n = Y_n$

对于不规则的岩块系统，Y_n、L_n 与 M_n 可以采用图解法确定。

岩块侧面上的摩擦力为

$$Q_n = P_n \tan\phi$$

$$Q_{n-1} = P_{n-1} \tan\phi$$

按垂直和平行于岩块底面力的平衡关系，有

$$\left.\begin{array}{l} R_n = W_n \cos\alpha + (P_n - P_{n-1})\tan\alpha \\ S_n = W_n \sin\alpha + (P_n - P_{n-1}) \end{array}\right\} \tag{8-36}$$

根据力矩平衡条件，如图 8-31b 所示，阻止倾倒的力 P_{n-1} 的值为

$$P_{n-1,t} = \frac{P_n(M_n - \Delta x \tan\phi) + (W_n/2)(Y_n \sin\alpha - \Delta x \cos\alpha)}{L_n} \tag{8-37}$$

且

$$R_n > 0$$

$$|S_n| < R_n \tan\phi$$

根据滑动方向的平衡条件，如图 8-31c 所示，阻止滑动的力 P_{n-1} 值为

$$P_{n-1,s} = P_n - \frac{W_n(\tan\phi\cos\alpha - \sin\alpha)}{1 - \tan^2\phi} \tag{8-38}$$

边坡加固所需的锚固力，在图 8-30 中，T 为施加于第 1 块上的锚固力，其距离底面为 L_1，向下倾角为 δ。为阻止第 1 岩块倾倒所需的锚固张力为

$$T_t = \frac{(W_1/2)(Y_1\sin\alpha - \Delta x\cos\alpha) + P_1(Y_1 - \Delta x\tan\phi)}{L_1\cos(\alpha + \delta)} \tag{8-39}$$

为阻止第 1 岩块滑动所需的锚固张力为

$$T_s = \frac{P_1(1 - \tan^2\phi) - W_n(\tan\phi\cos\alpha - \sin\alpha)}{\tan\phi\sin(\alpha + \delta) + \cos(\alpha + \delta)} \tag{8-40}$$

所需的锚固力由 T_t 和 T_s 两者中选较大者。

8.4　岩质边坡加固简介

经过对边坡进行稳定性分析，若边坡不稳定或有潜在失稳的可能，而边坡的破坏将导致道路阻塞、建筑物破坏或其他重大损失时，一方面加强观察、检测，同时应根据岩体的工程性质、环境因素、地质条件、植被完整性、地表水汇集等因素进行综合治理，采用加固措施来改善边坡的稳定性。对于潜在的小规模岩石滑坡，常常采用如下方法进行岩坡加固。

8.4.1　注浆加固

对于裂隙比较发育但仍处于稳定的岩体，应对岩体裂隙进行注浆、勾缝、填塞等方法处理。岩体内的断裂面往往就是潜在的滑动面。用混凝土填塞断裂部分就消除了滑动的可能，如图 8-32 所示。在填塞混凝土以前，应当将断裂部分的泥质冲洗干净，这样混凝土与岩石可以良好地结合。有时还可将断裂部分加宽再进行填塞，这样既清除了断裂面表面部分的风化岩石或软弱岩石，又使灌注工作容易进行。

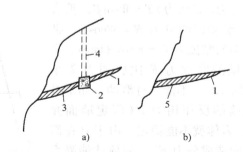

图 8-32　注浆、填塞等加固岩体裂隙

1—岩体断裂　2—混凝土块　3—清洗断裂面并注浆
4—钻孔　5—清洗和扩大断裂并用混凝土填塞

8.4.2　锚杆或预应力锚索加固

在不安全岩石边坡的工程地质测绘中，经常发现岩体的深部岩石较坚固，不受风化的影响，足以支持不稳定的和存在某种危险状况的表层岩石。在这种情况下采用锚杆或预应力锚索进行岩石锚固，是一种有效的治理方法。

图 8-33a 表示用锚杆加固岩石的一个例子。在图 8-33b 上绘出了作用于岩坡上的力的多边形。W 表示潜在滑动面以上岩体的重力；N 和 T 表示该重力在 a-a 面上的法向分力和切向分力。假定 a-a 面上的内摩擦角为 35°，F 为该面上的摩擦力。从图上看出，摩擦力 F 不足以抵抗剪切力 T，($T-F$) 的差值将使岩体产生滑动破坏。这个差值必须由外

力加以平衡。在设计时，为了保证安全，这个外力应当大于$(T-F)$的差值，一般应能使被加固岩体的抗滑安全系数提高到 1.25。安设锚杆就能实现这个目的。为此，既可以布置垂直于潜在剪切面 $a-a$ 而作用的锚杆，以形成阻力 R_s（剪切锚杆的总力），也可以布置与剪切面 $a-a$ 倾斜的锚杆（倾斜的角度需要由计算和构造要求确定），从而在力系中增加阻力 A_{min}、A_H、A_N。

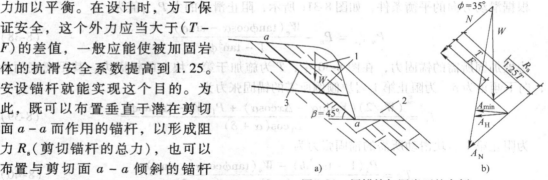

图 8-33　用锚栓加固岩石的实例
1—岩石锚杆　2—挖方　3—潜在破坏面

8.4.3　锚杆或预应力锚索加固

在山区修建大坝、水电站、铁路和公路进行开挖时，天然或人工的边坡经常需要防护，以免岩石滑塌。在很多情况下，不能用额外的开挖放坡来防止岩石的滑动，此时采用混凝土挡墙或支墩可能比较经济。

如图 8-34a 所示，岩坡内有潜在滑动面 ab，采用混凝土挡墙加固。如滑动面以上的岩体重力为 W，则其在 ab 滑动面方向有分力（剪切力）$T = W\sin\beta$，垂直于 ab 滑动面的分力 $N = W\cos\beta$，抵抗滑动的摩擦力 $F = W\cos\beta\tan\phi$。显然这里的摩擦力 F 比剪切力 T 小（图 8-34b），不能抵抗滑动，如果没有挡墙的反作用力 P（假定墙面光滑），岩体就不能稳定。由于 P 在滑动方向造成分力 F^*，岩体才能静力平衡，即 $F + F^* = T$。

应当指出，从挡墙来的反作用力只有当岩体开始滑动时才成为一个有效的力。

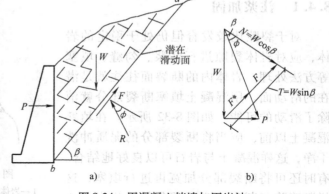

图 8-34　用混凝土挡墙加固岩坡

8.4.4　挡墙与锚杆相结合的加固

在大多数情况下采用挡墙与锚杆相结合的办法来加固岩坡。锚杆可以是预应力的，也可以不是预应力的。

图 8-35a 表示挡墙与锚杆相结合的例子。这里挡墙较薄较轻，目的在于防冻和防风化，它只受图中阴影部分的岩楔下滑产生的压力（图 8-35b）。只要后边的岩楔受到支持，其后面的岩体就处于稳定状态。在图 8-35c 上绘有力多边形，其中 W_r 表示不稳定岩石（即图中的阴影部分）的重力，W_w 表示有拉杆锚固时挡墙的重力，W'_w 表示无拉杆锚固时挡墙应当增加的重力（虚线），R 表示合力，A 表示拉杆总拉力，R' 表示无拉杆时的合力，1.25 表示安全系

数，φ表示沿节理面摩擦角。从力多边形中明显看出，需要用挡墙的自重和拉杆的总拉力来保护岩石的不稳定部分。在设计时可按拉杆沿着路面均匀布置，并使每根拉杆的应力和贯入到稳定岩体的深度减到最小。挡墙上的荷载也假定均匀分布。从这个力多边形中还可看出，采用拉杆后，挡墙的断面就可大大缩小。因此只要在墙后适当距离内有坚固而稳定的岩石就可以用锚固挡墙来支撑不稳定岩石及其上部的覆盖物。但拉杆集中于一行时，将使锚固挡墙的断面有所增大。

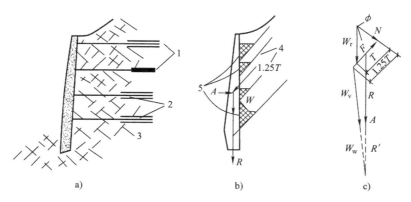

图 8-35　挡墙与锚杆相结合的加固
a）断面图　b）加荷形式　c）力多边形图解分析
1—锚杆　2—灌浆　3—有节理的岩体　4—节理方向　5—被支撑的岩楔

图 8-36 所示为有混凝土挡墙与高强度预拉应力锚杆加固不稳定岩坡的实例。由于预拉应力的作用，可以在挡墙断面内造成较高的应力，所以挡墙的断面不能太薄。从静力学观点出发要求锚杆位于尽可能高的位置。不过邻近锚杆插入处的挡墙和岩体之间的接触也极为重要。根据经验，锚固挡墙的最大经济高度 H 为锚杆距地面高度 h_b 的两倍。

利用锚固挡墙，特别是在建筑物较长时，由于减少开挖量和减小墙的断面，所节约的石方量和混凝土量是相当可观的。如果使用预制混凝土构件则可能更加经济。

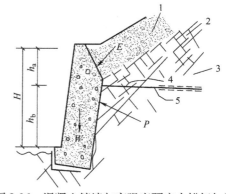

图 8-36　混凝土挡墙与高强度预应力锚杆加固
不稳定岩坡实例
1—覆盖土　2—破碎岩石　3—坚固岩石　4—锚杆
5—预应力岩石锚固

复习思考题

8-1　边坡的分类有哪些？

8-2　简述岩石边坡破坏的基本类型及其特点。

8-3　影响边坡稳定性的因素有什么？哪些是主要因素？

8-4　岩石边坡稳定性分析主要有哪几种方法？极限平衡法的原理是什么？

8-5　岩石边坡加固常见的方法有哪些？

8-6 按经验,不利于岩石边坡稳定的情况有哪些?

8-7 已知均质岩坡的 $\phi = 30°$, $C = 300\text{kPa}$, $\gamma = 25\text{kN/m}^3$, 问当岩坡高度为 200m 时,坡角应当采用多少?如果已知坡角为 50°,问极限的坡高是多少?

8-8 有一岩坡坡高 $H = 100\text{m}$,坡顶垂直张裂隙深 40m,坡角 $\alpha = 35°$,结构面倾角 $\beta = 20°$。岩体的性质指标为 $\gamma = 25\text{kN/m}^3$, $C_j = 0$, $\varphi_j = 25°$。试问当裂隙内的水深 z_w 达何值时,岩坡处于极限平衡状态?

图 8-35 ……

图 8-36 ……

图 8-35 所示为均质岩坡上部有……

复习思考题

第9章 岩石力学在基础工程中的应用

9.1 岩基的类型及其应力分布特征

9.1.1 岩基的类型

直接承受上部建筑物荷载作用的那部分土体或岩体称为地基。根据承载的特点，通常可将地基分为两种类型：承受垂直荷载的地基，如一般工业民用建筑物的地基；承受斜向荷载（同时承受垂直荷载与水平荷载）的地基，如各类挡水建筑物（闸、坝等）的地基。

承受垂直荷载的地基，大多都是"软基"，其变形、破坏机制和稳定性评价原理是土力学课程讨论的内容，这里不作详述，根据本课程的需要仅指出有关问题的一般特点。

承受斜向荷载的坝基与上部挡水建筑物之间有着复杂的相互作用，因而在变形、破坏特点和稳定性评价方面存在许多特殊问题。

修建水坝的主要任务就是要拦蓄地表水，而被拦蓄的地表水体就会以巨大的水平推力作用于大坝。为了维持坝的稳定，坝体（重力坝）必须具有足够的重量，以便能沿坝基的底面产生足够大的摩擦力来均衡库水的水平推力。承受了巨大压力和水平推力的地基，又可能通过变形或滑动来破坏坝体的稳定。与此同时，由于坝的上下游形成了水头差，地表水又会力图通过坝下岩层中的孔隙或裂隙渗向下游。在渗流过程中，地下水一方面会对坝体产生场压力（即坝基水压力）以减轻坝体的重量，从而降低其抗滑能力，另一方面又力图把岩层中的可溶性成分和细颗粒物质带走，以降低坝基的强度和稳定性。

坝与自然地质环境间的上述相互作用使得水坝的修建十分复杂，不仅要求大坝本身的结构强固，尤其要求坝基和坝肩具有足够的坚固性和稳定性。但是，作为坝基（肩）的岩体通常含有各种天然弱面，如果对坝基（肩）的选择或处理不当，坝的稳定性往往难于保证，有时甚至会导致严重的破坏事故，对人民的生命财产造成巨大的损失。

从世界上坝的破坏情况来看，原因是多种多样的。地质方面原因造成的破坏事故占30% ~40%，其中，从具体的破坏原因和形式来看又可详分为如下类型：

1）由于坝基的强度较低，运行期间又遭到进一步恶化所造成的破坏。

2）由于坝基（肩）的抗滑稳定性较低，运行期间又遭到进一步恶化所造成的滑动破坏。

3）由于坝基中存在抗剪强度低的土层而造成的土坝或堆石坝坝基和坝坡的坍滑。

4）由于坝下渗透水流将坝基岩石中的细颗粒物质带走使坝基被掏空而造成的破坏。

5）由于坝肩岩体的稳定性较低，运行期间孔隙水压力增大又使其进一步恶化所造成的坝肩滑动破坏。

6）由于坝下游岩体中因冲刷（溢流冲刷）而被掏空，造成大坝的破坏。

7）由于地震和水库地震所造成的破坏或损害。

需要指出的是，虽然许多坝的破坏是由多种原因综合造成的，但坝基的抗滑条件恶化和渗透变形常是造成坝的破坏的主要作用。对于一个岩石力学工作者来说，重要的则是了解和掌握坝基岩体的变形、破坏机制和稳定性的分析方法，从而为工程设计提供充分的依据。

9.1.2 岩基的应力分布特征

1. 垂直荷载作用下地基内的应力分布

地基内的应力分布，取决于荷载特点和地基岩体的结构特征。为了说明岩体结构对应力分布的影响，本节拟重点说明均质、层状结构以及碎裂结构三类地基内的应力分布规律。

关于均质地基的应力分布，土力学课程中有详细的讨论。这里，为了与非均质、各向异性地基内的应力分布情况进行对比，仅对条形均布荷载作用下地基内的应力分布特征作一简单介绍。

根据弹性理论得知，在条形均布荷载作用下，地基内任一点的附加主应力（图 9-1）可按下述公式求得，即

$$\sigma_1 = \frac{p - \gamma h}{\pi}(2\beta + \sin 2\beta) \tag{9-1}$$

$$\sigma_3 = \frac{p - \gamma h}{\pi}(2\beta - \sin 2\beta) \tag{9-2}$$

式中，σ_1、σ_3 分别为最大与最小主应力，其各自的作用方向如图 9-1 所示；p 为均布荷载强度；h 为基础的砌置深度；γ 为岩石的密度；其他符号如图 9-1 所示。

由上述公式所反映的地基内最大主应力等值线的分布如图 9-2a 所示。从图中可以看出，每一条等值线都是一个以基础底边为弦的圆弧，这正是式(9-1)所描述的情况。

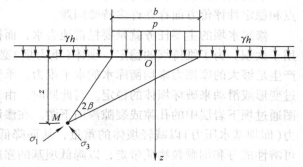

图 9-1　条形均布荷载作用下地基内任一点的附加主应力

层状结构地基内的应力分布与前述的均质地基的情况截然不同；实验研究表明，由相互平行的软弱结构面发育而成的层状结构，通常使地基内的应力分布具有明显的各向异性特征。图 9-2b 和图 9-2c 所示的，就是条形荷载作用下层状结构地基内最大主应力等值线的分布情况，它表明以下两点：

1）分割岩体的软弱结构面（如节理、层面裂隙等），由于其抗剪强度低，限制着应力向两侧传递、扩展，致使附加应力在所限岩体内集中。在这种情况下，附加应力可以沿"层理"方向延展到很大的深度。分割岩体的软弱结构面的抗剪强度越低，上述效应越明显。

2）层状结构地基内应力分布的

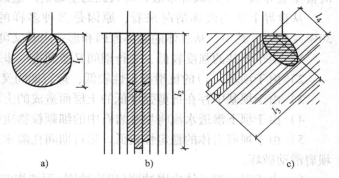

图 9-2　条形基础下地基内的应力分布
a) 均质地基　b) 各向异性的陡立层状岩石地基
c) 各向异性的倾斜层状岩石地基

特点，与软弱结构面的产状有密切关系(图9-2)。当分割岩体的软弱结构面直立时，基础下岩体内的应力集中程度最高，应力与形变区延展的深度也最大(图9-2b)。当软弱结构面倾斜产出时，地基内往往有两个高值最大主应力方向，顺软弱结构面的方向，应力集中程度较高，垂直软弱结构面的方向次之，且两者相对大小随软弱结构面的陡缓而异(图9-2c)。当软弱结构面近水平分布时，基础下的应力集中程度则相对较低(图9-2c)。

呈碎裂结构的岩体组成的地基内的应力分布，与基础的刚性、块体间缝隙的充填胶结情况、块体堆砌的紧密度以及现行的受力状态等密切相关。在块体间未加充填，堆砌后不进行预压以及通过柔性传压板加荷的极端情况下，地基内应力分布的主要特点是沿基础中心线产生极高的应力集中，以至在地基上部的较大范围内出现垂直应力大于表面荷载强度的情况。而基础刚性的加强使应力集中线移至两侧近基础边缘处，垂直应力等值线也随之而呈驼峰形；同时，预压的施加又使应力集中程度为之减弱，地基内可能出现的垂直应力大于表面荷载的范围大为减小，仅局限在基础边缘的浅部地带。块体间缝隙的充填胶结会使地基内的应力集中程度进一步降低，使地基范围内不再出现垂直应力高于表面荷载的区域。

2. 斜向荷载作用下地基内的应力分布

各类挡水建筑物的地基所承受的都是斜向荷载。它实际上是垂直荷载与水平荷载两者合成的结果。

一般认为，坝基所承受的垂直荷载呈三角形分布，即在上游坝趾处垂直荷载为零，然后线性增大，至下游坝趾处达最大值(图9-3a)。垂直荷载的这种三角形分布，是坝重及库水推力所造成的力偶共同作用的结果。

如果把坝基所承受的斜向荷载分解为三角形分布的垂直荷载与水平荷载，则可以用弹性理论分别求出由垂直荷载和水平荷载在地基(均质的)内任意点所造成的各种应力成分，然后再将相同成分的应力相叠加，即可得出地基内任意点处的总附加应力。

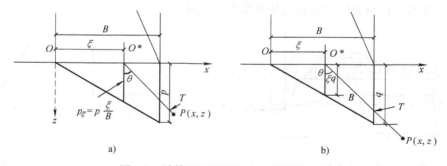

图9-3 计算岩石坝基内应力的简化方法

按上述原理，首先求解三角形分布的条形垂直荷载在地基内任意点 P 处(图9-3a)所引起的各项应力，得

$$\sigma'_z = \frac{p}{\pi B}\left[x \arctan \frac{Bz}{x^2 + z^2 - Bx} - \frac{Bz(x - B)}{z^2 + (x - B)^2} \right] \tag{9-3}$$

$$\sigma'_x = \frac{p}{\pi B}\left[\frac{Bz(x - B)}{x^2 + (x - B)^2} + z\lg \frac{z^2 + (x - B)^2}{x^2 + z^2} + x \arctan \frac{Bz}{x^2 + z^2 - Bx} \right] \tag{9-4}$$

$$\tau'_{xz} = \frac{p}{\pi B}\left[\frac{Bz}{(x - B)^2} - \arctan \frac{Bz}{x^2 + z^2 - Bx} \right] \tag{9-5}$$

同理，可求出三角形分布的条形水平荷载在 P 点所引起的各项应力（图9-3b），得

$$\sigma''_z = \frac{qz}{\pi B}\left[\frac{Bz}{z^2 + (x-B)^2} - \arctan\frac{Bz}{x^2+z^2-Bx}\right] \tag{9-6}$$

$$\sigma''_x = \frac{q}{\pi B}\left[3z\arctan\frac{Bz}{x^2+z^2-Bx} - \frac{Bz^2}{z^2+(x-B)^2} - 2B - x\lg\frac{z^2+(x-B)^2}{x^2+z^2}\right] \tag{9-7}$$

$$\tau''_{xz} = \frac{q}{\pi B}\left[\frac{Bz(x-B)}{z^2+(x-B)^2} + z\lg\frac{z^2+(x-B)^2}{x^2+z^2} + x\arctan\frac{Bz}{x^2+z^2-Bx}\right] \tag{9-8}$$

上述各式中，p 为最大垂直接触压力；q 为最大水平接触压力；其余符号如图9-3所示。

将上述各相应应力成分叠加，即得地基内任意点 P 处的附加总应力，即

$$\sigma_z = \sigma'_z + \sigma''_z \tag{9-9}$$

$$\sigma_x = \sigma'_x + \sigma''_x \tag{9-10}$$

$$\tau_{xz} = \tau'_{xz} + \tau''_{xz} \tag{9-11}$$

对于岩石坝基来说，由于岩体的抗压强度通常都很高，一般不会出现因压力过大而强度不足的问题，但对拉应力的作用则特别敏感。为了阐明坝基内水平拉应力的分布，首先根据式（9-4）和式（9-7）分别画出由垂直荷载及水平荷载在地基内的不同高程上引起的水平内力 σ'_x 和 σ''_x 的分布图解，如图9-4和图9-5所示。合成上述两个图解即得图9-6所示的总水平拉应力的分布图。

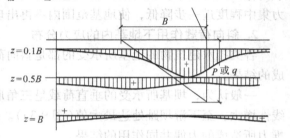

图9-4　由垂直的三角形荷载引起的
水平应力 σ_x 的分布

从图9-6中可以看出，在坝上游面附近的坝基上部，存在一个水平拉应力分布区。工程实践表明，该水平拉应力区的存在对坝基变形、破坏的发展有很大的影响。

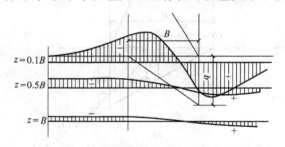

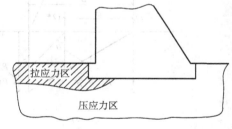

图9-5　由水平的三角形荷载引起的水平应力 σ_x 的分布　　图9-6　重力坝坝基内水平拉应力区的分布

9.2　岩基变形与沉降计算

对于许多岩石地基工程而言，可以将岩石看作是一种各向同性的弹性材料，当有上部建筑物荷载作用时，地基沉降瞬时完成，在这种条件下，可以利用弹性理论计算地基的沉降值。根据完整岩石和结构面的性质，可以将岩石地基的沉降分为以下三种类型：

1）由岩石本身的变形、结构面的闭合与变形以及少数黏土夹层的压缩三个部分组合形成的地基沉降。当地基岩体比较完整、坚硬，且含有的黏土夹层较薄时（小于几个毫米），

则可以利用弹性理论计算地基沉降值。这种方法适用于均质、各向同性岩石地基，成层岩石地基和横观各向同性岩石地基。

2）由于岩石块体沿结构面剪切滑动产生的地基沉降。这种情况大多发生在基础位于岩石边坡顶部，且边坡岩体中存在潜在滑动的块体。

3）与时间有关的地基沉降。这种沉降主要发生在软弱岩石地基和脆性岩石地基中；当地基岩体包含一定厚度的黏土夹层时，也会有此类沉降发生。

下面将介绍不同地质条件下岩石地基沉降的计算方法，对于较为复杂的地质条件，当下述方法都不适用时，则必须考虑使用数值计算方法。

9.2.1 弹性岩石地基

利用弹性理论可以计算几种不同地质条件下的岩石地基沉降，这些地质条件包括均质、各向同性岩石地基、成层岩石地基和横观各向同性岩石地基。在计算之前，需要收集以下一些参数，包括各层岩体的变形模量和泊松比、岩层的分布情况和厚度，以及所采用的基础形式和基底压力。利用下面介绍的方法计算岩石地基的沉降值时，应进行敏感性分析以了解岩层的分布情况和岩体的弹性参数对结果的影响。通常情况下地基岩体的变形模量很难准确地测定，因此还需要根据现场岩体变形模量的变化范围计算确定地基沉降的可能变化范围。

（1）均质、各向同性岩石地基　在被假定为均质、各向同性的岩石地基中（图 9-7a），其地基沉降值可以通过简单地利用弹性理论计算得到。对于圆形和矩形基础，均布荷载作用下地基的沉降值可以通过下式计算

$$\delta_v = \frac{C_d q B(1 - \nu^2)}{E} \tag{9-12}$$

式中，q 为均布的基底压力；B 为基础尺寸参数，圆形基础为其直径，矩形基础为其宽度；C_d 为与基础形状和计算位置相关的沉降计算系数，具体取值见表 9-1；E、ν 为地基岩体的变形模量和泊松比。

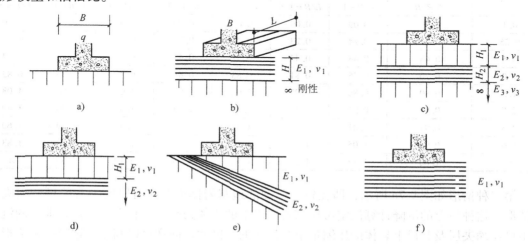

图 9-7　不同地质条件下岩石地基的沉降计算

a）均质、各向同性地基　b）可压缩性岩层下卧有刚性岩层　c）坚硬的地基岩体中有厚度不大的可压缩夹层

d）上部为刚性岩层下部为可压缩性岩层　e）倾斜岩层　f）横观各向同性岩石

表9-1　基础形状和计算位置相关的沉降计算系数 C_{d}

形　　状	中　心　点	角　　点	短边中间点	长边中间点	平　均　值
圆形	1.00	0.64	0.64	0.64	0.85
圆形（刚性）	0.79	0.79	0.79	0.79	0.79
方形	1.12	0.56	0.76	0.76	0.95
方形（刚性）	0.99	0.99	0.99	0.99	0.99
矩形：l/b					
1.5	1.36	0.67	0.89	0.97	1.15
2	1.52	0.76	0.98	1.12	1.30
3	1.78	0.88	1.11	1.35	1.52
5	2.10	1.05	1.27	1.68	1.83
10	2.53	1.26	1.49	2.12	2.25
100	4.00	2.00	2.20	3.60	3.70
1 000	5.47	2.75	2.94	5.03	5.15
10 000	6.90	3.50	3.70	6.50	6.60

（2）成层岩石地基　在成层岩石地基中，当上层岩石的厚度较小时，同样可以利用上述的弹性方法计算地基沉降值。下面介绍几种典型的成层岩石地基的沉降计算方法。

第一种情形如图9-7b所示，即上层地基岩体为可压缩性岩层，且下有刚性岩层的情形。这种情形的沉降计算相当于可压缩范围有限均质、各向同性岩石地基的沉降计算，即同样地可以利用式（9-12）来进行计算，只是需要对沉降计算系数 C_{d} 进行适当修正。在实际计算过程中采取的方法是利用系数 C_{d}' 来替换 C_{d}，其具体取值见表9-2。表中给出了各种基础形状下的计算系数值，计算所得值为基础中心点下的沉降值。需要指出的是，表中的值是在假定上下岩层之间剪应力为零且无相对位移的前提下得到的。

表9-2　基础形状和计算位置相关的沉降计算系数 C_{d}'

H/B	圆形基础直径 B	矩　　形						
		$L/B=1$	$L/B=1.5$	$L/B=2$	$L/B=3$	$L/B=5$	$L/B=10$	$L/B=\infty$
0.1	0.09	0.09	0.09	0.09	0.09	0.09	0.09	0.09
0.25	0.24	0.24	0.23	0.23	0.23	0.23	0.23	0.23
0.5	0.48	0.48	0.47	0.47	0.47	0.47	0.47	0.47
1.0	0.70	0.75	0.81	0.83	0.83	0.83	0.83	0.83
1.5	0.80	0.86	0.97	1.03	1.07	1.08	1.08	1.08
2.5	0.88	0.97	1.12	1.22	1.33	1.39	1.40	1.40
3.5	0.91	1.01	1.19	1.31	1.45	1.56	1.59	1.60
5.0	0.94	1.05	1.24	1.38	1.55	1.72	1.82	1.83
∞	1.00	1.12	1.36	1.52	1.78	2.10	2.53	∞

第二种情形如图9-7c所示，即在较为坚硬的地基岩体中存在有厚度不大的可压缩夹层的情形。这种情形的沉降计算假定可压缩夹层以下的岩体为刚性，且无限延伸，即总的沉降是由可压缩夹层及其以上岩体的压缩量组合形成的。因此，同样可以利用上述第一种情形的方法计算地基沉降值，只是需要将公式中的弹性常数折算为加权平均值，查表9-2过程中 H 为两层岩体的厚度之和（H_1+H_2）。利用这种方法计算得到的地基沉降值偏大，这是因为在计算中没有考虑地基中附加应力的扩散作用。实际情况是，上部坚硬岩体承担了大部分的基

础荷载，可压缩夹层只承担小部分的荷载。

第三种情形如图 9-7d 所示，即上部为刚性岩层，下部可压缩性岩层厚度很大，可认为无限延伸的情形。这种情形的地基沉降计算可以通过对全部由可压缩性岩层构成的地基沉降值进行折减求得，计算公式如下

$$\delta_v = a\delta_\infty \tag{9-13}$$

式中，a 为表 9-3 提供的折减系数，与上下岩层的模量比 E_1/E_2 和比值 H/B 有关，H 为上部刚性岩层的厚度，需要注意的是表中提供的值仅适用于圆形基础的情形；δ_∞ 为全部由可压缩性岩层构成的地基计算沉降值，其值可通过式(9-12)计算求得。

表 9-3　折减系数 a

H/B	E_1/E_2				
	1	2	5	10	100
0	1.0	1.00	1.00	1.00	1.00
0.1	1.0	0.972	0.943	0.923	0.76
0.25	1.0	0.885	0.779	0.699	0.431
0.5	1.0	0.747	0.566	0.463	0.228
1.0	1.0	0.627	0.399	0.287	0.121
2.5	1.0	0.55	0.274	0.175	0.058
5.0	1.0	0.525	0.238	0.136	0.036
∞	1.0	0.500	0.200	0.100	0.010

上面介绍的成层岩石地基都为水平层理的情形，因此都可以通过简化利用弹性理论进行计算。在实际地质条件中，经常会遇到如图 9-7e 所示的倾斜岩层条件。对于这种情形，就很难利用弹性理论计算地基沉降值，必须考虑使用数值分析方法（如有限元法和有限差分法）进行计算。

9.2.2　横观各向同性岩石地基

对于弹性的横观各向同性岩石地基，可以利用 Genard 和 Harrison(1970 年)、Kulhawy 和 Goodman(1980 年)提供的公式计算沉降值。这些公式适用于圆形基础下横观各向同性岩石地基的沉降计算，且要求基础荷载方向与基础底面垂直。横观各向同性岩石的弹性参数包括竖向的、水平的变形模量 E_z 和 E_h，竖向和水平向之间的切变模量 G_{hz}，水平应力引起竖向应变的泊松比 ν_{zh} 和竖向应力引起水平应变的泊松比 ν_{zh}。

地基沉降 δ_z 的计算公式根据系数 β^2 的取值不同有以下三个表达式：

当 $\beta^2 > 0$ 时
$$\delta_z = \frac{Q(c' + G_{hz})de(e^2 - \beta^2)}{2rG_{hz}[c' + d(e+\beta)^2][c' + d(e-\beta)^2]} \tag{9-14a}$$

当 $\beta^2 < 0$ 时
$$\delta_z = \frac{Qe\sqrt{ad}}{2r(ad - c'^2)} \tag{9-14b}$$

当 $\beta^2 = 0$ 时
$$\delta_z = \frac{Q(c' + G_{hz})de^3}{2rG_{zb}(c' + de^2)^2} \tag{9-14c}$$

系数 β^2 由下式确定
$$\beta^2 = \frac{ad - c'^2 - 2c'G_{zh} - 2G_{zh}\sqrt{ad}}{4G_{zh}d} \tag{9-15}$$

其中系数 a、c'、d、e^2 又可以由下式确定

$$a = \frac{E_h(1 - \nu_{hz}\nu_{zh})}{(1 + \nu_{hh})(1 - \nu_{hh} - 2\nu_{hz}\nu_{zh})} \tag{9-16a}$$

$$c' = \frac{E_h\nu_{zh}}{1 - \nu_{hh} - 2\nu_{hz}\nu_{zh}} \tag{9-16b}$$

$$d = \frac{E_h\nu_{zh}(1 - \nu_{hh})}{\nu_{hz}(1 - \nu_{hh} - 2\nu_{hz}\nu_{zh})} \tag{9-16c}$$

$$e^2 = \frac{ad - c'^2 - 2c'G_{zh} + 2G_{zh}\sqrt{ad}}{4G_{zh}d} \tag{9-16d}$$

式中，Q 为作用在基础上的集中荷载；r 为圆形基础的半径。

如果基础形状为方形或矩形，可以将其折算为一定等效半径的圆形基础进行计算。对于边长为 B 的正方形基础，等效半径 $r = B/\sqrt{\pi}$；对于长宽分别为 L 和 B 的矩形基础，等效半径为 $r = \sqrt{LB/\pi}$。

图 9-8 所示为包含三组正交节理面的地基岩体，在这种条件下，沉降计算中所需的弹性常数（包括变形模量、剪变模量和泊松比）可以根据完整岩石的弹性参数，节理面的间距及其法向和切向刚度计算求得。具体计算过程如下

$$\frac{1}{E_i} = \frac{1}{E_r} + \frac{1}{S_i k_{ni}} \tag{9-17}$$

$$\frac{1}{G_{ij}} = \frac{1}{G_r} + \frac{1}{S_i k_{si}} + \frac{1}{S_j k_{sj}} \tag{9-18}$$

$$\nu_{ij} = \nu_{ik} = \nu_r\frac{E_i}{E_r} \tag{9-19}$$

$$G_r = \frac{E_r}{2(1 + \nu_r)} \tag{9-20}$$

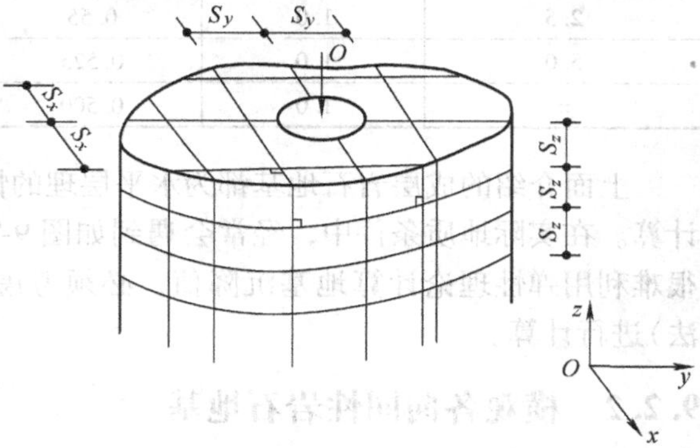

图 9-8　正交节理岩体沉降计算模型

式中，$i = x$，y，z；$j = y$，z，x；$k = z$，x，y；E_r 为完整岩石的变形模量；ν_r 为泊松比；G_r 为切变模量；S_i、S_j 为 i、j 方向上的节理面间距；k_{ni} 为 i 方向上节理面的法向刚度；k_{si} 为 i 方向上节理面的切向刚度。

式 (9-17) 至式 (9-19) 中的水平变形模量 E_h、切变模量 G_{hz} 及各个方向上的泊松比可通过下式计算

$$E_h = \frac{E_x + E_y}{2} \tag{9-21}$$

$$G_{hz} = \frac{G_{xz} + G_{yz}}{2} \tag{9-22}$$

$$\nu_{zh} = \nu_r\frac{E_z}{E_r}; \quad \nu_{hz} = \nu_{hh} = \nu_r\frac{E_h}{E_r} \tag{9-23}$$

竖向与水平方向上的变形模量之比为

$$\frac{E_z}{E_h} = \frac{\nu_{zh}}{\nu_{hz}} \tag{9-24}$$

9.3 岩石地基的承载力

地基的承载力是指地基单位面积上承受荷载的能力，一般分为极限承载力和允许承载力。地基处于极限平衡状态时所能承受的荷载即为极限承载力。在保证地基稳定的条件下，建筑物的沉降量不超过允许值时，地基单位面积上所能承受的荷载即为设计采用的允许承载力。对一些岩石地基来说，其岩石强度高于混凝土强度，因此岩石的承载力就显得毫无意义了。然而，岩石地基的承载力通常与场地的地质构造有紧密联系，下面主要介绍破碎风化岩体、缓倾结构面岩体、成层岩体及岩溶地基等各种地质条件下的岩石地基承载力确定方法。

9.3.1 规范方法

根据 GB 50007—2002《建筑地基基础规范》规定，岩石地基承载力特征值可按岩基载荷试验方法确定。对于完整、较完整和较破碎的岩石地基承载力特征值，可根据室内饱和单轴抗压强度按下式计算

$$f_a = \psi_r f_{rk} \tag{9-25}$$

式中，f_a 为岩石地基承载力特征值（kPa）；f_{rk} 为岩石饱和单轴抗压强度标准值（kPa）；ψ_r 为折减系数。

ψ_r 根据岩体完整程度以及结构面的间距、宽度、产状和组合，由地区经验确定。无经验时，对完整岩体可取 0.5；对较完整岩体可取 0.2 ~ 0.5；对破碎岩体可取 0.1 ~ 0.2。

值得注意的是，上述折减系数值未考虑施工因素及建筑物使用后风化作用的继续的影响。对于黏土质岩，在确保施工期及使用期不致遭水浸泡时，也可采用天然湿度的试样，不进行饱和处理。

对破碎、极破碎的岩石地基承载力特征值，可根据地区经验取值，无地区经验时，可根据平板载荷实验确定。

岩体完整程度应按表 9-4 划分为完整、较完整、较破碎、破碎和极破碎。当缺乏试验数据时可按表 9-5 执行。

表 9-4　岩体完整程度划分

完整程度等级	完整	较完整	较破碎	破碎	极破碎
完整性系数	>0.75	0.75 ~ 0.55	0.55 ~ 0.35	0.35 ~ 0.15	<0.15

表 9-5　岩体完整程度划分（缺乏试验数据）

名　称	结构面组数	控制性结构面平均间距/m	代表性结构类型
完整	1 ~ 2	>1.0	整状结构
较完整	2 ~ 3	0.4 ~ 1.0	块状结构
较破碎	>3	0.2 ~ 0.4	镶嵌状结构
破碎	>3	<0.2	碎裂状结构
极破碎	无序	—	散体状结构

9.3.2 破碎岩体的地基承载力

破碎岩体的地基承载力计算方法与土力学中的计算方法类似，即在基底下岩体中划分主

动和被动楔形体，而后进行极限平衡分析。需要注意的是，如果不存在由结构面形成的优势滑动面，那么计算过程中采用的抗剪强度参数即为破碎岩体的强度参数，如果存在由结构面形成的优势滑动面，那么计算中就应该采用该结构面的强度参数。

如图 9-9 所示，可以将地基下岩体划分为主动区 A 和被动区 B 进行极限平衡分析，假定基础在纵向是无限延伸的，并且忽略两个区岩石本身的重量。此时两个区的受力条件类似于三轴试验条件下的岩石试件。对于主动区 A，其大主应力为基底压力 q，小主应力为水平方向上由被动区 B 所提供的约束力；对于被动区 B，其大主应力为水平方向上由主动区 A 提供的推力，当基础位于地面以上且被动区 B 上无荷载作用时，其小主应力为零，当基础有一定埋深时，则其小主应力等于基底以上岩石的自身重力 q_s。下面首先分析基础位于地面以上且无荷载作用（$q_s=0$）的情况。

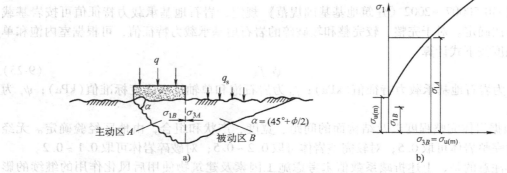

图 9-9　破碎岩石地基楔形滑动示意图

在一定的上部建筑物荷载作用下，如果图 9-9 中两个滑动面上的切应力同时达到其抗剪强度，那么此时地基岩体处于极限平衡状态，此时作用的荷载即为极限荷载，其基底压力即为极限承载力。由上面分析可知，A 区的小主应力 σ_{3A} 与 B 区的大主应力 σ_{1B} 是一对作用力和反作用力，即其大小相等、方向相反，即 A 区的大主应力是由 B 区抵抗受压所提供的，其大小应为岩体的单轴抗压强度。由第 3 章可知，岩体在三向受压状态下的强度可以由 Hoek-Brown 强度准则确定，那么破碎岩体的三轴强度可以表示为

$$\sigma_1 = (m\sigma_{u(r)}\sigma_3 + s\sigma_{u(r)}^2)^{1/2} + \sigma_3 \tag{9-26}$$

式中，m、s 为与岩石类型和岩体破碎程度相关的常量；$\sigma_{u(r)}$ 为完整岩石（Intact Rock）的单轴抗压强度；σ_1、σ_3 为最大、最小主应力。

式（9-26）可以用来计算作用在主动区 A 上的最大主应力，即极限地基承载力，但是首先应该求出其最小主应力，数值上应该等于被动区 B 的单轴抗压强度。B 区的单轴抗压强度同样地可以由式（9-26）计算，只需令 $\sigma_3=0$，则其单轴抗压强度为

$$\sigma_{u(m)} = (s\sigma_{u(r)}^2)^{1/2} = s^{1/2}\sigma_{u(r)} \tag{9-27}$$

再将式（9-23）作为 σ_3 代回式（9-26）中，就得到 A 区的最大主应力，即地基极限承载力为

$$\sigma_{1A} = (m\sigma_{u(r)}\sigma_{u(m)} + s\sigma_{u(r)}^2)^{1/2} + \sigma_{u(m)} = s^{1/2}\sigma_{u(r)}[1 + (ms^{-1/2} + 1)^{1/2}] \tag{9-28}$$

根据主动区 A 上的最大主应力和最小主应力之间的关系，可以绘制出图 7-9 所示的曲线。由曲线可以看出，两者之间存在着非线性关系，小主应力（即围压）的小量增加可以使

极限地基承载力得到很大的提高。

通过以上计算得到的是地基的极限承载力，引入安全系数的概念就可以得到岩石地基的允许承载力

$$q_{a} = \frac{C_{f1}s^{1/2}\sigma_{u(r)}[1 + (ms^{-1/2} + 1)^{1/2}]}{F} \tag{9-29}$$

式中，C_{f1} 为考虑基础形状因素的修正系数；F 为安全系数，在大多数荷载条件下，其值为 $2 \sim 3$，这样取值可以保证地基沉降不会影响到建筑物的安全和正常使用，对于恒载加最大活载的组合情形，可以考虑取安全系数为 3，当组合中包括风荷载和地震荷载时，取安全系数为 2。

需要注意的是，在上述计算过程中涉及完整岩石和破碎岩体单轴抗压强度两个不同概念，区分它们是很重要的。完整岩石的单轴抗压强度是由岩芯实验得出的，而岩体的单轴强度是利用完整岩石的强度并结合破碎程度等因素计算得出的，反应岩体破碎程度的参数为 m 和 s。

9.3.3 具有深埋的基础

上面讨论的是基础位于地面以上且地面无荷载时岩石地基承载力的计算方法，当基础位于地面以下，即基础具有一定埋深，或者地面有荷载 q_s 作用时，就必须考虑基底以上岩体自重和地面荷载对被动楔形区 B 的约束作用（图9-9a）。分析 B 的应力条件，相当于竖向的最小主应力 $\sigma_{3B} = q_s$，因此通过修正式（9-29）即可得具有埋深基础下岩石地基的允许承载力

$$q_{a} = \frac{C_{f1}(m\sigma_{u(r)}\sigma'_{3} + s\sigma^2_{u(r)})^{1/2}}{F} \tag{9-30}$$

式中

$$\sigma'_{3} = (m\sigma_{u(r)}q_s + s\sigma^2_{u(r)})^{1/2} + q_s \tag{9-31}$$

9.3.4 承载力系数

对于较为完整的软弱岩体，可以利用 Bell 法计算地基的允许承载力。Bell 法的计算原理与上述方法相同，但是它考虑了主动滑动区的自重，同时也可以计算具有埋深或地面有荷载的情况。Bell 法的计算公式为

$$q_{a} = \frac{C_{f1}CN_{c} + C_{f2}\frac{B\gamma}{2}N_{\gamma} + \gamma D N_{q}}{F} \tag{9-32}$$

$$\left.\begin{array}{l} N_{c} = 2N_{\phi}^{1/2}(N_{\phi} + 1) \\ N_{\gamma} = N_{\phi}^{1/2}(N_{\phi}^{2} - 1) \\ N_{q} = N_{\phi}^{2} \end{array}\right\} \tag{9-33}$$

式中，B 为基础宽度；γ 为岩石重度；D 为基础埋深；C 为岩体内聚力；C_{f2}、C_{f1} 为考虑基础形状因素的修正系数；$N_{\phi} = \tan^2(45° + \phi/2)$；$N_{c}$、$N_{\gamma}$ 和 N_{q} 为承载力系数，其与岩体内摩擦角之间的关系如图 9-10 所示。

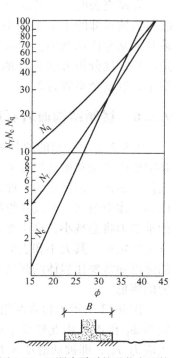

图 9-10 埋深为零时的承载力系数

需要指出的是，当基础置于地表（$q_s = 0$），且忽略滑动楔形体本身的重力时，式（9-32）可以简化为

$$q_a = \frac{C_{f1} C N_c}{F} \qquad (9\text{-}34)$$

9.3.5　边坡岩石地基

对于边坡上的岩石地基，考虑到一侧临空面的出现使得侧压力减小，必须修正承载力系数。对于坡角小于 $\phi/2$ 的边坡而言，地基上的允许荷载一般由其地基承载力和允许沉降控制；而对于坡角大于 $\phi/2$ 的边坡，一般由边坡的稳定条件控制地基上的允许荷载，因此很少需要验算其地基承载力。岩石边坡地基的允许地基承载力可以利用下式计算

$$q_a = \frac{C_{f1} C N_{cq} + C_{f2} \dfrac{\beta \gamma}{2} N_{rq}}{F} \qquad (9\text{-}35)$$

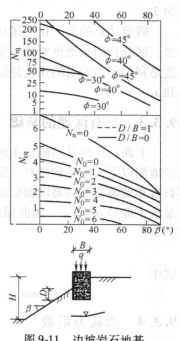

图 9-11　边坡岩石地基的承载力系数

式中，N_{cq} 和 N_{rq} 为由图 9-11 给定的承载力系数；系数 N_ϕ 由稳定数 N_0 确定，N_0 为

$$N_0 = \frac{\gamma H}{C} \qquad (9\text{-}36)$$

利用承载力系数计算地基允许承载力时，需要假定地基中的地下水位线位于基底以下至少一倍基础宽度，当地下水位线超过这个水平时，计算就必须考虑地下水的作用。

有研究表明，当基础位于边坡顶部，且基础底面外边缘线与边坡顶部的水平距离小于 6 倍基础宽度时，必须考虑折减其地基允许承载力。折减的方法主要是利用下节中介绍的边坡稳定性分析方法验算地基的稳定性，此时为了保证变形最小，取安全系数为 2～3。

9.3.6　缓倾结构面岩石地基的承载力

9.3.2 节中介绍的地基承载力计算方法采用的是类似土质地基中的分析方法，假定在地基中形成主动和被动楔形滑动体，并分析其受力条件。上述的滑动面是根据力学中双向受压条件下的破坏面确定的，即破坏面与大主应力面成 $(45° + \phi/2)$ 夹角，ϕ 为岩体的内摩擦角。而当岩体中包含一组或几组缓倾结构面时，有可能直接由结构面形成滑动楔形体，此时地基的承载力将会减小，这主要有两个方面的原因：第一，由于楔形滑动体的形状是由结构面的方位决定的，其大小和表面积将会受到限制，有可能使允许地基承载力减小；第二，结构面的强度通常要比岩体的强度小很多，这将使楔形滑动面的强度大大减小，导致允许地基承载力的降低。

图 9-12 所示为包含两组缓倾正交结构面的岩石地基，两组结构面与水平面成的夹角分别为 ϕ_1 和 ϕ_2，由此形成主动滑动区 A 和被动滑动区 B。水平作用在主动滑动区 A 上的最小主应力 σ_{3A}，即被动滑动区 B 上的最大主应力 σ_{1B} 可由下式计算

$$\sigma_{3A} = \sigma_{1B} = \left(\frac{\gamma B}{2\tan\phi_1}\right)N_{\phi2} + \left(\frac{C_2}{\tan\phi_2}\right)(N_{\phi2} - 1) \tag{9-37}$$

由此可以得到地基的允许承载力

$$q_a = \frac{\left[\sigma_{3A}N_{\phi1} + \left(\frac{C_1}{\tan\phi_1}\right)(N_{\phi1} - 1)\right]}{F} \tag{9-38}$$

式中，B 为基础宽度；C_1、C_2 为两组结构面的内聚力；ϕ_1、ϕ_2 为第一和第二组结构面的内摩擦角；$N_{\phi1} = \tan^2(45° + \phi_1/2)$；$N_{\phi2} = \tan^2(45° + \phi_2/2)$。

当基础位于地面以下，即基础具有一定埋深，或者地面有荷载 q_s 作用时，相当于被动楔形体受到了竖向的约束作用，因而使地基承载力大大得到提高。考虑 q_s 的影响进行楔形滑动体极限平衡分析，只需对式(9-37)进行修正，即

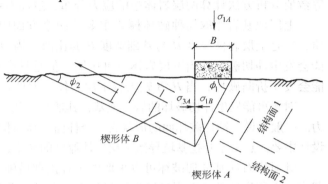

图 9-12 缓倾正交结构面岩石地基楔形滑动示意图

$$\sigma_{3A} = \sigma_{1B} = \left(q_s + \frac{\gamma B}{2\tan\phi_1}\right)N_{\phi2} + \left(\frac{C_2}{\tan\phi_2}\right)(N_{\phi2} - 1) \tag{9-39}$$

由此得到启发，可以通过设置岩石锚杆以提供被动楔形体竖向约束作用的方法来提高缓倾岩层地基的允许承载力。岩石锚杆的一端锚固到被动楔形体的下方稳定岩层中，另一端锚固到岩石表面，这相当于人为提供了 q_s 的作用。可以利用式(9-39)来计算为了得到一定允许地基承载力所需的锚固力。

9.3.7 双层岩石地基承载力

当地基岩体为双层分布，且上部岩体强度较高但厚度较薄，而下卧有较厚的软弱岩体时，其地基破坏主要有三种破坏模式：冲切破坏、折断破坏和弯曲破坏（图 9-13）。发生上述三种破坏的后果是很严重的，这是因为上层岩体发生的是极具突然性的脆性破坏，随之而来的是下层软弱岩体发生很大的沉降，这对上部建筑物极为不利，因此要尽量避免。Hoek 和 Londe 曾分析过一个工程实例的破坏，一幢高层建筑的基础置于 10m 厚的石灰岩层上，其岩体强度较高，其中一个上部荷载为 2 000 MN 的基础下岩层发生了冲切破

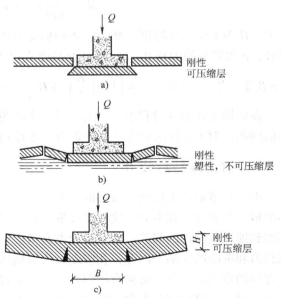

图 9-13 双层岩石地基破坏模式
a) 冲切破坏 b) 折断破坏 c) 弯曲破坏

坏。对于双层地基来说，另外还有可能发生过大的沉降或沉降差而使地基失效。

当上下层岩体的力学性能差异较大时，即上硬下软时，则上层岩体的变形模量要比下层岩体的大很多，因此上层岩体将承担绝大部分的基础荷载，地基的允许承载力主要取决于上层岩体的强度。在设计初期，通常假定由上层岩体承担全部的基础荷载，这使计算结果偏于安全。而后如果可以得到较为精确的上下两层岩体的变形模量值，那么就可以利用有限元法等数值分析方法计算两层岩体中的应力分布，进而对设计进行修正。

上层地基岩体取何种破坏模式主要受两个方面因素的影响，一是上下层岩体的强度性质，二是上层岩体厚度 H 与基础宽度 B 的比值。当 H/B 较小且下层岩体压缩性较大时，可能会发生冲切破坏；当下层岩体不可压缩，但是具有明显塑性性质时，如黏土或软页岩，可能会发生折断破坏；当 H/B 较大且下层岩体压缩性较大时，可能会发生弯曲破坏。

对于可能发生冲切破坏的岩石地基，其地基承载力的确定主要是考虑上层岩体的抗冲切能力。一般来说，冲切破坏面的形状为一个柱面，其面积为基底周长与上层岩体厚度的乘积。在设计中要注意由于开挖基坑导致上层岩体厚度的减小，必须验算使其满足抗冲切的要求。

针对岩石地基冲切破坏可以采取的工程治理措施主要是对下层软弱岩体灌浆以提高其承载力。上层岩体的抗剪强度可以通过岩石直剪试验测定，也可以通过完整岩石的单轴抗拉和抗压强度建立莫尔强度包络线计算确定。

对于可能发生折断破坏和弯曲破坏的岩石地基，则主要是判断上层岩体下边缘的拉应力是否超过岩体的抗拉强度来保证地基的稳定。考虑基底为圆形的情况，假定基底下的上层岩体只受到周边的支承作用，忽略下层软弱岩体的支承作用，当基底半径为 $B/2$，中心有 Q 的集中力作用时，在上层岩体中形成的圆形受力区域中心下边缘的拉应力为

$$\sigma_t = \frac{6M}{H^2} \tag{9-40}$$

$$M = \frac{Q}{4\pi}\Big[(1 + \nu)\ln\Big(\frac{r}{r_0}\Big) + 1\Big] \tag{9-41}$$

式中，H 为上层岩体厚度；M 为岩体圆形受力区域中心的最大弯矩值；r 为圆形受力区域的半径；ν 为岩石的泊松比；r_0 取决于基础直径 B 与岩体厚度 H 之间的关系：当 $B > H$ 时，$r_0 = B/2$；当 $B < H$ 时，$r_0 = \Big[1.6\Big(\frac{B}{2}\Big)^2 + H^2\Big]^{1/2} - 0.675H$。

在应用上述公式过程中，还需注意一个问题，那就是上层岩体圆形受力区域的半径 r 的取值问题。对 r 进行的敏感性分析表明，随着 r 的增大，岩体中的拉应力也将不断增大。

9.3.8 岩溶地基承载力

由于岩溶地区工程地质条件的复杂性，其基础工程设计极具挑战性。在岩溶地区发生过不少地基失效的工程事故，这些事故发生的原因主要有两个方面，一是在工程选址阶段没有探察到地基范围内的洞穴，地基设计没有考虑洞穴的影响；二是没有充分考虑到洞穴对地基承载力和沉降的影响。因此，相应地，岩溶地区成功的基础工程设计应该充分考虑到上述两个方面的原因。首先，必须查清洞穴所在的位置，工程能避开的话尽量避开；其次，确实不能避开时，应该确定存在洞穴时岩溶地基的承载力，当承载力不足时，则采取一些有效的工程措施进行治理。

岩溶又称喀斯特（Karst），是可溶性岩层（石灰岩、白云岩、石膏、岩盐等）以被水溶解为主的化学溶蚀作用，并伴以机械作用而形成的沟槽、裂隙、洞穴、石芽、暗河，以及由于洞顶塌落而使地表产生陷穴等一系列现象和作用的总称。在化学溶蚀作用的早期，通常是在地下流水较为集中的节理和层理表面附近形成洞穴，而且此时形成的洞穴形状比较统一。但是随着溶蚀作用的发展，洞穴的尺寸、形状和位置将变得难以预测，因此在岩溶地区进行基础工程设计之前，必须具有该地区详细的工程地质勘察资料。

岩溶地基稳定性评价，是指通过勘察查明建筑场地的岩溶发育和分布特征，在此基础上合理地进行建筑场地选择。对古岩溶，现在不再发展和发育的岩溶，主要查明它的分布和规模，特别是上覆土层的结构特征。对于现在还继续作用和发育的岩溶，除应查明其分布和规模外，还应注意岩溶发育速度和趋势，以估价其对建筑物的影响。对于承载力不足的岩溶地基，可以采取一定的工程处理措施提高其地基承载力，具体措施主要有梁板跨越和换填两大类。当洞穴较小且周围岩体质量较好时，通常可以采用增大基础底面积和增强基础强度等措施跨越洞穴，此时计算中一般采用较为保守的地基承载力值。若采用独立基础存在较大偏心，并产生较大的不均匀沉降时，则可将若干个基础连接形成条形或筏形基础。图 9-14 给出了岩溶地基上的一系列梁板跨越式基础。

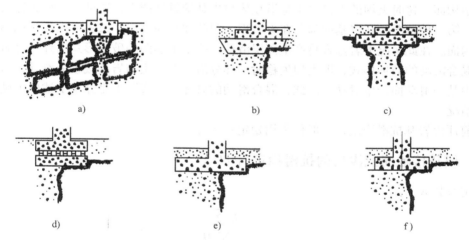

图 9-14　岩溶地基的治理措施

也可以利用换填法治理岩溶地基。对洞口较小的竖向洞穴，宜优先采用镶补加固、嵌塞等方法处理；对顶板不稳的浅埋溶洞，可清除覆土，爆开顶板，挖去洞内松软充填物，分层回填上细下粗的碎石滤水层。

还可以利用强夯法提高岩溶地基的承载力，这种方法主要适用于洞穴垂直高度有限的岩溶地基。Couch（1984 年）曾报道过这方面的工程实例，在岩溶地区的某地基工程中利用 15t 的重锤从 18m 的高处落下加固 8 ~ 10m 深度范围内的地基岩土体。

对于规模较大的洞穴，还可以利用桩基础进行处理。还需注意的是，地下水的作用会对岩溶地基的稳定性产生非常不利的影响。首先，渗流梯度的增大会加剧洞穴的扩大速率，这必然导致洞穴周围的岩体需要承受更大的外力，从而影响地基的稳定性；其次，地下水位的降低会增加岩体中的有效应力，形成已有洞穴上的附加荷载；再次，地下水的流动可能带走洞穴中的填充物或使之松动，降低岩溶地基的承载力。

9.4 岩基的抗滑稳定分析

当岩基受到有水平方向荷载作用后,由于岩体中存在节理及软弱夹层,因而增加了岩基滑动的可能。实践表明,坚硬岩基滑动破坏的形式不同于松软地基。前者的破坏往往受到岩体中的节理、裂隙、断层破碎带以及软弱结构面的空间方位及其相互间的组合形态的控制。由于岩基中天然岩体的强度,主要取决于岩体中各软弱结构面的分布情况及其组合形式,而不决定于个别岩石块体的极限强度。因此,在探讨坝基的强度与稳定性时首先应当查明岩基中的各种结构面与软弱夹层位置、方向、性质,以及它们在滑移过程中所起的作用。岩体经常被各种类型的地质结构面切割成不同形状与大小的块体(结构体)。为了正确判断岩基中这些结构体的稳定性,必须考虑结构体周围滑动面与结构面的产状、面积以及结构体体积和各个边界面上的受力情况。为此,研究岩基抗滑稳定是防止岩基破坏的重要课题之一。

根据过去岩基失事的经验以及室内模型试验的情况来看,大坝失稳形式主要有两种情况:第一种情况是岩基中的岩体强度远远大于坝体混凝土强度,同时岩体坚固完整且无显著的软弱结构面。这时大坝的失稳多半是沿坝体与岩基接触处产生,这种破坏形式称为表层滑动破坏。第二种情况是在岩基内部存在着节理、裂隙和软弱夹层,或者存在着其他不利于稳定的结构面。在此情况下岩基容易产生深层滑动。除了上述两种破坏形式之外,有时还会产生所谓混合滑动的破坏形式,即大坝失稳时一部分沿着混凝土与岩基接触面滑动,另一部则沿岩体中某一滑动面产生滑动。因此,混合滑动的破坏形式实际上是介于上述两种破坏形式之间的情况。

目前评价岩基抗滑稳定,一般仍采用稳定系数分析法。

9.4.1 坝基接触面或浅层的抗滑稳定(图 9-15)

稳定系数 K_s 为

$$K_s = \frac{f_0 \sum V}{\sum H} \tag{9-42}$$

式中,$\sum V$ 为垂直作用力之和,包括坝基水压力(扬压力);$\sum H$ 为水平作用力之和;f_0 为摩擦系数,在水工中,是将潮湿岩体的平面置于倾斜面上求得,一般为 $0.6 \sim 0.8$。

式(9-42)没有考虑坝基与岩面间的黏结力。而且由于基础与岩面的接触往往造成台阶状,并用砂浆与基础黏结。因而接触面上的抗剪强度 τ 可采用库仑方程 $\tau = \tau_0 + f_0\sigma$,则

$$K_s = \frac{\tau_0 A + f_0 \sum V}{\sum H} \tag{9-43}$$

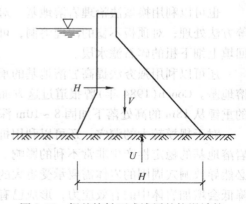

图 9-15 坝基接触面或浅层的抗滑计算

式中，σ 为正应力；τ_0 为接触面上的黏结力或混凝土与岩石间的黏结力；A 为底面积。

上述稳定系数分析法只是一个粗略的分析，以致采用稳定系数 K_s 选取较大的值。美国垦务局曾推荐的抗滑稳定方程式的库仑表示法，在坝工上采用稳定系数 $K_s = 4$，以作为最高水位、最大水压力与地震力的设计条件。

近年来在一些文献中，考虑到坝基切应力的变化幅度较大而将上式改写为

$$K_s = \frac{\tau_0 \gamma A + f_0 \sum V}{\sum H} \tag{9-44}$$

式中，$\gamma = \tau_m / \tau_{max}$，代表平均切应力与在下游坝址最大应力之比，一般采用 0.5。

9.4.2 岩基深层的抗滑稳定

（1）单斜滑移面倾向上游（图 9-16a）

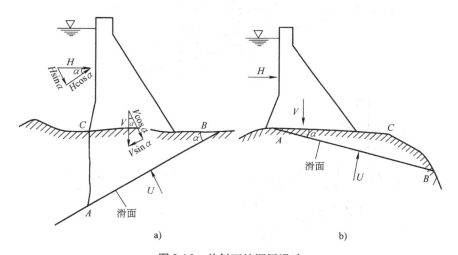

图 9-16　单斜面的深层滑动

a）滑面倾向上游　b）滑面倾向下游

$$K_s = \frac{f_0(V\cos\alpha - U - H\sin\alpha) + CL}{H\cos\alpha + V\sin\alpha} \tag{9-45}$$

当坝底扬压力 $U = 0$ 和内聚力 $C = 0$ 时，则

$$K_s = \frac{f_0(V\cos\alpha - H\sin\alpha)}{H\cos\alpha + V\sin\alpha} \tag{9-46}$$

（2）单斜滑移面倾向下游（图 9-16b）

$$K_s = \frac{f_0(V\cos\alpha - U + H\sin\alpha) + CL}{H\cos\alpha + V\sin\alpha} \tag{9-47}$$

（3）双斜滑移面（图 9-17）　在这种双斜滑移面形式下，计算抗滑稳定时将双斜滑移面所构成的楔体 $\triangle ABC$ 划分为两个楔体，即 $\triangle ABD$ 及 $\triangle BCD$。这时，$\triangle ABD$ 是属于单斜滑移面向下游的模型。为了抵抗其下滑，可用抗力 R 将其支撑。而 $\triangle BCD$ 则属于滑移面倾向下游的模型。它受到楔体 $\triangle ABD$ 向下滑移的推力，即 R 的推力。按照力的平衡原理，可求出 $\triangle ABD$ 的抗力 R 为

$$R = \frac{H(\cos\alpha + f_1\sin\alpha) + (V + V_1)(\sin\alpha + f_1\cos\alpha)}{\cos(\phi - \alpha) - f_1\sin(\phi - \alpha)} \tag{9-48}$$

$\triangle ABD$ 楔体抗滑稳定的稳定系数 K_s 为

$$K_s = \frac{f_2[R\sin(\phi + \beta) + V_2\cos\beta]}{R\cos(\phi + \beta) - V_2\sin\beta} \tag{9-49}$$

式中，f_1、f_2 为 AB 及 BC 滑面上的摩擦系数；ϕ 为岩石的内摩擦角。

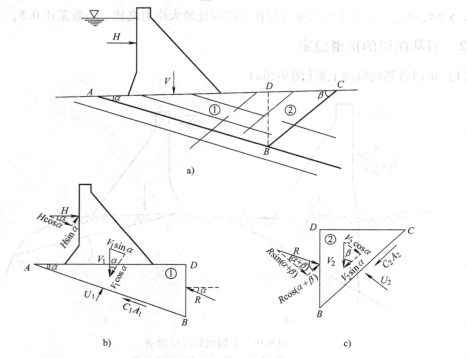

图 9-17　双斜面的深层滑动

9.5　岩基的加固

建（构）筑物的地基，长期埋藏于地下，在整个地质历史中，它遭受了地壳变动的影响，使岩体存在着褶皱、破裂和折断等现象，直接影响到建（构）筑物地基的选用。对于要求高的建（构）筑物来说，首先在选址时就应该尽量避开构造破碎带、断层、软弱夹层、节理裂隙密集带、溶洞发育等地段，将建（构）筑物选在最良好的岩基上。但实际上，任何地区都难找到十分完美的地质条件，多少存在着这样或那样的缺陷。因此，一般的岩基都需要有一定的人工处理，方能确保建（构）筑物的安全。

处理过的岩基应该达到如下的要求：

1）地基的岩体应具有均一的弹性模量和足够的抗压强度。尽量减少建（构）筑物修建后的绝对沉降量。要注意减少地基各部位间出现的拉应力和应力集中现象，使建筑物不致遭受倾覆、滑动和断裂等威胁。

2）建（构）筑物的基础与地基之间要保证结合紧密，有足够的抗剪强度，使建（构）筑物不致因承受水压力、土压力、地震力或其他推力，沿着某些抗剪强度低的软弱结构面滑动。

3）如为坝基，则要求有足够的抗渗能力，使库体蓄水后不致产生大量渗漏，避免增高坝基扬压力和恶化地质条件，导致坝基不稳。

为了达到上述的要求，一般采用如下处理方法：

1）当岩基内有断层或软弱带或局部破碎带时，则需将破碎或软弱部分，采用挖、掏、填（回填混凝土）的处理。

2）改善岩基的强度和变形，进行固结灌浆以加强岩体的整体性，提高岩基的承载能力，达到防止或减少不均匀沉降的目的。固结灌浆是处理岩基表层裂隙的最好方法，它可使基岩的整体弹性模量提高1~2倍，对加固岩基有显著的作用。

3）增加基础开挖深度或采用锚杆与插筋等方法提高岩体的力学强度。

4）如为坝基，由于蓄水后会造成坝底扬压力和坝基渗漏，为此，需在坝基上游灌浆，做一道密实的防渗帷幕，并在帷幕上加设排水孔或排水廊道使坝基的渗漏量减少，扬压力降低，排除管涌等现象。帷幕灌浆一般采用水泥浆或黏土浆，有时也用热沥青。

5）开挖和回填是处理岩基的最常用方法，对断层破碎带、软弱夹层、带状风化等较为有效。若其位于表层，一般采用明挖，局部的用槽挖或洞挖等，务必使基础位于比较完整的坚硬岩体上。如遇破碎带不宽的小断层，可采用"搭桥"的方法，以跨过破碎带。对一般张开裂隙的处理，可沿裂隙凿成宽缝，用键槽回填混凝土。

复习思考题

9-1 岩石地基工程有哪些特征？

9-2 岩石地基设计应满足哪些原则？

9-3 岩石地基上常用的基础形式有哪几种？地基破坏模式有哪些？

9-4 确定岩石地基中应力分布的意义是什么？

9-5 根据完整岩石和结构面的性质，可以将岩石地基的沉降分为哪三种类型？

9-6 岩石地基承载力的确定应考虑哪些因素？主要有哪几种方法？

9-7 岩石地基加固常用的方法有哪些？

第10章 岩石力学新理论与新方法

岩石作为一种经历并隐含了复杂的应力、变形及损伤历史的地质体，其在构造上呈现出高度的各向异性、非均质性和非连续性，在力学性能上表现出强烈的非线性、非弹性和黏性。岩石的变形与强度特性不仅依赖于当前的应力与变形状态，而且与应力历史、加载速率、含水量以及赋存状态等因素密切相关。因此，岩石力学研究的对象——岩石(体)大多具有高度的不确定性与非线性，并受到地质构造、地应力、水、温度、压力、开挖施工乃至水化学腐蚀的影响。

目前，在岩石力学研究中主要采用的是以连续介质力学为基础的确定性研究方法。这种一对一的映射研究方法，使得岩石力学模型越来越复杂，在一定程度上影响了有关的实际应用。当前，随着现代数学、力学和计算机科学的迅速发展以及岩土工程实践的需要，许多学科已渗透到岩石力学领域，新兴的科学理论如分形几何、分叉、混沌、突变理论、协同论等应用于岩石力学，并不断开创出新的研究领域，大大推动了岩石力学的发展。人工智能、神经网络、进化计算、非确定性数学、非线性力学、系统科学等新兴学科的兴起，为我们提供了全新的思维方式和研究方法，为突破岩石力学的确定性研究方法的局限提供了强有力的理论基础。

限于篇幅，本章将简要介绍智能岩石力学、细观岩石力学、卸荷岩石力学。

10.1 智能岩石力学

10.1.1 智能岩石力学的由来

众所周知，许多岩石力学问题都是可用的数据十分有限，问题的特征和内在规律有些或多或少的清楚，有些根本无法弄清楚。这两个方面的问题已成为岩石力学数值模拟的瓶颈问题。此外，由于地质数据和岩体性能中存在不确定性，模型(本构关系、判据)和力学参数的选取、模型结果的解释等本身需要人的判断和模型使用者的经验，因此很难给建模者提供设计需要的一个完善的数据集。所以，即使是做了大量的计算之后，许多工程的决策仍然依赖于工程师的经验。因此，发展新的、更有效的、快速的岩体力学理论是当务之急。

为了突破"数据有限"和"变形破坏机理理解不清"的瓶颈，研究者在智能科学和系统科学理论的基础上，提出了智能岩石力学。

10.1.2 智能岩石力学及其特征

1. 智能岩石力学及其研究方法

智能岩石力学是应用人工智能的思想，研究智能化的力学分析与计算模型，研制具有感知、推理学习、联想、决策等思维活动的计算机综合集成智能系统，解决人类专家才能处理的岩石力学问题。

智能岩石力学是将人工智能、专家系统、神经网络、模糊数学、非线性科学和系统科学的思想与岩石力学交叉和综合而发展起来的一种新的学科分支，因此，它是一个多学科交叉的综合体系。

智能岩石力学的研究方法采用自学习、非线性动态处理、演化识别、分布式表达等非一对一的映射研究方法以及多方法的综合集成研究模式，是建立节理岩体真实特征的新型分析理论和方法，是涉及人工智能、非线性科学、系统科学、力学、地学与工程科学的交叉综合研究方法。这种方法可从积累的实例中学习挖掘出有用的知识，非线性动态处理可使认识通过不断的实践来接近实际，演化识别可以在事先无法假定问题精确关系的情况下找到合理的模型，分布式表达使得寻找和表达多对多的非线性映射关系成为可能。

2. 智能岩石力学与经典岩石力学的区别与联系

智能岩石力学作为一个新的学科分支，它不仅需要继承以往的岩石力学学科的各种先进成果，而且要在吸收新兴学科知识和思维方式基础上，发展岩石力学学科。智能岩石力学与经典岩石力学之间既有广泛的联系，又有较深刻的区别(见表10-1)。

表10-1　智能岩石力学与经典岩石力学的比较

比较项目	经典岩石力学	智能岩石力学
学科建立的基础	弹粘塑性力学为主	人工智能、神经网络、遗传算法、进化计算、非确定性数学、非线性力学、系统科学、系统工程地质学、岩石力学的交叉、融合，以解决复杂的岩石工程中的力学问题
知识的表达方式	数学、力学模型	规则、语义网络、框架、神经网络、数学和力学模型等的嵌入式综合表达。它可以对多样的数据、信息和知识(定性的、定量的；确定性的、不确定性的；显式的、隐式的；线性的、非线性的)进行多方位的描述与充分的表达
对力学过程和特征的认识	借用弹粘塑模型、在特定条件下进行简化与假设	自学习。对实验和现场实测获得的数据进行自学习，确定岩体的本构关系和各种参数之间的非线性关系。这种自学习过程是自适应的，可以根据地质、环境和工程条件的变化，而不必做出任何假设。新的实例和数据的积累可以改善模型的精度
问题的求解方法	基于力学和数学模型的计算，以确定性求解方法为主，"破坏机理的理解不清"已成为理论分析和数值模拟的瓶颈问题	确定性推理、不确定性推理、数值计算与理论分析的综合集成。求解策略是多方位的、多路径的，一种方法难以求解的转化为另一种方法去求解，以进一步提高结论的确定性
模拟不同载荷(开挖过程、爆破、采矿等)和环境的自适应性	使用的输入参数和模型随载荷(开挖过程、爆破、采矿等)和环境的变化能力差	具有自学习功能，使用的输入参数和模型自适应载荷(开挖过程、爆破、采矿等)和环境的变化能力强
有限数据的推广能力	"有限数据"已成为瓶颈问题	较强(从容易获得的数据入手，研究从中提取含有本质的信息，从有限的数据进行推广的新方法，以解决数据有限的问题)
综合考虑地质、工程和环境因素的能力	较差	可以综合考虑地质、工程和环境因素，定性定量的描述都可以作为输入，而且变量个数没有限制
思维方式	以正向思维为主	正向思维、逆向思维、全方位思维、系统思维、不确定思维、反馈思维等的综合

10.1.3　智能岩石力学的主要研究思路和内容

　　智能岩石力学研究概括起来包括基本理论研究、基础技术、算法和工具的研究、与岩石工程相结合的研究。

　　（1）**基本理论研究**　基本理论研究方面主要探讨面向岩石力学与工程问题的专家系统模型、神经网络模型、非线性科学方法、非线性系统力学方法、系统工程地质方法、开挖动态力学方法、岩体本构模型识别的自适应方法、有限数据的推广方法、定性到定量的综合集成方法等。

　　（2）**基础技术研究**　基础技术方面是根据理论研究的成果构造出的算法，开发出相应的集成智能软件与工具，如神经网络材料模型、有限元软件、智能位移反分析工具、集成的智能化的数值分析工具等。

　　（3）**智能岩石工程学研究**　工程应用是要探讨如何将理论研究成果和开发的工具与具体的岩石工程问题结合的问题，例如，如何进行岩石工程的稳定性分析、开挖过程的优化、岩爆与地质灾害的预测与智能识别和自适应控制等。智能岩石工程学研究涉及的领域众多，如计算岩石力学，渗流岩石力学，岩石破裂过程，岩爆、地震工程，石油、地热工程，边坡、隧道、采矿工程，核废料工程等。

10.1.4　智能岩石力学的研究现状

　　智能岩石力学的提出最早受人工智能专家系统解决经验问题的优越性的影响，岩石分类专家系统的建立极大地推动了基于经验知识推理方法的应用，一些岩石力学问题的神经网络模型的出现又展示了自学习、非线性动态处理与分布式表达方法的强大生命力。这些研究启发冯夏庭教授进行了深入的思考，并开展了卓有成效的研究工作。20世纪90年代以来的国际岩石力学学会大会以及各大洲的岩石力学大会都将其列为重要研究领域进行研讨。一些大型研究计划，如我国国家自然科学基金及一些西方国家的研究计划等，也都将其列为重点课题予以支持，从而使智能岩石力学的学术思想不断深化，新的模型和方法不断涌现，研究队伍不断壮大，一些确定性分析方法无法解决的问题也得到了很好的解决。现在，该学术思想已渗透到岩石力学与工程的许多方面，取得了一系列重要进展，冯夏庭在《智能岩石力学导论》一书中，对智能岩石力学的理论和方法进行了阶段性的系统总结。

　　这些进展包括：建立了适用于围岩分类、隧道（巷道）支护设计、边坡破坏模式识别与安全性估计、采场稳定性估计的专家系统；提出了基于范例推理（Case-based Reasoning）的边坡稳定性评价方法；提出了一种新的数据挖掘方法，能从洞室围岩稳定性的实例数据中挖掘出知识，并将提到的关联规则输入到专家系统，进行不确定性推理，对地下洞室围岩的稳定性进行合理的判别。

　　发现边坡、隧道、巷道的位移时间序列、岩石破裂过程的声发射事件序列和煤矿顶板来压序列等构成的非线性动力学系统，都可用 $X_{n+p+1} = NN(n, h_1, h_2, 1)(X_{1+p}, X_{2+p}, \cdots, X_{n+p})$ 进行合理的描述。其中 X_{n+p+1} 为当前时刻的信息，$(X_{1+p}, X_{2+p}, \cdots, X_{n+p})$ 为其先前 n 个时刻的信息。用该模型对三峡工程永久船闸高边坡的变形进行了准确的估计。

　　鉴于许多复杂条件下岩石本构模型的结构很难事前准确地给定，提出了基于神经网络学习和分布式表达的识别新方法

$$NN:R^{n} \rightarrow R^{m}, \Delta\sigma_{j} = NN(\Delta\varepsilon_{j}, \sigma_{j-1}, \varepsilon_{j-1}, \cdots, \sigma_{j-k}, \varepsilon_{j-k})$$

以及基于遗传规划、数值分析、遗传算法耦合识别的新方法。并用该方法得到了砂岩、硅藻软岩本构模型和边坡安全分析模型。

为解决岩石力学参数反演的多参数组合带来的解的不唯一性问题，提出了基于神经网络-数值分析-遗传算法的全局优化反演新方法和基于支持向量机-数值分析-遗传算法的全局优化反演新方法。应用该方法成功地反演了三峡工程永久船闸区的弱风化区、完整的微新花岗岩区以及由于施工扰动而在坡体内形成的卸荷变形区和损伤松动区的弹性模量及两个地应力回归公式中的常数项。

大型洞室群、采场的开挖，实际上是一个能量积聚、转移和耗散的过程，不同开挖顺序会使能量的耗散不同，直接导致工程最终的稳定性状态不同。因此，需要对开挖、加固的顺序等进行优化。针对这一问题，提出了动态规划方法、进化有限元方法和并行进化神经网络有限元方法。前者寻找的是开挖顺序的分级优化，即从几种可能的开挖步中选择一个最好的作为下一步开挖，逐级选优。用该方法对拉西瓦、广蓄、十三陵、小浪底、三峡等电站的洞群稳定和施工顺序作了优化分析。后两种方法是寻找整个开挖过程（路径）的优化，即从可能的开挖路径中选择最佳的开挖路径。用该方法对水布垭水利枢纽地下厂房的软岩置换顺序进行了优化。将多种分析方法进行综合集成，建立一些综合集成智能分析模型和系统。这些新型分析方法的提出和应用显示出智能岩石力学在解决复杂岩石力学问题中有强大的生命力。

10.1.5 智能岩石力学的未来发展趋势

鉴于强地震、高温、高压、强渗透压、化学腐蚀及其耦合对岩石力学问题的影响越来越复杂，智能岩石力学的发展，是要提出能高效地分析与识别这些极复杂环境下岩石力学行为的具有智能特征的数值方法、全耦合的智能模型和智能数值方法（如智能温度、水力、力学、化学耦合模型和分析方法），以及具有极强智能特征的非一对一映射的分析方法、多种方法的综合集成系统和模型、研究岩石损伤局部化过程的大规模精细仿真方法、多尺度岩石破坏过程的信息分形自相似性以及由小尺度信息预测大尺度信息的分形重构方法。

基于 Internet 的方法可能是未来将要发展的一种方法。这里要研究的是全球范围内 Internet 的分布式信息获取、动态及时处理方法，基于 Internet 的分布式计算模型等。建立全球范围科学家进行有效合作研究的 Internet 模型和遥控实验系统，开发虚拟实验设备，使得异地的科研人员能像本实验室人员一样，可以实时地观察整个实验过程并得到结果。

10.2 细观岩石力学

10.2.1 基本概念

岩石（体）力学研究的基本问题是岩石（体）的变形性和抗破坏性，而岩石（体）的破坏规律的研究一直是岩石（体）力学研究的难点。强度理论的本质就是岩石破坏理论。解决岩石强度理论问题的关键是查清岩石破坏过程。在岩体的稳定性分析中，研究岩体的破坏过程是预报岩体的失稳破坏，选择最佳围岩支护时间的最基本的工作之一。例如，岩体破坏的初始破裂常被用作预报岩体破坏的关键性指标。目前，在坑道岩爆的预报中，常采用微地震的监测预报技术，而其基本的理论依据就是岩石破坏前，其内部会产生大量的微裂纹，并以弹性波的形式向外释放能量。地下工程开挖的新奥法施工的关键技术之一，是监测围岩的变形以确定围岩支护时间。这些技术都是建立在岩体破坏过程的研究基础之上的，因此，岩体破坏过程的研究是分析岩体稳定性问题的重要的基础研究。

细观是介于宏观和微观之间的一个尺度概念。对于研究岩石的破裂而言，可以把野外岩位中普遍发育的、直接影响岩体力学特性的、大于毫米级别的裂隙、节理、断层等划定为宏观尺度；把发育在岩石结构中、直接影响岩石力学性质的，毫米 – 微米级别的裂纹划定为细观尺度；把发育在岩石中矿物晶体内部，一般对岩石的宏观力学性质没有直接影响的微裂纹、位错等划定为微观尺度。

细观岩石力学是研究细观尺度上岩石破裂演化过程及破坏规律的科学。

10.2.2　细观岩石力学的研究方法

细观岩石力学的研究取决于岩石力学试验过程的测量技术。目前，细观岩石力学问题从理论和实验两方面同时展开研究。

在我国，随着试验设备和手段的提高，岩石力学的试验水平有了较大的发展。特别是常规的岩石力学试验发展很快，如单轴拉伸压缩试验、三轴压缩试验、岩体抗剪试验、岩石流变试验、断裂试验等。近年来，随着一批重大岩石工程建设的需要，对岩石力学特性试验提出了更高的要求，进行了若干非常规的岩石力学特性试验研究。例如，利用高倍扫描电镜对岩石的细观时效损伤特性所进行的细观试验分析、岩石损伤力学特性的 CT 试验、岩石声发射试验、膨胀岩的膨胀试验，复杂应力条件下岩石在开挖卸荷条件下的多轴卸荷破坏试验等。

1. 光学显微镜观测方法

光学显微镜是观测岩石中裂纹状况的最普通的工具之一。用光学显微镜研究岩石破裂过程中的微构造变化。其优点是技术简单易行，成像直观，可以在较大范围内观察和统计裂纹的发育，特别是微构造的定量测量技术和精度。迄今为止，还没有被其他技术代替，这可能是光学显微镜观测仍然得到运用的原因。

然而，光学显微镜法还存在难以克服的技术难题。其一，试样经过切片、磨制、粘胶等加工环节，会引起原有裂纹扩大，甚至新产生一些加工裂纹，这大大降低了观测的可靠度。其二，切片的部位不一定是裂纹发育的主导部位，其观测结果很大程度上是试样变形的平均结果，而不完全是裂纹扩展的结果。其三，对不同的试样都需要区分三种裂纹，原有裂纹、新产生的或在原有基础上已经扩展的裂纹和加工造成的裂纹，这在技术上是难点。其四，岩样经过卸载、原有裂纹会发生变化。因此，光学显微镜的观测结果是不完全的。

2. 电子显微镜观测方法

用于岩石细观观测研究的电子显微镜有透射电子显微镜和扫描电子显微镜（SEM）两种。实验研究证明，扫描电子显微镜在岩石细观观测时更有效。扫描电子显微镜的工作原理是：电子枪发射的电子束打到被测物体表面后。激发出各种成像物理信号，如二次电子信号。由于其信号强弱与被测物体表面的物质成分及表面形貌变化有密切关系。因此，由检测器及成像电路对这种信号进行检测、处理后即可得到物体表面形貌的直观放大图像，故 SEM 获得的是被测物体表面形貌的三维立体图像。这对研究岩石的微构造特征是十分有用的。

20 世纪 80 年代来，利用具有大样品室和加载台的 SEM 进行岩石细观破坏过程的实时连续观测，是细观观测技术的最新发展。这种方法是：将岩石直接加工成可被 SEM 容纳的微试样，经过烘干镀金处理后置于 SEM 加载台上。在对岩样加载的同时，观测记录岩石中破坏的产生、发展。显然，这种方法从根本上改变了以往研究中岩样不单一，加载观测不连续的弊端，它比已有的研究方法跨了一大步。但是这一技术还处在起步阶段，其微试样制作、处理、观测的原理和技术等都极不完善，实验的广泛性远远不足以总结出令人信服的结论。比较重大的缺陷之一是微试样体积太小，最大试样尺寸一般为 10mm×20mm×30mm；其次是只能观测到试样表面的岩石细观破坏过程，使观测结果的代表性大打折扣。

3. 声发射方法

20 世纪 40 年代以来，声发射（Acoustic Emission，AE）技术广泛应用于采矿工业、地质勘探和材料与岩石力学实验等多种领域。20 世纪 60 年代在岩石力学实验中开始对 AE 研究至今，学者们尝试着改进定位算法。从最早的双通道线定位、四通道面定位，到线性最小二乘法和盖戈（Geiger）方法的拟合多通道三向定位，以及各种地震定位方法的引入，都在不断改进定位思路。然而，每一次定位研究的进展，都源自于新定位思路中对一些误差因素的考虑，如最小二乘法较之线定位，考虑了如何利用多采集通道提高定位精度；地震学中联合反演思路的引用，又考虑了实验过程中波速场的复杂性。但 80 年代以来，一些定位方法缺乏对实验过程中波速场的变化、多采集通道的有效利用及数学模型的多解性的考虑，使得定位研究发展缓慢，停滞在一定的统计精度上。

声发射方法是一种间接的动态观测方法。岩石或其他固体材料在应力作用下发生变形时，其内部将产生微破裂活动，微破裂在产生、扩展、闭合以及贯通过程中，会有超声波发射，称为声发射。由于微破裂很难直接动态观测，声发射方法便成了研究岩石变形过程中微破裂动态过程的有效工具。另外，由于声发射活动与地震活动具有内在联系，因此，声发射方法又是研究地震孕育发展的手段之一。

对声发射方法探测岩石细观破坏来说，最大缺陷在于难于将细观破坏定量化。但是作为岩石微裂纹成核及扩展方向的预报手段，监视岩石破坏的发生及地震预报具有重要价值。

4. 计算机断层成像观测方法

基于 X 射线的计算机断层成像技术（Computerized Tomography，CT）在岩石细观破坏观测领域取得了巨大成功。该方法基本过程是：将岩石试样致损到一定程度后放入 CT 扫描空间，通过 X 射线的 CT 方法给出岩石试样任意断面的 CT 图像。CT 图像的灰度是岩样响应部位物理密度的函数，因此通过 CT 图像灰度的变化可以观测岩石试样的微裂纹分布状态。基于与 CT 设备配套的三轴加载装置配合，可以实现对岩石试样损伤过程的动态观测，即根据 CT 图像可以观测到岩石试样中微裂纹成核、扩展、闭合、分岔、贯通等细观损伤活动的全过程。

CT 图像的分辨率一般为 0.35mm×0.35mm，低于光学显微镜的分辨率，不能观测到岩石中矿物颗粒相互作用和破坏过程，而可以定性和定量观察岩石内部微裂纹的形态、运动及演化规律。

总的来说，CT 方法的优点在于可以无损地观察到岩石内部变化，实现实时观测，CT 图像的分辨率可以满足岩石细观力学分析所需要的精度。

10.2.3 基于 CT 的细观岩石力学研究方法

1. 概述

1895 年，德国人伦琴在试验阴极射线管时发现了 X 射线。三天以后，伦琴的夫人偶然看到了手的 X 射线造影，从此开创了用 X 射线进行医学诊断的放射学——X 射线摄影术，也开创了工程技术与医学相结合的新纪元。

计算机断层成像技术有效地排除了无关截面对图像的干扰，彻底解决了影像重叠问题。这是因为投影数据 100% 地只依赖于成像断面内物体对 X 射线的线吸收系数，丝毫不涉及其他截面的情况。另外，由于使用了计算机，可以将感兴趣区域的某些细微的组织特性差别换成可分辨的 CRT 上的灰度差别，从而解决了其他传统手段无法解决的密度分辨率低的矛盾，大大提高了对软组织的分辨能力。

1972 年在英国放射年会上报道了计算机横截面扫描技术，该技术迅速在医学诊断中发展并取得极大成功。20 世纪 80 年代初，CT 技术作为一种无损检测手段在工业领域获得广泛应用，80 年代末，已将 CT 技术用来观测岩石受力后内部裂纹的产生、演化及与宏观力学性质的联系。目前，CT 技术已发展到一个新的水平，可以给出材料受力后形成的位移场和变形场，采用三维显示技术给出岩石试件在任意应力状态下的内部裂纹的立体图像。

2. 密度损伤增量理论

CT 动态观测具有无损反映介质内部细观变化机制的优势。由于岩土介质受力变形时的密度在变化，介质不再稳定，同时岩土介质成分复杂（不是均一物质，每一种物质吸收 X 射线不同），介质的绝对密度难以测量。所以，运用基于灰度变化的 CT 图像分析方法和基于区域 CT 数均值变化反映密度变化的定量 CT 均值方法，来研究岩石的细观力学问题是一种非常近似的方法。解决这一问题的另一方法是避开测定岩土介质的绝对密度变化量，而通过测定岩土介质密度相对变化量来解决问题。

用 CT 机扫描物体获得的图像，图像内任意一个像素可用数值表示，这一数值就称为 CT 数，其值可表示为

$$H = a\mu + b \tag{10-1}$$

式中，a、b 为常数；μ 为 X 射线的线吸收系数，若假设岩石缺陷仅为空气充填，则有

$$\mu = \rho\mu^m = (1 - \alpha)\rho_r \mu_r^m + \alpha\rho_g \mu_g^m \tag{10-2}$$

式中，ρ_r、ρ_g 分别为一个体素（像素对应的岩石体元称为体素）内岩石基质材料和空气的密度；α 为该体素内各种缺陷（内部全部为空气充填）之和占单元整体体积的百分比，μ_r^m，μ_g^m 分别为该体素内岩石内基质材料和空气的质量吸收系数。

从式（10-1）和式（10-2）可推出

$$\mu = \rho_r \mu_r^m + \alpha(\rho_g \mu_g^m - \rho_r \mu_r^m) \tag{10-3}$$

$$\alpha = \frac{\mu - \rho_r \mu_r^m}{\rho_g \mu_g^m - \rho_r \mu_r^m} = \frac{H - H_r}{H_g - H_r} \tag{10-4}$$

式中，H_r、H_g 分别为该体素内岩石基质材料和空气的 CT 数，由于该体素内岩石整体密度（Bulk Density）（含岩石基质材料和空气）可表示为

$$\rho = (1 - \alpha)\rho_r + \alpha\rho_g \tag{10-5}$$

若忽略空气的密度（$\rho_g = 0$），则有

$$\rho = (1 - \alpha)\rho_r \tag{10-6}$$

定义空气的 CT 数 $H_g = -1000$，将其代入式(10-4)，后再代入式(10-6)得

$$\rho = \frac{1000 + H}{1000 + H_r}\rho_r \tag{10-7}$$

式(10-7)中含有两个未知量 ρ_r 和 H_r，难以获得 ρ 的绝对值。假定 ρ_r 与应力无关(岩石基质与孔隙等缺陷相比不可压密)，对应的 H_r 也与应力无关。岩石在受力时若体素内岩石整体有新缺陷产生或原有缺陷变化，ρ 会发生改变，相应 H 值也发生改变，而 ρ_r、H_r 始终不变。实验中由于岩石变形，体素的空间位置在随时改变，采用扫描定位和其他方法动态跟踪体素的密度变化。设 ρ_0、H_0 分别为初始应力状态下该体素内岩石的整体密度和 CT 数，ρ_i、H_i 分别为任意应力状态下该体素内岩石的整体密度和 CT 数，由式(10-7)得

$$\rho_0 = \frac{1000 + H_0}{1000 + H_r}\rho_r, \rho_i = \frac{1000 + H_i}{1000 + H_r}\rho_r \tag{10-8}$$

由式(10-8)可得

$$VD = \frac{\rho_i - \rho_0}{\rho_0} = \frac{H_i - H_0}{1000 + H_0} \tag{10-9}$$

密度损伤增量(VD)是指受力岩石在任意应力相对初始应力状态下的密度变化量，可用 CT 数来表示。岩石内部密度变化的本质是损伤，这样就可以把一个不可测的密度绝对量变成一个可测量的密度损伤增量。

10.3 卸荷岩石力学

10.3.1 基本概念

以往在岩体工程的力学分析中，普遍应用加荷的力学理论和方法，不加区别地应用于处于加荷条件下的岩体工程和卸荷条件下的岩体工程中。而许多工程实例却说明，现有加荷岩体力学的研究成果与工程实际观测资料有数量级的差距，并导致许多工程事故的发生。这主要是计算分析时采用的加荷力学数学模型与工程实际的卸荷力学条件不相吻合所致。不同类型的岩体工程具有不同性质的岩体力学动态条件，如地面工程中的岩石基础工程主要表现为加荷，而岩石地下工程和岩石边坡工程则表现为卸荷。在加荷和卸荷两种力学条件下，岩体所表现出的力学性质也是截然不同的，应分别采用相应的加荷、卸荷分析理论。只有这样，才能与工程实际力学状态相一致。

事实上，岩石/岩体在不同应力状态下，所展现出的力学特性是不同的。岩石加荷与卸荷的根本区别主要表现在以下几方面：

1) 应力应变路径不同。两种不同的受荷作用，对岩体施加的应力路径也不同，使得岩体破坏时的状态也不一样。

2) 屈服条件不同。不同的应力路径致使岩体的损伤过程与结果不同。

3) 力学参数不同。不同的力学状态，岩石/岩体对应的力学参数是不同的，加荷力学条件的分析应选用加荷的力学参数；卸荷的力学状态分析应选用相应的卸荷的力学参数。

4) 分析方法不同。由于岩体在加荷、卸荷状况下的路径不同、参数不同、破坏准则不

同，对岩体结构进行力学分析时，不同的力学状态应选用不同的分析方法。

尽管目前对岩石/围岩的变形与破坏的研究取得了一些可喜的成果，但因为均是"加荷条件下"的理论，无法满足工程实践的要求，而且理论本身存在概念上和逻辑上的缺陷和错误。用"加荷"的理论与概念解决具有"卸荷"性质的岩石地下工程实际问题，致使理论在工程实践应用也必然存在某些缺陷和错误。

10.3.2 卸荷岩石力学研究的主要进展

1）岩石的强度与应力路径是否有关，还是一个尚待研究的问题。有些学者通过试验研究认为：应力路径对岩石强度没有影响。而另一些学者通过试验研究发现：岩石强度与应力路径有关。

2）已有的研究证实了岩石加荷与卸荷的力学性质存在较大的区别。大量的、在不同加荷路径条件下的三轴试验研究表明：①在不同加荷路径条件下，岩石变形表现与常规试验有较大差异，而且还有着较明显的非线性特性；②无论是加荷还是卸荷，围压对岩样的轴向承载力都有较大影响，即岩样的强度对围压很敏感；③岩石的卸荷损伤演化破坏具有突发性，卸围压破坏导致的扩容比连续加荷破坏时大；④仅仅根据轴向蠕变变形规律确定的三维流变本构不能反映侧向的蠕变变形规律。

10.3.3 卸荷岩石力学研究存在的主要问题

卸荷岩石力学研究与加荷岩石力学研究一样，是一个大的系统工程。卸荷岩石力学作为新的研究领域，尽管在过去的研究中做了一定数量的物理和数值模拟研究，已经取得了重大的科研成果，在一些重大的技术问题上取得了较大的突破，并且在工程界岩体卸荷特性已逐步得到认识，但过去的研究都存在工程局限性和岩石类型的单一性，对卸荷力学特性仍然只是停留在初步认识上。总之，关于岩体的卸荷力学特性在很多方面远没有达到成熟的地步，在此领域尚存在许多问题有待于进一步的研究。

1. 在实验研究方面

1）现有的研究多局限于某种岩石和仿真岩体力学的实验方面，不仅实验数量有限，且不同的实验者获得的规律差异较大，所得到的成果还不能真实反映自然界非贯通裂隙岩体在开挖卸荷下的变形破坏机制。

2）在实验方法及试验材料仿真方面还存在很多不足。如目前岩体的准三轴试验和少量真三轴试验如何真实反映岩体应力的卸荷路径、模拟材料与真实岩体材料力学性质的相互关系、岩体力学显著的尺寸效应等方面都没有达到真正的模拟。

3）试验的控制方法通常是采用应力控制，而采用应变控制的岩体材料卸荷破坏试验比较少见。这与现场监测的资料不相适应。

4）缺乏对不同施工方式所对应的工程岩体不同卸荷条件（包括卸荷路径、卸荷速率与卸荷程度等）下的岩石力学试验研究。

5）研究卸荷速率、卸荷程度对岩体变形、破裂特征的影响的试验还不多见。

6）结构面的物理力学特征（包括结构面的方位、力学参数、联通率、组合方式等）对岩体卸荷力学状态下的变形破坏特征的影响还缺乏深入系统的研究。

2. 在理论研究方面

1）目前，卸荷力学特性在力学理论上仍然没有完整的力学分析方法，对岩体的卸荷力学特性大多还停留在定性的认识。对岩体卸荷力学的定义、岩体的卸荷全过程本构理论、破坏准则、岩体的损伤流变特性、岩体动态力学参数、卸荷岩体加固方法等方面仍然没有达到完善的理论高度。

2）缺乏对不同施工方式引起岩体卸荷破坏的理论分析，包括对应的本构关系、破坏进程的描述等。

3）对工程岩体卸荷破坏力学机理的揭示还不够明了。这不仅要应用常规的应力分析方法，而且要运用新兴的科学技术方法进行研究。

4）岩体卸荷物理仿真、数值计算方法等技术问题仍然没有完备。

3. 在工程应用方面

现已建立的理论和方法离工程应用还有相当的距离。在理论上缺乏对一些大型开挖工程岩体进行跟踪监测以及对监测结果的系统分析。因此，工程应用问题，在很大程度上还取决于深入、透彻的理论和实验研究。

10.3.4 卸荷条件下花岗岩力学特性试验研究

1. 卸荷试验方案

（1）试验条件 试验在 MTS815 Teststar 程控伺服岩石刚性试验机上进行，围压采用应力控制，轴压用位移控制。试件为三峡地下电站主厂房第Ⅲ开挖层中的闪云斜长花岗岩，取样桩号为 K00+100～K00+200。试件尺寸为 $\phi25mm\times50mm$。试件风干密度为 $2\,700kg/m^3$，常规三轴试验测得的弹性模量约为 79.74GPa，泊松比为 0.2。

（2）卸荷应力路径 试验应力路径如图 10-1 所示。

方案Ⅰ：升轴压降围压试验。

模拟地下洞室围岩开挖卸荷过程中切向应力（σ_1）增高，径向应力（σ_3）降低的应力调整。试验分为 4 个阶段：①首先按静水压力条件逐步施加 $\sigma_1=\sigma_3$ 至预定值；②稳定 σ_3，逐步增高 σ_1 至试件破坏前的某一应力状态，其 σ_1 的应力水平大致在比例极限附近；③按一定速率增高 σ_1 的同时逐渐降低 σ_3（σ_1 的升高速率大于 σ_3 的卸荷速率，$\Delta\sigma_1:\Delta\sigma_3=2:1$），此阶段非常关键，除了揭示岩石的卸载特性，还要顺利越过峰值进入软化阶段；④试件破坏后效应的测试。试件一旦破坏后即停止卸围压 σ_3，并保持不变，同时继续施加轴向应变，直至应力差 $\sigma_1-\sigma_3$ 不随轴向应变的增加而降低时结束试验。

方案Ⅱ：同时卸载轴压和围压。

方案Ⅰ所述 4 个阶段中，①、②阶段是模拟开挖岩体卸荷前的某一应力状态的形成，而④阶段是为了揭示试件破坏后效应，并测定岩石残余强度而进行的。方案Ⅱ中这几个阶段与方案Ⅰ完全相同，所不同的是③阶段，即卸载阶段。方案Ⅱ是同时卸载轴压和围压（σ_1 的卸荷速率小于 σ_3 的卸荷速率，$\Delta\sigma_1:\Delta\sigma_3=1:2$），即②阶段轴压增高至比例极限附近后，开始同时缓慢降低轴压与围压。破坏后进入④阶段。此

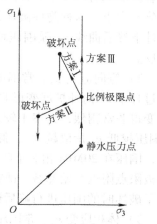

图 10-1 试验应力路径示意图

卸荷方案是为了模拟高边墙局部位置岩体开挖卸荷过程。

为了对比分析，同时还进行了常规三轴压缩试验，即方案Ⅲ。围压设计水平为5MPa、10MPa、20MPa、30MPa四个应力水平。每个方案在不同围压下试验3~4个试件：常规加载试验每一围压下试验3个，卸荷试验每个方案的每一围压下试验4个，共进行了44个岩样加卸载试验。试件编号规定：方案编号－围压－分组试件号，如1-5-1表示方案Ⅰ中围压为5MPa的1#试件。按前述三种试验方案，制作的试件分组编号见表10-2。

表10-2　试件分组

方　　案	围压/MPa	试件分组
Ⅰ	5	1－5－1，1－5－2，1－5－3，1－5－4
	10	1－10－1，1－10－2，1－10－3，1－10－4
	20	1－20－1，1－20－2，1－20－3，1－20－4
	30	1－30－1，1－30－2，1－30－3，1－30－4
Ⅱ	5	2－5－1，2－5－2，2－5－3，2－5－4
	10	2－10－1，2－10－2，2－10－3，2－10－4
	20	2－20－1，2－20－2，2－20－3，2－20－4
	30	2－30－1，2－30－2，2－30－3，2－30－4
Ⅲ	5	1－5－1，1－5－2，1－5－3
	10	1－10－1，1－10－2，1－10－3
	20	1－20－1，1－20－2，1－20－3
	30	1－30－1，1－30－2，1－30－3

2. 变形特征

图10-2给出了三种方案不同初始围压下岩石典型的应力－应变全过程曲线，其中体积应变$\varepsilon_v = \Delta V/V$。由应力－应变曲线分析，可以得出：

1）轴向应变ε_1。在加载试验中随围压的增大，峰值轴向应变逐渐增大，延性特征较为明显。卸荷方案Ⅰ较加载条件下相应围压时的峰值轴向应变有所减小，特别是在围压较大时，卸荷过程中ε_1变化很小，甚至出现回弹，脆性特征较强。卸荷方案Ⅱ较方案Ⅰ中相应围压时的峰值轴向应变更小，在围压较大时，卸荷过程中ε_1回弹变形非常明显，脆性特征显著。从峰后曲线来看，卸荷破坏的峰后应力跌落（从峰值强度跌落至残余强度过程）时ε_1变化非常小，这种脆性破坏特征随围压增大越明显（方案Ⅱ较方案Ⅰ更为突出），而在加载条件下峰后曲线ε_1随围压增大塑性变形增大，其延性特征更为明显，正好与卸荷条件下相反。

2）侧向应变ε_3。常围压加载试验时，在峰值点附近侧向扩展变形较卸荷试验时小，卸荷过程中ε_3向外扩展变形非常明显，且随围压增高其变形量越大，临近破坏点时，这种变形变得非常剧烈，方案Ⅰ较方案Ⅱ的侧向变形更为明显。加载时残余应变ε_3为5‰~20‰（围压越低ε_3量值越大），卸荷时残余应变ε_3为15‰~40‰。围压较低和较高时ε_3量值较大，围压在20MPa相对小些，这与试验时应力路径的设计有关，因为卸荷方案试验是在比例极限点附近开始卸载，故在低初始围压时，围压卸载到较低时岩样才能破坏，况且试验保持了破坏时的围压进行峰后试验。

3）体积应变ε_v。常围压加载时，峰前体积应变ε_v处于不断的压缩状态（屈服段扩容非常小），而卸荷试验在进入卸载阶段后，岩石扩容明显加剧，且这种扩容量随初始围压的增大而增大，临近破坏点附近时更为剧烈，两种卸荷方案扩容都比较剧烈，其中方案Ⅱ较显著些。

4）加载试验时岩样的破坏是因为压缩（主要是轴向）变形致使岩样破坏，而卸载试验时岩样向卸荷方向的强烈扩容导致其破坏，即使是两个方向同时卸荷时，这种强烈扩容也可以导致岩样破坏。

图 10-3 所示为卸荷过程中岩样的应力 σ_3 - 应变曲线，由图可见：卸荷过程中岩样向卸荷方向卸荷回弹变形强烈，扩容现象显著，脆性破坏特征明显，且这种变形特征随卸荷初始围压的增大和卸荷强度的增强越明显。

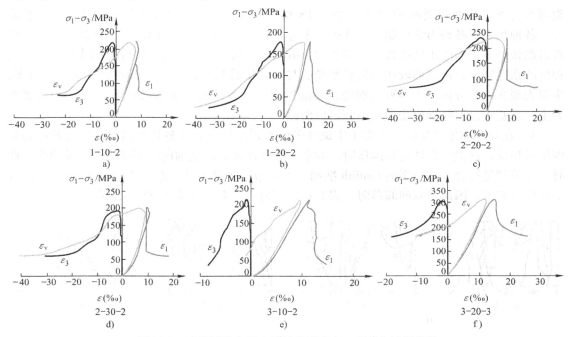

图 10-2　三种试验方案中岩石典型应力 - 应变全过程曲线

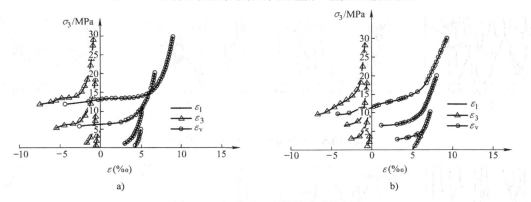

图 10-3　卸荷过程岩样的变形特征
a）方案Ⅰ　b）方案Ⅱ

3. 破裂特征分析

图 10-4 ~ 图 10-6 所示为三种试验方案岩样典型破裂素描图（柱面展开），对比分析可得：

1）卸荷岩石变形表现为沿卸荷方向强烈扩容或膨胀，与常规三轴加载试验相比，卸荷条件下更易发生变形破裂，破坏程度也更为强烈。

2）卸荷岩石具有较强的张性破裂特征，但随着破坏围压增高，剪切破坏成分比重增大，即由张性破坏过渡到张剪性破坏，由张剪性破坏过渡到剪张性破坏，张剪（剪张）性破裂面往往是追踪张性破裂面发展而成，其破裂角随破坏围压增大有所增大；而在加载试验中，当围压达到一定程度时，岩石基本上表现为剪切破坏，张性破裂成分很少或没有，一般只是在单轴或低围压时才表现明显。

3）卸荷岩石中往往同时并存有轴向张性裂面 T，主共轭剪裂面 S_{1a} 和 S_{1b} 及次级共轭剪裂面 S_{2a}、S_{2b}（或剪张裂面 ST 或张剪裂面 TS 及其共轭组）和夹于剪切裂面间的微张性破裂面等。各种级别、各种力学机制的张性破裂十分发育，除轴向主张裂缝及微张性破裂面外，还有追踪张裂缝、顺阶步的滑移拉张裂缝和单剪状态下的压致拉裂等；剪性裂面往往具有不同程度的张性特征，破裂面较压缩试验粗糙。与加载试验相比，卸荷岩石破裂特征复杂得多，主要表现在两个方面：①各种级别的张裂隙发育；②剪性破裂面以共轭 X 或局部剪切破坏为主，且基本是追随轴向张裂隙剪断岩桥而成。

4）在较低初始围压时，方案 I 中试件张性破裂面较方案 II 多且强烈，正好与较高初始围压时相反，这说明在低初始围压时，方案 I 中试件破坏还是轴向压缩破坏占主导地位，此时其张破裂是符合压致拉裂的 Griffith 准则。当初始围压较高时，方案 II 岩样 2-30-2 出现了环向拉裂面，因此当双向卸荷时，岩石在次卸荷方向上也可能出现张拉裂隙。

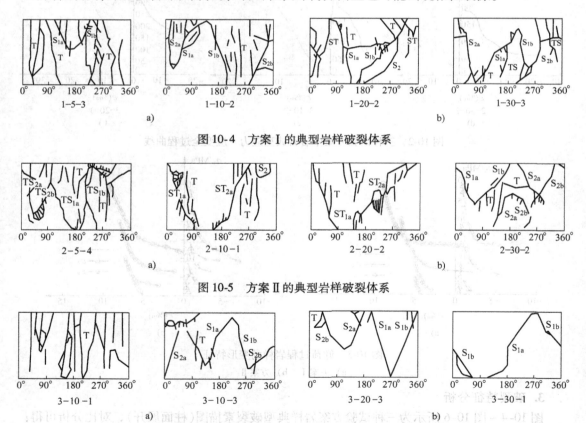

图 10-4　方案 I 的典型岩样破裂体系

图 10-5　方案 II 的典型岩样破裂体系

图 10-6　方案 III 的典型岩样破裂体系

5）卸荷岩石追随张性裂面剪断岩桥时，岩桥处一般发育有一定的微小张裂隙，这说明在剪断岩桥的过程中，卸荷也起到了一定的促进作用。

10.3.5　卸荷岩石力学研究展望

（1）岩体在卸荷状态下变形破坏的宏、细观机理　加载、卸荷两种完全不同的应力路径，必然引起不同的工程岩体宏观、细观力学特性。目前，关于岩体卸荷破坏的宏观机理研究已得到初步开展，而其细观机理研究尚未开展，这主要是受试验条件的限制。通过一系列（室内及现场）试验研究，利用损伤力学、断裂力学和分形几何理论，分析岩体的卸荷损伤破坏形式及其与卸荷路径和自身组构的关系，揭示岩体卸荷破坏的宏、细观机理，从而进一步研究岩体卸荷时，其裂隙的开裂扩展情况，通过损伤演化方程描述工程岩体的损伤累积到断裂扩展的全过程。

（2）岩体卸荷破坏的时效性　通常，岩体具有黏性，其破坏过程是渐进的，表现出明显的时间滞后。从理论上讲描述岩体的卸荷破坏必须从岩体的流变及卸荷的时效两方面来进行。工程开挖量的大小、开挖方式、开挖时间及工程维护方式，显然要影响到岩体的稳定性。

（3）岩体在高围压下的卸荷破坏　在低围压状态下，岩体的变形与破坏呈脆弹性。随着围压的增高：①岩体的拉张将受到限制，岩体中裂纹的起裂与扩展更趋向于与剪切相关的复合型机理；②岩体由脆性向延性转化，呈现出更多的塑性机理。因此，在开挖深埋洞室及深部矿产时，开展高围压下岩体卸荷破坏的研究是很有必要的。

（4）多场耦合作用下的岩体卸荷破坏　随着建设速度的加快，机械化施工程度的提高，岩土工程的发展越来越向深度开展。而深部岩体处在高温、高压的环境中，在进行开挖时应考虑岩体在卸荷应力场与温度场耦合作用下的破坏机制。同样，在某些渗流区则应考虑卸荷应力场与渗流场的耦合作用，或者是三场的耦合作用。卸荷岩体所处环境的地域性较强，应根据工程实际地质情况，考虑全面、合适的多场耦合作用。

（5）新学科理论、技术的引入　随着现代数学、力学和计算机科学的迅速发展，以及岩土工程实践的需要，许多学科渗透到岩石力学研究领域，如分形几何、分叉、混沌、突变理论、协同论等，不断开创出岩体力学新的研究领域，这些新的研究领域的出现，解决了岩体力学中的一些非线性问题，也极大地丰富了岩石力学的研究内容。卸荷岩石力学的研究也需要借助这些新学科理论、技术。

总之，随着研究的深入和工程实践的不断积累和应用，许多问题得到认识和提高，卸荷岩石力学的内容不断丰富。但是，鉴于岩体本身的复杂性及其卸荷破坏机制的复杂性，一些实质性的基本问题仍未得以解决，而这些问题的解决对研究岩石的卸荷力学特性以及对工程开挖岩体的施工控制等方面具有极为重要的意义。

复习思考题

10-1　名词解释：智能岩石力学、细观岩石力学、卸荷岩石力学。

10-2　智能岩石力学与经典岩石力学的比较。

10-3　简述岩石 CT 观测方法原理。

10-4　简述岩石加荷与卸荷的根本区别。

参 考 文 献

[1] 李先炜. 岩体力学性质 [M]. 北京：煤炭工业出版社，1990.

[2] 李世平，吴振业，贺永年，等. 岩石力学简明教程 [M]. 北京：煤炭工业出版社，1996.

[3] 蔡美峰. 岩石力学与工程 [M]. 北京：科学出版社，2002.

[4] 沈明荣. 岩体力学 [M]. 上海：同济大学出版社，2005.

[5] 凌贤长，蔡得所. 岩体力学 [M]. 哈尔滨：哈尔滨工业大学出版社，2002.

[6] 张永兴. 岩石力学 [M]. 北京：中国建筑工业出版社，2006.

[7] 黄醒春. 岩石力学 [M]. 北京：高等教育出版社，2005.

[8] 吴德伦. 岩石力学 [M]. 重庆：重庆大学出版社，2002.

[9] 周维垣. 高等岩石力学 [M]. 北京：中国水利水电出版社，1990.

[10] 徐干成，白洪才，郑颖人，等. 地下工程支护结构 [M]. 北京：中国水利水电出版社，2002.

[11] 于学馥，郑颖人，刘怀恒，等. 地下工程围岩稳定分析 [M]. 北京：煤炭工业出版社，1983.

[12] Hudson J A, Harrison J P. 工程岩石力学 [M]. 冯夏庭，李小春，焦玉勇，等译. 北京：科学出版社，2009.

[13] 王芝银，李云鹏. 岩体流变理论及其数值模拟 [M]. 北京：科学出版社，2008.

[14] 冯夏庭. 智能岩石力学导论 [M]. 北京：科学出版社，2000.

[15] 谢强，姜崇喜，凌建明. 岩石细观力学实验与分析 [M]. 成都：西南交通大学出版社，1997.

[16] 黄润秋，黄达. 卸荷条件下花岗岩力学特性试验研究 [J]. 岩石力学与工程学报. 2008，27（11）：2205-2213.

[17] 侯公羽. 围岩 – 支护作用机制评述及其流变变形机制概念模型的建立与分析 [J]. 岩石力学与工程学报. 2008，27（2）：3618-3629.

[18] 侯公羽，牛晓松. 基于 Levy-Mises 本构关系及 D-P 屈服准则的轴对称圆巷理想弹塑性解 [J]. 岩土力学. 2009，30（6）：1555-1562.

[19] 侯公羽，牛晓松. 基于 Levy-Mises 本构关系及 Hoek-Brown 屈服准则的轴对称圆巷理想弹塑性解 [J]. 岩石力学与工程学报. 2009，29（4）：765-777.

[20] 侯公羽. 基于开挖面空间效应的围岩 – 支护相互作用机理 [J]. 岩石力学与工程学报. 2011，30（2）：